U0315627

"双高建设" 新型一体化教材

磁电选矿技术

（第 2 版）

Magneto-electric Beneficiation Technology

（2nd Edition）

主　编　聂　琪　彭芬兰

副主编　程　涌　卢　萍

　　　　周小四　张汉平

北　京

冶金工业出版社

2025

内 容 提 要

本书系统阐明磁电选技术的基本理论和基本知识、磁电选的基本概念、磁电选的过程及其基本原理、主要磁电选设备及其操作维护、主要矿石的磁电选实践、磁电选工艺过程及操作控制、常用磁电选实验操作技术等。本书注重理论知识的应用、实践技术的训练以及分析问题、解决问题和创新创业能力的提高。

本书可作为大专院校选矿专业及相关专业的教学用书，也可供从事选矿生产和管理工作的工人、干部及工程技术人员参考。

图书在版编目 (CIP) 数据

磁电选矿技术／聂琪，彭芬兰主编 . —2 版 . —北京：冶金工业出版社，2023. 2 （2025. 2 重印）

"双高建设" 新型一体化教材

ISBN 978-7-5024-9400-1

Ⅰ.①磁…　Ⅱ.①聂…　②彭…　Ⅲ.①电磁选矿—高等职业教育—教材　Ⅳ.①TD924

中国国家版本馆 CIP 数据核字（2023）第 023173 号

磁电选矿技术 （第 2 版）

出版发行	冶金工业出版社	电　话	(010)64027926
地　　址	北京市东城区嵩祝院北巷 39 号	邮　编	100009
网　　址	www.mip1953.com	电子信箱	service@ mip1953.com

责任编辑　杨盈园　美术编辑　彭子赫　版式设计　郑小利
责任校对　王永欣　责任印制　窦　唯
北京印刷集团有限责任公司印刷
2007 年 1 月第 1 版，2023 年 2 月第 2 版，2025 年 2 月第 3 次印刷
787mm×1092mm　1/16；13 印张；312 千字；196 页
定价 **46. 00** 元

投稿电话　（010）64027932　投稿信箱　tougao@cnmip. com. cn
营销中心电话　（010）64044283
冶金工业出版社天猫旗舰店　yjgycbs. tmall. com
（本书如有印装质量问题，本社营销中心负责退换）

第 2 版前言

2022 年 5 月 1 日起实施的《中华人民共和国职业教育法》中明确提出"建设教育强国、人力资源强国和技能型社会"的愿景，而从现有发展情况看，技能人才与产业需求不匹配依旧是掣肘当前我国技能人才队伍建设的关键问题。从结构看，高技能人才仅占技能人才总量的 28%，这个数据与发达国家相比仍然存在较大差距。从队伍质量看，我国制造业全员劳动生产率仅为美国的 1/5、日本和德国的 1/3。国家将职业教育高质量发展的重视程度提到了前所未有的高度，立足点也从教育体系内部转为国家经济社会发展。构建技能型社会，旨在切实增强职业教育适应性，真正实现职业教育与经济发展的命脉紧紧相融。

本书是在昆明冶金高等专科学校陈斌教授主编的《磁电选矿技术》（冶金工业出版社，2007）的基础上进行修订而成的，重点对新型磁选设备这一部分内容进行了补充，使读者能在掌握磁电选理论和传统设备的同时也能掌握具有代表性的新型磁选设备。

本书内容包括：磁电选的基本概念，磁电选的过程及其基本原理，主要磁电选设备及其操作维护，主要矿石的磁电选实践，磁电选工艺过程及操作控制，常用磁电选试验操作技术等。本书在系统阐明磁电选技术的基本理论和基本知识的同时，注重理论知识的应用、实践技术的训练以及分析解决问题和创新创业能力的提高。

本书共 8 章。第 1 章、第 2 章由昆明冶金高等专科学校聂琪、彭芬兰编写，第 3 章由昆明冶金高等专科学校周小四、张汉平编写，第 4 章第 1、2、4、5 节由昆明冶金高等专科学校聂琪、彭芬兰编写，第 4 章第 3 节由赣州金环磁选科技装备股份有限公司谢美芳、熊涛编写，第 5 章第 1、2、4 节由陕西省地质矿产实验研究所有限公司武俊杰、昆明冶金高等专科学校文义明编写，第 5 章第 3 节由昆明冶金高等专科学校李宛鸿、刘聪编写，第 6 章由昆明冶金高等专科学校张金梁、林友、李瑛娟编写，第 7 章、第 8 章由昆明冶金高等专科学校程涌、卢萍编写，聂琪、彭芬兰担任主编，并对全书作了统一修改和整理。

在教学内容安排上，书中带"＊"的章节内容为高等职业技术教育选学内容，其余章节内容为高等职业技术教育及技师培训必学内容。

本书为高等职业技术教育及冶金行业技师、高级技师培训教材，适用于冶金行业高等职业技术教育矿物加工专业的教学及冶金行业选矿技师、高级技师的培训。本书亦可作为高职院校有关专业的教学参考书，可供从事选矿生产和管理工作的工人、干部及工程技术人员参考。

本书在编写过程中引用了大量的文献资料，谨向相关作者、出版社致以诚挚的谢意！

由于编者水平有限，书中不足之处在所难免，恳请读者批评指正。

编　者

2022 年 5 月

第1版前言

新技术的迅猛发展和经济全球化趋势的日益显现，经济社会发展的关键要素将会更多地依赖于人力资源，依赖于人的知识和技能，依赖于对新技术的掌握和劳动者素质的提高。西方工业化国家的发展实践也早已证明了这一点。我国改革开放后在技能人才的培养和使用方面有了较大的发展，但由于观念、体制等各种因素的制约，这种发展与我国经济社会发展的速度要求相比，还存在着较大的差距，突出表现为高级技能人才奇缺，供求矛盾十分尖锐，并伴有比较严重的结构失衡，企业对技能型人才的需求十分迫切。

高技能人才的教育培训，不仅要有资金投入和加快师资建设，而且还要有教材建设。教育培训，首先要解决教材问题。

本书以培养具有较高选矿职业素质和较强职业技能、适应选矿厂生产及管理需要的高级技术应用型人才为目标，贯彻理论与实际相结合的原则，力求体现职业教育针对性强、理论知识的实践性强、培养应用型人才的特点，在系统阐明磁选、电选技术的基本理论和基本知识的同时，注重使学员学会理论知识的应用和实践技术的操作，提高分析解决问题的能力。

目录中带有"＊"的章节为高等职业技术教育选学内容，其余章节为高等职业技术教育及技师培训必学内容。

本书由昆明冶金高等专科学校陈斌担任主编，刘自力任副主编。参加编写工作的有陈斌（编写了第1章、第2章、第5章和第8章），刘自力（编写第3章、第4章），杨家文（编写第6章、第7章）。昆明理工大学李世厚和昆明冶金研究院严小陵对全书进行了审阅，在此表示感谢。

本书在编写过程中引用了大量的文献资料，谨向各位作者、出版社致以诚挚的谢意！

由于编者水平所限，书中不妥之处，敬请读者批评指正。

编　者

2006 年 9 月

目　　录

1 绪 论

磁选法用于选别强磁性矿石（磁铁矿）已有 150 多年的历史。初期的磁选机由于结构尚不完善，并没有得到广泛的应用。自 1855 年采用电磁铁产生磁场后，磁选机才日臻完善，并出现了各种类型的工业生产用磁选机，磁选法在铁矿选矿方面才得到广泛的应用。1955 年以后，由于永磁材料的发展，磁选机磁系开始采用永磁体，特别是弱磁选机的磁系逐渐永磁化。

磁选在弱磁性矿石的选矿方面应用比较晚，直到 19 世纪 90 年代，才提出采用尖削磁极和平面磁极组成的闭合磁系产生强磁场，以分选弱磁性矿物。又经过半个多世纪，相继出现了多种类型的湿式和干式强磁选机，其中感应辊式磁选机应用较广。但这种磁选机的极距小，选别空间是单层的，分选面积小，其处理能力、成本、磁场特性等方面，都不够理想。在 20 世纪 60 年代英国琼斯（Jones）磁选机的问世，在磁选机的设计和制造方面，实现了一次重要突破。这种磁选机由于在磁极对之间充填了多层聚磁介质（齿板、小球等），扩大了极距，增加了分选面积，使磁场强度和梯度也得到了很大的提高。琼斯机的出现，对弱磁性贫铁矿的分选，提供了一种较好的分选设备。

在琼斯机之后的近 20 年，强磁选机又获得了较大的发展。20 世纪 70 年代，出现了高梯度磁选机，为细粒弱磁性物料的分选又开辟了新的途径，磁选的领域也进一步扩大了；它不仅用于选别矿石，而且还深入到环保工程和医学方面。高梯度磁选机磁选，在磁系结构方面，作了新的改进，同时采用了不锈的铁磁性钢毛作聚磁介质，使磁场梯度提高了一个数量级，这极大地改进了磁选机的磁场特性。

为了进一步提高磁选机的磁场强度和各种技术经济指标，在磁选机制造方面成功地应用了超导技术。超导技术是近代低温物理中一个很活跃的分支，吸引了很多科学家的注意，为世人所瞩目。它是利用一些超导材料，在某一低温条件下电阻为零，不消耗电能（或者说电能消耗极少）为基础，制造出以超导磁体代替磁选机常规磁体的超导磁选机。这种磁选机体积小、质量轻、磁场强度和磁场梯度高、单位机重处理量大、能耗低、分选效果好，是当代最先进的磁选设备。很显然，随着超导技术的继续发展必将引起磁选机制造方面的巨大变革。

磁选法长期以来以分选黑色金属矿石为主，就目前来看磁选法在铁矿石选矿方面，仍处于主导位。但毫无疑问，磁选目前除了黑色金属矿石之外，已广泛用于稀有金属和非金属矿石的分选，如钨、锡粗精矿的分选、海滨砂矿粗精矿的分选、高岭土的提纯、石棉矿的预选。在这些矿物的分选流程中，都包括磁选作业，并伴随有除铁工序。此外，蓝晶石、石英、红电气石、长石、霞石、闪长岩等都在不同程度上应用磁选作业进行分选。

在铁矿石选矿方面，磁选是主要的选矿方法。作为钢铁原料的铁矿石，据报道，世界铁矿储量为 340Gt，远景储量 780Gt，平均含铁 39.7%。我国铁矿资源丰富，探明储量居世界前列，但贫矿占 85% 左右，而贫矿中的 5% 由于含有害杂质，不能直接冶炼。因此，铁矿石的 80% 需要选矿。就世界范围来说，也大致如此。

目前对弱磁性贫铁矿的处理方法，国内外多用重选、磁选、浮选和焙烧磁选，以及联合流程等方法处理。焙烧磁选是由磁化焙烧和弱磁选两部分工艺组成的。经焙烧的弱磁性铁矿，用弱磁选机处理具有分选指标高、流程简单等特点。

磁化焙烧是利用一定条件，将弱磁性铁矿物（赤铁矿、褐铁矿、菱铁矿和黄铁矿等）转变成强磁性铁矿物（磁铁矿或 γ-赤铁矿）的工艺方法，按其焙烧设备不同可分为竖炉焙烧、转炉焙烧、沸腾炉焙烧，以及斜坡炉焙烧等。我国在磁化焙烧生产中，对强化焙烧磁选工艺、焙烧炉设备的设计和改进、处理复杂铁矿石的磁化焙烧和粉状矿焙烧工艺方面，进行了很多试验和研究工作，在技术上处于领先地位。

焙烧磁选法，由于基建投资较高，能源消耗大，使其生产成本相对较高。特别是近年来由于强磁选的发展，磁化焙烧的缺点更显得突出，所以这就限制了它在铁矿选矿方面的进一步发展。但目前在我国弱磁性矿石的选矿方面仍占有一定比重。

电选法是根据矿物的电性差异进行分选的一种选矿方法，其发展历史大约有一个世纪，开始发展速度较慢。在 20 世纪 50 年代末期，特别是近 30 年来，电选获得较快的发展。目前，对于钛矿物的分选、超纯铁矿的精选、钨锡粗精矿的分选、钽铌矿的分选、独居石和金、银矿等的分选，以及一些非金属矿的分选证明电选是一种行之有效的选矿方法。

据资料统计，西方各国每年用电选生产的精矿量，约为 3×10^7 t 以上，主要为钛铁矿、金红石、锆英石、钾盐等矿物。从这些数字看出，电选在选矿中的地位是举足轻重的。

电选法发展的初期，由于电选过程是在静电场中进行分选的，因此分选效率不高，处理量也比较小。直到 20 世纪 30 年代，由于采用了电晕带电的方法，才大大提高了分选效率，电选的研究也开始引起人们的重视。在电选机的电极结构和电场特性方面作了很大的改进，研制出了一些新型高效电选机，其处理能力也有较大提高，台时处理量已达 30 ~ 50t/h，并对处理细粒的高效新设备也给予了极大重视。电选理论已由一般的定性研究转向定量分析方面。

电选法耗电量小，成本低，设备构造简单，加之电选为干式作业，不需要供水和脱水的一系列设施，没有废水所造成的污染，这都使电选的应用前景具有一定的优越条件。

2 磁选的理论基础

2.1 磁选基本原理

2.1.1 磁选过程及磁分离的基本条件

磁选是利用矿物磁性的差异，在不均匀磁场中进行分离的选矿方法。

下面以一个具体的磁选工艺为例，简单说明矿物磁分离的过程。图2-1所示为选别磁铁矿常用的圆筒磁选机的示意图，这种磁选机由分选圆筒1、磁系2、分选箱3、给矿箱4等部件组成。工作时圆筒逆时针方向旋转，磁系固定不动。细磨的矿浆经给矿箱进入分选箱，其中磁性矿粒在不均匀磁场作用下被磁化，受到磁场磁力的吸引，吸在圆筒表面并随圆筒旋转。当磁性矿粒转至磁系出口处时，由于磁力减弱加上冲洗水的冲刷，排出成为精矿（磁性矿粒）。非磁性矿粒，由于不受磁力的作用，仍留在矿浆中，随矿浆排出成为尾矿。因此，磁性不同的矿粒实现了分离。

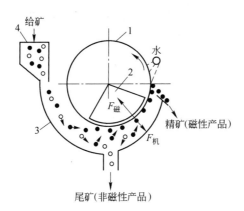

图 2-1　矿粒在磁选机中分离示意图
●—磁性矿粒；○—非磁性矿粒；
1—分选圆筒；2—磁系；3—分选箱；4—给矿箱

在磁分离的过程中，明显看出矿粒同时受到两种力的作用，一种是磁力，它使矿粒吸向圆筒；另一种是机械力，它包含颗粒的重力、离心力、惯性力、流体阻力、摩擦力、颗粒与颗粒之间的吸力和排斥力，以及分选介质的流体动力阻力等，它们阻碍矿粒吸向圆筒。如果作用在矿粒上的磁力大于所受的机械力之和，则其吸附在圆筒表面上，成为精矿；反之，则仍留在矿浆中随矿流排出，成为尾矿。由此可知，磁选过程实质上是磁力和机械力相互竞争、相互争夺矿粒的过程。

磁性强的矿粒，受的磁力大，能克服所受的机械力，即磁力占优势；对非磁性或磁性很弱的矿粒，由于它们不受或受很小的磁力作用，所受机械力占优势。不同磁性的矿粒，由于所受的磁力和机械力的比值不同，导致它们运动轨迹不相同，从而把矿粒按其磁性不同分成两种或多种单纯的产品。

欲使两种不同磁性的矿物分离，必需具备以下必要条件：

（1）要有一个能够产生足够大的不均匀磁场的设备。

（2）被分离的矿物必定具有一定磁性差异，即必须满足：

$$S = \frac{x_1}{x_2} \gg 1 \tag{2-1}$$

式中　S——两种矿物比磁化系数之比值；

　x_1，x_2——两种矿物的比磁化系数。

（3）作用在磁性矿粒上的磁力和机械力必须满足：

$$F_{磁} \geqslant \sum F_{机} \tag{2-2}$$

式中　$F_{磁}$——颗粒受到的磁力（向心）；

　$\sum F_{机}$——颗粒受到的机械力之和，与磁力方向相反并且与磁力作竞争的力。

式（2-2）是磁分离必须具备的基本条件。

当矿粒进入一定强度的不均匀磁场中时，强磁性矿粒受到的磁力大，弱磁性矿粒受的磁力小，无磁性矿粒不受磁力的作用，如图 2-2 所示。

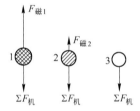

图 2-2　不同磁性矿粒在磁场中受力示意图
1—强磁性矿粒；2—弱磁性矿粒；3—非磁性矿粒

从图 2-2 中可知，$F_{磁1} > F_{磁2} \geqslant \sum F_{机}$，对强磁性矿粒由于 $F_{磁1} \gg \sum F_{机}$，必被磁极吸引。弱磁性矿粒由于 $F_{磁2} \approx \sum F_{机}$ 不一定能被磁极吸引；若增大磁场强度，也会被磁极吸引。非磁性矿粒不受磁力作用，因而不被磁极吸引。由此可见，作用在矿粒上的磁力大于所受的机械力之和，是磁分离的必要条件。两种矿粒磁性相差愈大则愈易分离。

矿粒所受的磁力是磁场特性和矿粒磁性的函数，也是磁选过程中研究的基本问题。

2.1.2　磁场的物理概念

凡能吸引磁铁（铁屑）的物理性质称为磁性。一根条形磁铁吸引铁屑的本领是两端吸引量多、中间吸引量少，甚至不吸引铁屑，这说明条形磁铁两端磁场最强、中间是无磁性区，我们把磁性最强的两端称为磁铁的两个磁极。如果把条形磁铁悬挂在空间，它的两端会分别指向地球的南极和北极方向。指向地球南极的磁极，称为南极（用 S 表示）；指向地球北极的磁极，称为北极（用 N 表示）。因为地球本身是一个相当大的磁铁，它的 S 极位于地球北极附近，它的 N 极位于地球南极附近。实验证明，磁极的极性有同性相排斥、异性相吸引的磁作用力。

在较长的历史时期内，人们认为磁极上聚集的"磁荷"与静电学中的电荷相似，从而建立了静磁学，并把磁现象和电现象看成彼此独立无关的两类现象。1819 年奥斯特发现了电流的磁效应，使人们进一步认识到磁现象的起源是电荷运动，磁和电现象有着密切的关系。

近代物理学证明，磁铁与磁铁，磁铁与电流，磁铁与运动电荷或者是电流与电流，电流与运动电荷等之间均存在着相互间的作用力。这种作用力，是通过磁体周围的磁场传递的。也就是说，磁铁或磁体间的相互作用是以磁场作媒介的，故磁场是一种特殊的物质，因为它不是由原子或分子组成的物质，但又具有物质的客观属性，如：（1）它在不停地运动，其作用力可由甲处传递到乙处；（2）它和电场一样也具有能量，由库仑实验证明，磁极与磁极间的相互作用力有以下关系：

$$f = K \frac{Q_1 Q_2}{r^2} \tag{2-3}$$

式中　f——两磁极间相互作用力；

Q_1，Q_2——两磁极所荷的磁量；

r——两磁极间的距离；

K——与介质和计量单位有关的比例常数。

当采用绝对电磁单位制时，在真空中 $K=1$；如果在磁场中的全部空间内，充满着均匀导磁系数为 μ 的介质时，则 $K=\frac{1}{\mu}$。所以在任何介质中，库仑定律的一般公式可写成：

$$f = \frac{1}{\mu} \cdot \frac{Q_1 Q_2}{r^2} \tag{2-4}$$

在绝对电磁单位制中，规定在真空中两个相等磁量（即式中 $Q_1 = Q_2$），相距 1cm，相互作用力为 1dyn（$1dyn = 10^{-5}N$），则称该磁量为一个单位磁量。

应当指出，磁量概念纯粹是假定的，实际上是不存在的，只是为了便于指导各种有关的数值，定性上能说明问题，才提出磁量这一物理概念。

由公式（2-4）看出，磁性物体在磁场中受到磁力的大小，与其所处的位置有关，如图 2-3 所示。当磁性物体分别在 A、B、C 各点时，其所受的磁力有如下的关系：

$$f_A > f_B > f_C$$

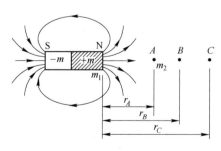

图 2-3　磁场示意图

为了量度磁场的大小，采用磁场强度，磁场强度规定为单位磁量在该点所受磁力的大小，即有：

$$H = \frac{f}{Q_2} \tag{2-5}$$

式中　　H——磁场强度，A/m；

　　　　f——两磁极间相互作用力，N；

　　　　Q_2——磁极所荷的磁量，Wb。

磁场强度是向量，其方向与磁场作用力的方向一致。在绝对电磁单位制中，磁场强度单位为奥斯特（Oe），1Oe 相当于单位磁量上磁作用力为 1dyn 的磁场强度。磁场强度也可用单位面积上垂直穿过磁力线的多少来表示，即用磁力线的疏密程度来量度。在国际单位制中，磁场强度用 A/m 表示，1A/m 等于 $4\pi \times 10^{-3}$Oe。考察空气中的磁场时，磁场强度值与磁通密度数值相等。

将式（2-3）代入式（2-5）中，则获得：

$$H = \frac{Q_1}{r^2}K \tag{2-6}$$

式（2-6）说明磁场强度只与磁源（即 Q_1）有关，与被作用的磁性物料的磁性（Q_2）无关。但是它们之间的吸引力，除与磁源的强弱有关外，还与被选物料磁性大小有关；即在同一磁场中，磁性强的物料所受的吸引力比磁性弱的物料所受的吸引力大，无磁性的物料则不受吸引力。同一磁性物料，在强磁场中受的吸引力比在弱磁场中受的吸引力大。

2.1.3　矿物的磁化、磁化强度和磁化系数

矿物颗粒的磁化，就是矿粒在外磁场作用下，从不显磁性转变成具有一定磁性的现象，其根本原因是矿粒内部的原子磁矩朝磁场方向排列的过程。

物质磁性来源于原子磁性，原子磁性来源于原子磁矩。因为任何物质的磁性都是由电子运动产生的，这是一个比较复杂的问题，这里只作简单的说明。物质是由原子、分子组成的，原子是由带正电的原子核和核外带负电的电子组成。电子绕原子核旋转的同时还绕本身的轴线旋转，这种旋转称为电子自转。无论电子环绕原子核旋转还是自转，都和传导电流（或运动电荷）一样，都要产生一个磁效应"原子磁矩"。明显看得出来，原子磁矩来源于原子核磁矩和电子磁矩，原子核的磁矩很小，可以忽略不计，电子磁矩又可分为绕核旋转的轨道磁矩和自旋磁矩。所以说原子的磁矩是电子轨道磁矩与电子自旋磁矩的矢量之和。分子是由多个原子组成的，各个原子磁矩的矢量和称为分子磁效应，也可称其为"分子磁矩"；分子磁效应可用一个等效圆电流来表示，称为分子电流。

但是，现代物理学阐明，物质的原子磁矩不是所有电子磁矩的矢量总和，而是在未充满的次层中的电子磁矩的总和。研究这个问题比较复杂，也不属这门课程的内容，这里不作进一步的讨论。

物质的分子磁矩或原子磁矩，在没有外磁场作用时，由于分子的热运动，物质的分子磁矩在空间的取向是杂乱无章的，如图 2-4(a) 所示；各分子的磁矩取向是杂乱无规则的，它们之间的磁性相互抵消，所以从整体来看物质对外不显示出磁性。如果把它放在磁场中，这时物质中的分子电流虽然仍受到热运动的影响，使分子电流磁场方向趋向外磁场方向平行排列，但在外磁场作用下会发生转动，使分子电流磁场方向趋向外磁场方向平行排

列，因而形成一个附加磁场，如图 2-4(b) 所示；此时物质对外显示出磁性，这种在外磁场作用下，物体由不显磁性到显示出磁性的物理现象，称为物体磁化。

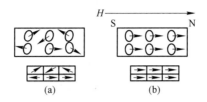

图 2-4 物质磁化前后示意图

(a) 磁化前；(b) 磁化后

物质由于电子旋转产生磁效应，则必各具有一定的磁矩，物体的磁矩是描写物体磁性的一个物理量。关于磁矩的大小本课程不可能详细的讨论，只从直观现象进行观察，当物体被磁化后，由于分子磁矩均与外磁场方向平行排列，对外显示出磁性，在物体的两端则必产生极性相反的磁性，如图 2-5 所示。这是由于物体内部相邻磁性极性相反，磁性相互抵消，只有两端侧面上才显示出磁性。设两端的磁极强度为 $Q_磁$，两极间的距离为 l 时，则此物体磁化后的总磁矩为：

$$M = Q_磁 l \tag{2-7}$$

式中　M——物体的磁矩，$A \cdot m^2$；

　　　$Q_磁$——物体磁极强度，$A \cdot m$；

　　　l——物体的长轴长度，m。

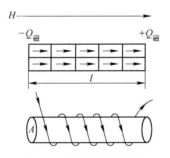

图 2-5 物质磁矩示意图

按安培分子电流来说，物体被磁化后，分子或原子磁矩按磁场方向排列，内部两相邻的极性抵消。从宏观整体来看，这个横切面内各分子环流的总和就相当于沿截面边缘的一个大的环形电流。由于沿各个截面的边缘都出现这样等效的大的环形电流，因此从整个磁化的物体看，就相当一个由这样的大环形电流组成的通电螺旋管，如图 2-5 所示，磁化后的磁矩为：

$$M = NIA \tag{2-8}$$

式中　M——磁矩，$A \cdot m^2$；

　　　N——绕线匝数；

　　　I——电流，A；

　　　A——物体断面积，m^2。

为了描述物体磁化状态（即磁化方向和强弱），引入磁化强度矢量的概念。磁化强度在数值上是以物体单位体积内的磁矩来量度，常用符号为 J，则有：

$$J = \frac{M}{V} \qquad (2\text{-}9)$$

将式（2-7）和式（2-8）代入式（2-9）可得：

$$J = \frac{M}{V} = \frac{Q_{磁}l}{Al} = \frac{Q_{磁}}{A} \qquad (2\text{-}10)$$

$$J = \frac{M}{V} = \frac{NIA}{Al} = \frac{NI}{l} \qquad (2\text{-}11)$$

从式（2-10）和式（2-11）获得物体的磁化强度可用单位面积上的磁极强度（即磁极面密度），或用单位长度上的安匝数来表示。

磁化强度的方向随物体性质而异，对强磁性和顺磁性物体，其磁化方向则与外磁场相同；对于逆磁性物体，其磁化强度与外磁场方向相反。物体磁化强度愈大，表明物体被磁化的程度和物体本身的磁性也愈大。

研究表明，磁化强度与磁化磁场强度的关系是：

$$J = KH \qquad (2\text{-}12)$$

式中　H——磁化物体使用的外磁场强度；

　　　K——物体的体磁化系数（比例常数）；

　　　J——物体的磁化强度。

当被磁化物体为矿物颗粒时，则 K 为该矿粒的体磁化系数，也就是矿粒的磁化强度与磁化它的外磁场强度的比值，K 值是矿物的一个重要的磁化指标；其物理意义是 $1\mathrm{cm}^3$ 大小的矿物颗粒，在 $1\mathrm{Oe}$ 的磁场中磁化所获得的磁矩，详见式（2-13），它的数值大小表明了该矿粒磁化的难易程度，K 值愈大，表明愈容易磁化。对逆磁性矿物，K 为负值，顺磁性矿物的 K 值大于1，对强磁性矿物其 K 值远远大于1。

由式（2-12）得：

$$K = \frac{J}{H} = \frac{M}{VH} \qquad (2\text{-}13)$$

式中　V——矿粒体积；

　　　其余符号意义同前。

物体的体磁化系数与本身密度之比值，称为质量磁化系数或称为物质比磁化系数，即

$$x_0 = \frac{K}{\delta} = \frac{M}{mH} \qquad (2\text{-}14)$$

式中　x_0——比磁化系数，即为 $1\mathrm{g}$ 物质在 $1\mathrm{Oe}$ 磁场中获得的磁矩，m^3/kg；

　　　m——物质质量；

　　　其余符号意义同前。

2.1.4　磁感应强度的概念

磁感应强度也是用来量度磁场大小的一个物理量。前面讨论的磁场强度"H"是采用磁荷的观点，实际上磁荷是不存在的，是历史上虚构的，是在未发现磁性起源于运动电荷

之前而假定的。但由于其符合客观实际，在较长的一段历史时期内应用，特别在工程中应用较为方便，因此习惯性保留至现在。自从认识了运动电荷是磁现象的根本原因以后，就常用磁场对运动电荷或载流导线的作用来描述磁场，由此引进磁感应强度（**B**），磁感应强度 **B** 通常称为 **B** 矢量，与磁场强度 **H** 相当。

根据物质在磁场中磁化的表现，顺磁性物质和强磁性物质磁化后，会产生一个与磁场方向相同的附加磁场，比如电磁铁，当铁心在通电的线圈中磁化，它的磁场大小则为线圈产生的磁场 **H**，与铁心磁化后产生的附加磁场 **H'** 之和，这种合磁场称为磁感应强度 **B**，即：

$$\boldsymbol{B} = \boldsymbol{H} + \boldsymbol{H}' \tag{2-15}$$

式中　**B**——磁感应强度；

　　　H——线圈产生的磁场，与安匝数有关；

　　　H'——铁心磁化后的附加磁场。

H' 的大小与被磁化物质的性质有关，磁性强的（即导磁性大的）物质其附加 **H'** 磁场大于导磁性小的物质，逆磁性物质其附加磁场 **H'** 与 **H** 方向相反，为一个很小的负值，实验得知 **H'** 与它们的磁化强度有关，即：

$$\boldsymbol{B} = \boldsymbol{H} + 4\pi J \tag{2-16}$$

因为 $J = K\boldsymbol{H}$，故有：

$$\boldsymbol{B} = (1 + 4\pi K)\boldsymbol{H} \tag{2-17}$$

$$\boldsymbol{B} = \mu\boldsymbol{H} \tag{2-18}$$

式中　μ——物质的磁导系数。

在真空中 **B** 与 **H** 的数值相等，在绝对电磁单位中，**B** 的单位为高斯。在真空中 1Gs 磁感应强度等于 1Oe 磁场强度，在国际单位制中磁感应强度用特斯拉表示，1T 等于 10^4Gs。在高斯制中磁介质的磁导系数（磁导率），式（2-18）表明，真空中的磁导率等于 1，所以在真空中磁场强度值与磁感应强度值相等。空气的磁导率近似等于 1，故在工程使用中磁场强度等于其磁感应强度值。然而磁导率高的低碳钢和工程软铁，其磁导率值常为真空中的几千、几万倍。采用磁导率高的材料做磁选机的铁心时，导致产生磁感应强度（磁场强度）比原磁场增高几千、几万倍。在此还要说明的是，以后若没有原则性意义的地方，**H**、**B** 以及 **M** 等磁量值，就不用矢量来表示。

磁感应强度也可以用单位面积上的磁通量（磁力线数）来表示，单位面积上的磁力线数即是磁通密度的数值，其单位是特斯拉（T）。

2.2　回收磁性矿粒所需要的磁力

2.2.1　均匀磁场、不均匀磁场和磁场梯度

矿粒在磁场中被磁化后，受到磁力的作用。磁力大小的计算，以及矿粒在不同磁场中的行为，是本节讨论的主要问题。

磁场有均匀磁场和不均匀磁场之分。典型的均匀磁场和不均匀磁场如图 2-6 所示。图 2-6(a) 除边缘部分外，两极之间各点磁场强度相等，这种磁场是均匀磁场，否则就是不均匀磁场，如图 2-6(b) 所示。磁场的不均匀程度可用磁场梯度来表示，磁场梯度是沿磁

极法线方向磁场强度的变化率，可用 grad$\boldsymbol{B}$ 或 grad$\boldsymbol{H}$ 表示，grad$\boldsymbol{B}$ 是 $\dfrac{\mathrm{d}\boldsymbol{B}}{\mathrm{d}x}$，grad$\boldsymbol{H}$ 即为 $\dfrac{\mathrm{d}\boldsymbol{H}}{\mathrm{d}x}$。在均匀磁场中 grad$\boldsymbol{H}=0$；在不均匀磁场中，各点磁场强度大小和方向都是变化的，所以 grad$\boldsymbol{H}\neq0$。在图 2-7 中，假设距磁极表面 x_1 处的磁场强度为 $\boldsymbol{H}_1$，距离 x_2 处的磁场强度为 $\boldsymbol{H}_2$，同理可得距离 x_3 处的磁场强度为 $\boldsymbol{H}_3$，则获得磁场梯度为：

$$\frac{\mathrm{d}\boldsymbol{H}}{\mathrm{d}x}=\lim_{x\to0}\frac{\Delta\boldsymbol{H}}{\Delta x}=\frac{\boldsymbol{H}_2-\boldsymbol{H}_1}{x_2-x_1}=\mathrm{grad}\boldsymbol{H} \tag{2-19}$$

磁场梯度方向为磁场强度大的方向，是指向 $\boldsymbol{H}$ 增大的一方。综上所述，在不均匀磁场内各点的磁场强度和磁场梯度均是不相等的，单位距离磁场增量 $\Delta\boldsymbol{H}$ 愈大者，则其磁场梯度愈大，磁场也愈不均匀。在均匀磁场中，因为任何两点的磁场强度相等，其磁场增量 $\Delta\boldsymbol{H}=0$，所以磁场梯度变化等于零。

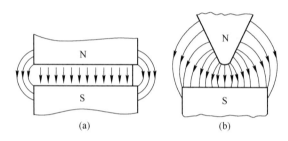

图 2-6　两种典型的磁场

（a）均匀磁场；（b）不均匀磁场

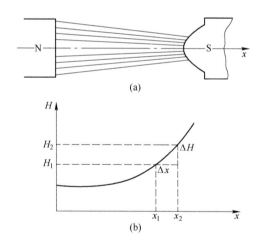

图 2-7　磁场强度示意图

（a）尖削磁极对平面磁极；（b）距磁极表面一定距离处的磁场强度

矿粒在不均匀磁场中，受到的作用也不相同。在均匀磁场中，当矿粒磁化后，只受磁转矩的作用，当转矩使其长轴平行于磁场方向后就稳定不动了。矿粒在不均匀磁场中，除受磁转矩的作用外，还受到磁场力的作用，结果使矿粒既发生转动，又向着磁场梯度大的方向移动，最后被梯度大的磁极面吸引。正因如此，不同磁性颗粒才能分离，所以磁选只能在不均匀磁场中才能进行。

　　磁场梯度的产生，除了可用图2-6（b）尖削磁极对平面磁极排列等方法外，近年来为获得更高的梯度，将不同形状的磁体（球、棒、齿板、细丝等）置于磁场中，如图2-8所示。用一铁磁体置于均匀磁场中，其内部磁力线密集、周围磁力线疏密不等。这表明：在磁体附近产生了磁场梯度。铁磁体周围梯度区域的大小和梯度高低，与磁体的尺寸、形状和材质有关。这种关系是：梯度区域的大小，随磁体尺寸的增大而增大。而梯度的高低，则随铁磁体尺寸减小而增高，因而将不锈钢纤维（钢毛）置于磁场中，可获得很高的磁场梯度。

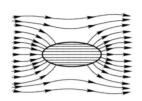

图 2-8　铁磁体在均匀磁场中产生梯度示意图

2.2.2　回收磁性矿粒需要的磁力公式及其应用条件

　　讨论磁选机中作用于磁性矿粒上磁力的大小时，通常考虑一颗尺寸很小而其长轴与磁场方向一致，并假定该矿粒处于不均匀磁场梯度为常数，如图2-9所示。

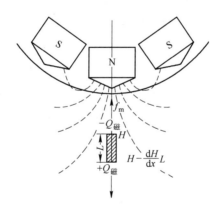

图 2-9　矿粒在磁场中受到的磁力示意图

　　磁性矿粒在磁场中被磁化后，两端出现两个磁极。假设其磁极强度分别为$+Q_{磁}$和$-Q_{磁}$，而两个点中一端点处的磁场强度为H，另一端点处则必处于$H-\dfrac{\mathrm{d}H}{\mathrm{d}x}L$的场强中。从物理学中得知，某磁极在磁场中受磁力的大小为$f_{\mathrm{m}}=\mu_0 Q_{磁}H$，故作用在矿粒上的磁力为：

$$f_{\mathrm{m}} = \mu_0\left[HQ_{磁} - \left(H - \frac{\mathrm{d}H}{\mathrm{d}x}L\right)Q_{磁}\right] = \mu_0 M \frac{\mathrm{d}H}{\mathrm{d}x} \tag{2-20}$$

　　将式（2-9）和式（2-12）的数值代入式（2-20），则得：

$$f_{\mathrm{m}} = \mu_0 KVH\frac{\mathrm{d}H}{\mathrm{d}x} = \mu_0 KVH\mathrm{grad}H \tag{2-21}$$

式中　μ_0——空气中的导磁系数，在 SI 制中 $\mu_0 = 4\pi \times 10^{-7} \mathrm{Wb/(m \cdot A)}$，在 CGSM 制中则近似等于 1；

　　　f_m——矿粒在磁场中所受到的磁力，N；

　　　K——矿粒的体磁化系数，无因次；

　　　V——矿粒的体积，m^3；

　　　H——磁场强度，A/m。

式（2-21）是表明一颗体积为 V 的矿粒在不均匀磁场中受到的磁力。由于自然界的矿物密度相差较大，致使单位体积矿粒质量差值也很大。为了便于比较，常采用单位质量矿粒所受的力来表示，这种磁力称其为比磁力。计算公式如下：

$$F_\mathrm{m} = \frac{f_\mathrm{m}}{Q} = x_0 \mu_0 H \frac{\mathrm{d}H}{\mathrm{d}x} = x_0 \mu_0 H \mathrm{grad} H \tag{2-22}$$

式中　F_m——比磁力，N/kg 或 dyn/g；

　　　f_m——体磁力，N 或 dyn；

　　　Q——矿粒的质量，kg 或 g；

　　　x_0——矿粒的比磁化系数，m^3/kg 或 cm^3/g。

从式（2-22）可知，矿粒在不均匀磁场中受磁力的大小取决于其本身的磁性（比磁化系数 x_0 值）与磁场特性 $H \mathrm{grad} H$ 这两个因素。这两方面的问题也是磁选过程中的主要问题之一，后面将进行详细讨论。从公式（2-22）中看出，当磁场一定时，矿物的比磁化系数 x_0 值愈大者，所受的磁力也愈大，因此强磁性矿物比较容易选出来。当矿物磁性一定时，磁场强度愈高者，矿粒产生的比磁力也愈大。这里有三种情况：（1）磁场强度大，梯度小；（2）磁场强度小，梯度大；（3）磁场强度和梯度都较大。这三种情况都能获得较大的 $H \mathrm{grad} H$ 值，因此将 $H \mathrm{grad} H$ 称作不均匀磁场的磁场力。

必须指出式（2-22）有它的局限性，首先公式是从长条单矿粒推导出来的，而在实际选矿过程中，矿粒的形状是不规则的，聚集矿粒被磁化后，相互间也有磁力作用。再者矿粒磁化后，本身就是磁介质，它可使磁场中各点的场强和梯度发生变化，特别是磁性矿物，影响更为明显。公式在推导过程中忽略了上述各因素的影响，因此，该公式用于弱磁性矿物分选较分选强磁性矿物更为精确。另外在公式推导过程中，磁场梯度是个假定的常数，这是不符合实际的。一般计算时是采用矿粒重心的那一点磁场梯度，所以矿粒愈细公式才愈正确。还有一点，就是在推导公式时，H 是采用矿粒一端的磁场强度，而实际使用时，H 是采用矿粒中心的磁场强度，因此，矿粒愈细引起的误差也愈小。但是，公式能从 F_m、x_0、$H \mathrm{grad} H$ 三者间的关系得到些原则性的启示和相互间的定量关系，对实践有着重要的指导意义。

2.3　矿物的磁化

2.3.1　矿物磁性分类

从物理学中知道，在外磁场中物质内的每个电子除了绕轨道旋转和自转运动之外，还受到一种洛伦兹力的影响，产生一个以外磁场方向为轴线转动的电子运动作用，这种电子运动也要产生相应的磁矩，称为附加磁矩。根据电磁感应定律，由于磁场感应作用而产生的这种附加磁矩方向总是和外磁场方向相反，这就是逆磁性，它普遍存在于所有物质之中。

由于电子运动产生的附加磁矩是很小的，只有当原子固有磁矩为零时，它才被显示出来，逆磁性物质就属于这一类型，即电子运动产生的磁效应是物质具有逆磁性的根本原因。

顺磁性物质的原子固有磁矩不为零，但是在无外磁场作用时，这个原子固有磁矩方向处于无序混乱状态，对外的磁效应相互抵消，宏观不显示出磁性。当加外磁场后，其原子固有磁矩有转向外磁场方向排列的趋势，外磁场愈强，向外磁场取向的概率越大。对外显出磁性也愈大，这类物质电子运动的磁矩极易被抵消，可忽略不计。原子固有磁矩朝磁场方向排列是物质具有顺磁性的根本原因。

铁磁性物质与顺磁性物质和逆磁性物质的磁源有明显的区别，它在很弱的外磁场中，能获得很强的磁性，而且也很容易达到磁饱和；这是因为这类物质内部的原子磁矩，在没有外磁场作用的情况下就已经以某种方式定向排列起来，并达到一定磁化程度，这种磁化称作"自发磁化"。自发磁化是在许多小区域内进行的，每个小区域内原子磁矩按一定方向排列，这个自发磁化区称为"磁畴"。

在没有外磁场作用时，铁磁性物质内部各个"磁畴"的取向各不相同，如图 2-10(a)所示，故就整体而言各磁畴的磁效应相互抵消，对外不显磁性。单个磁畴的体积为 $10^{-9} \sim 10^{-15} \mathrm{m}^3$，含有 $10^{15} \sim 10^{21}$ 个原子。磁畴与磁畴之间的边界层称为磁畴壁，磁畴壁厚约为 $10^{-5} \mathrm{cm}$、宽约为 $10^{-3} \mathrm{cm}$，是由一个易磁化方向转向另一个磁化方向的过渡层，如图 2-11 所示。当铁磁性物质进入外磁场时，外磁场不是使单个原子磁矩转向磁场方向，而是使整个磁畴转向磁场方向，如图 2-10(b) 所示。这类物质可以在一个不太强的外磁场中被强烈磁化直至饱和，产生很强的磁效应。因此，磁畴是铁磁性物质显示磁性的根本原因。

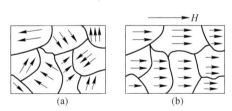

图 2-10　磁畴排列磁化示意图

(a) 原子磁矩无序排列；(b) 原子磁矩同一方向排列

图 2-11　磁畴壁示意图

由量子力学理论可知，铁磁性物质内部相邻原子的电子之间有一种静电交换作用，迫使各原子的磁矩平行排列，这种静电交换作用的效果好像一个很强的等效磁场作用于各个原子磁矩，使得各个原子磁矩按同一方向排列，因此，电子交换作用是自发磁化的根本原因。

固体物质的磁性除了上述通常熟悉的逆磁性、顺磁性和铁磁性之外，还有亚铁磁性和反铁磁性。在亚铁磁性物质内部，磁畴中的原子磁矩反平行排列，但总磁矩未完全抵消，宏观上磁性与铁磁性物质相似。铁氧体物质、磁铁矿等的磁性属于亚铁磁性。铁氧体晶格中的金属磁性离子之间不存在直接交换作用，而是通过夹杂在磁性离子之间的氧离子产生间接交换作用。这种间接交换作用，使邻近两个次晶格的金属离子的磁矩各自平行排列，但其大小不相等，结果由剩余的部分磁矩产生自发磁化区，如图 2-12（c）所示。

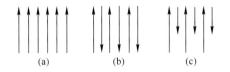

图 2-12　三种磁畴排列示意图
（a）磁性；（b）反铁磁性；（c）亚铁磁性

综上所述，固体物质磁性分类如下：

从上述分类可看出，物质按磁性可分成三大类，铁磁性、顺磁性和逆磁性。这三类物质在外磁场中磁化时，其磁化效应也不相同，如图 2-13 所示，铁磁性物质磁化时，其磁化强度随外磁场强度增加而急剧增加，呈非线性变化，也很容易达到磁饱和状态。顺磁性物质磁化时，其磁化强度与外磁场强度成正比，磁化强度比铁磁性物质低得多，而且磁化的外磁场强度比磁化铁磁性物质需要高 2~3 个数量级，并很难达到磁饱和状态。逆磁性物质，其磁化强度与外磁场呈一直线关系，其斜率为很小的负值。

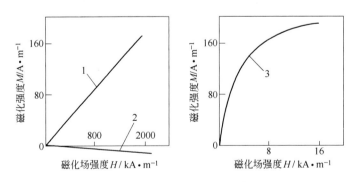

图 2-13　各类物质磁效应示意图
1—顺磁性物质；2—逆磁性物质；3—铁磁性物质

元素周期表中，只有 Fe（铁）、Co（钴）、Ni（镍）和它们中的一种或多种化合物是铁磁性的。有 32 种元素是顺磁性的，而且它们的化合物也是顺磁性的，它们是：Sc（钪）、Ti（钛）、V（钒）、Cr（铬）、Mn（锰）、Y（钇）、Mo（钼）、Te（碲）、Ru（钌）、Rh（铑）、Pd（钯）、Ta（钽）、W（钨）、Re（铼）、Os（锇）、Ir（铱）、Pt（铂）、Ce（铈）、Pr（镨）、Nd（钕）、Sm（钐）、Eu（铕）、Gd（钆）、Tb（铽）、Dy（镝）、Ho（钬）、Er（铒）、Tm（铥）、Yb（镱）、U（铀）、Pu（钚）、Am（镅）。另有 16 种元素的单质是顺磁性的，但是它们的化合物则是逆磁性的，它们是：Li（锂）、O（氧）、Na（钠）、Mg（镁）、Al（铝）、Ca（钙）、Ga（镓）、Sr（锶）、Zr（锆）、Nb（铌）、Sn（锡）、Ba（钡）、La（镧）、Lu（镥）、Hf（铪）、Th（钍）。另有 7 种元素它们的化合物是顺磁性的，它们是：N（氮）、K（钾）、Cu（铜）、Rb（铷）、Cs（铯）、Au（金）、Tl（铊），但其中的 N 和 Cu 在纯态中呈微逆磁性，其余 46 种元素是逆磁性的。

在生产实践中，从实用观点出发，按矿物比磁化系数的大小，将矿物分成强磁性、弱磁性和非（无）磁性三类。确切地说非磁性矿物实际上是一部分磁性很微弱，或是逆磁性矿物，目前磁选法尚不能将它们分选出来。也就是说，目前磁选机只能选出亚铁类型和部分磁性较大的顺磁性矿物。

强磁性矿物：比磁化系数 $x_0 > 38 \times 10^{-6} \, \mathrm{m^3/kg}$（或 C. G. S 制中 $x_0 > 3000 \times 10^{-6} \, \mathrm{cm^3/g}$），在磁场强度 $H = 80 \sim 120 \, \mathrm{A/m}$（或 C. G. S 制中 $H = 1000 \sim 1500 \, \mathrm{Oe}$）时可选出来，属于易选矿物，但是这类矿物很少，常见的有磁铁矿（$\mathrm{Fe_3O_4}$），磁黄铁矿（$\mathrm{Fe_xS_{1+x}}$）和磁赤铁矿（$\gamma\text{-}\mathrm{Fe_2O_3}$）等，这类矿物多属亚铁磁性类。

弱磁性矿物：比磁化系数 $x_0 = 1.9 \times 10^{-5} \sim 3.8 \times 10^{-5} \, \mathrm{m^3/kg}$（或 C. G. S 制中 $x_0 = 15 \times 10^{-6} \sim 3000 \times 10^{-6} \, \mathrm{cm^3/g}$），其中以 $x_0 > 7.6 \times 10^{-6} \, \mathrm{m^3/kg}$（或 $x_0 > 600 \times 10^{-6} \, \mathrm{cm^3/g}$）者较为好选，习惯上称作中磁矿物，而 $x_0 < 7.6 \times 10^{-6} \, \mathrm{m^3/kg}$ 者为弱磁矿物，选别这类矿物需用的磁场强度常在 $H = 480 \sim 1440 \, \mathrm{A/m}$（或 C. G. S 制中 $H = 6000 \sim 18000 \, \mathrm{Oe}$）区间。属于这类矿物较多，如各类弱磁性铁矿物（赤铁矿、褐铁矿、菱铁矿、铬铁矿等），各类锰矿物（水锰矿、软锰矿、硬锰矿、菱锰矿等），含铁含锰的矿物（黑钨矿、独居石、铌铁矿、钽铁矿、锰铌矿等），还有部分造岩矿物（绿泥石、石榴石、黑云母、橄榄石、辉石、角闪石、黑云母、绿帘石、蛇纹石等）也属弱磁性矿物。上述各种弱磁性矿物大多属于顺磁性，有少数属于反铁磁性。

非磁性矿物：比磁化系数 $x_0 < 1.9 \times 10^{-5} \, \mathrm{m^3/kg}$（或 $x_0 < 15 \times 10^{-6} \, \mathrm{cm^3/g}$），这类矿物在目前的技术条件下尚选不出来。属于这类矿物有金属矿物中的辉铜矿、方铅矿、闪锌矿、辉锑矿、白钨矿、锡石、自然金，非金属矿物中有硫、煤、石墨、金刚石、石膏、高岭土等，还有石英、长石、方解石等大部分造岩矿物。这些矿物中一些属于顺磁性，也有一些属于逆磁性的。

必须指出，上述矿物磁性分类，并不是十分严密的，特别是弱磁性和非磁性的界限，会随着科学技术的发展而变化的。另外矿物磁性影响因素也很多，不同产地、不同矿床、不同粒度的矿物磁性都会有所不同，甚至差别很大。这是由于它们生成过程的条件不同，杂质的含量不同、结构共生关系不同而产生的。对具体矿物必须通过实际测定，表 2-1 和表 2-2 分别为常见矿物的比磁化系数和选别时需用的磁场强度，供作参考。

表 2-1　常见矿物的比磁化系数

序号	矿物名称	比 磁 化 系 数	
		C. G. S 制/cm³·g⁻¹	SI 制/m³·kg⁻¹
1	磁铁矿	$(62500 \sim 92000) \times 10^{-6}$	$(785 \sim 1156) \times 10^{-6}$
2	人工磁铁矿	$(50000 \sim 88750) \times 10^{-6}$	$(633 \sim 1123) \times 10^{-6}$
3	含钒磁铁矿	94000×10^{-6}	1181×10^{-6}
4	含钒钛磁铁矿	73000×10^{-6}	917×10^{-6}
5	含稀土元素磁铁矿	58000×10^{-6}	729×10^{-6}
6	磁赤铁矿	5400×10^{-6}	68×10^{-6}
7	磁黄铁矿	4500×10^{-6}	57×10^{-6}
8	假象赤铁矿	$(496 \sim 520) \times 10^{-6}$	$(6.2 \sim 6.5) \times 10^{-6}$
9	赤铁矿	$48 \times 10^{-6}, 60 \times 10^{-6}, 101 \times 10^{-6}, 172 \times 10^{-6}$	$(6, 7.5, 12.7, 21.6) \times 10^{-7}$
10	鲕状赤铁矿	39×10^{-6}	4.9×10^{-7}
11	镜铁矿	292×10^{-6}	3.7×10^{-6}
12	镁铁矿	$(50 \sim 120) \times 10^{-6}$	$(7 \sim 15) \times 10^{-7}$
13	褐铁矿	$(25 \sim 90) \times 10^{-6}$	$(3.1 \sim 11.2) \times 10^{-7}$
14	针铁矿	32×10^{-6}	4.0×10^{-7}
15	水锰矿	$(28 \sim 81) \times 10^{-6}$	$(3.5 \sim 10.2) \times 10^{-7}$
16	软锰矿	$(27 \sim 38) \times 10^{-6}$	$(3.4 \sim 4.8) \times 10^{-7}$
17	硬锰矿	$(24 \sim 49) \times 10^{-6}$	$(3.0 \sim 6.2) \times 10^{-7}$
18	褐（黑）锰矿	$(72 \sim 120) \times 10^{-6}$	$(9.0 \sim 15) \times 10^{-7}$
19	偏锰酸矿	52×10^{-6}	6.5×10^{-7}
20	致密硬锰矿	$(80 \sim 85) \times 10^{-6}$	$(10 \sim 10.6) \times 10^{-7}$
21	菱锰矿	$(104 \sim 172) \times 10^{-6}$	$(13.1 \sim 21.6) \times 10^{-7}$
22	锰土	85×10^{-6}	10.6×10^{-7}
23	含锰方解石	$(66 \sim 94) \times 10^{-6}$	$(8.3 \sim 11.8) \times 10^{-7}$
24	针铁矿	$(27 \sim 399) \times 10^{-6}$	$(3.4 \sim 50) \times 10^{-7}$
25	铬铁矿	$(50 \sim 70) \times 10^{-6}$	$(6.3 \sim 8.8) \times 10^{-7}$
26	钙铁矿	140×10^{-6}	1.75×10^{-7}
27	钙铁榴石	105×10^{-6}	1.3×10^{-7}
28	黑钨矿	$(39 \sim 189) \times 10^{-6}$	$(4.9 \sim 23.7) \times 10^{-7}$
29	石榴石	$(60 \sim 160) \times 10^{-6}$	$(7.9 \sim 20) \times 10^{-7}$
30	黑云母	$(40 \sim 68) \times 10^{-6}$	$(5.0 \sim 8.5) \times 10^{-7}$
31	角闪石	$(30 \sim 230) \times 10^{-6}$	$(3.8 \sim 28.9) \times 10^{-7}$
32	辉石	65×10^{-6}	8.2×10^{-7}

序号	矿物名称	比 磁 化 系 数	
		C. G. S 制/cm³ · g⁻¹	SI 制/m³ · kg⁻¹
33	绿泥石	$(30 \sim 90) \times 10^{-6}$	$(3.8 \sim 11.3) \times 10^{-7}$
34	千枚岩	$(50 \sim 100) \times 10^{-6}$	$(6.3 \sim 12.6) \times 10^{-7}$
35	电气石	$(25 \sim 345) \times 10^{-6}$	$(3.1 \sim 43.4) \times 10^{-7}$
36	锆英石	38×10^{-6}	4.8×10^{-7}
37	白云岩	27×10^{-6}	3.4×10^{-7}
38	铁白云岩	34×10^{-6}	4.3×10^{-7}
39	滑石	$(18 \sim 28) \times 10^{-6}$	$(2.25 \sim 3.5) \times 10^{-7}$
40	金红石	$(14 \sim 29) \times 10^{-6}$	$(1.8 \sim 3.6) \times 10^{-7}$
41	独居石	$(14 \sim 23) \times 10^{-6}$	$(1.8 \sim 2.9) \times 10^{-7}$
42	金云母	14×10^{-6}	1.8×10^{-7}
43	斑铜矿	$(5 \sim 14) \times 10^{-6}$	$(0.63 \sim 1.8) \times 10^{-7}$
44	蓝铜矿	19×10^{-6}	2.38×10^{-7}
45	透辉石	$(8.5 \sim 13) \times 10^{-6}$	$(1.06 \sim 1.6) \times 10^{-7}$
46	铬云母	10×10^{-6}	1.26×10^{-7}
47	刚玉	10×10^{-6}	1.26×10^{-7}
48	磷灰石	$(4 \sim 14) \times 10^{-6}$	$(0.5 \sim 1.8) \times 10^{-7}$
49	辉铜矿	8.5×10^{-6}	1.06×10^{-7}
50	蛇纹石	$(20 \sim 500) \times 10^{-6}$	$(2.5 \sim 62.8) \times 10^{-7}$
51	黄铁矿	$0, 7.5 \times 10^{-6}, 34 \times 10^{-6}$	$(0.94 \sim 4.2) \times 10^{-7}$
52	孔雀石	$(3.8 \sim 15) \times 10^{-6}$	$(0.48 \sim 1.9) \times 10^{-7}$
53	绿柱石	6.6×10^{-6}	0.83×10^{-7}
54	闪锌矿	$(2.0 \sim 9.0) \times 10^{-6}$	$(0.25 \sim 1.13) \times 10^{-7}$
55	锡石	$(2.0 \sim 8.0) \times 10^{-6}$	$(0.25 \sim 1.0) \times 10^{-7}$
56	石膏	4.3×10^{-6}	54×10^{-9}
57	萤石	4.8×10^{-6}	60.3×10^{-9}
58	毒砂	$(0.18 \sim 3.3) \times 10^{-6}$	$(1.0 \sim 4.15) \times 10^{-9}$
59	锡石	$(1.0 \sim 8.0) \times 10^{-6}$	$(1.25 \sim 100.5) \times 10^{-9}$
60	锆英石	$(0.2 \sim 1.0) \times 10^{-6}$	$(0.25 \sim 1.25) \times 10^{-9}$
61	白钨矿	0.5×10^{-6}	0.62×10^{-9}
62	方解石	$(-0.08 \sim 1.52) \times 10^{-6}$	$(-0.17 \sim 0) \times 10^{-9}$
63	长石	5.0×10^{-6}	62×10^{-9}
64	锂云母	1.5×10^{-6}	$(-0.1 \sim 1.9) \times 10^{-9}$

序号	矿物名称	比 磁 化 系 数	
		C. G. S 制/cm³ · g⁻¹	SI 制/m³ · kg⁻¹
65	碳化硅	$0.4×10^{-6}$	$0.5×10^{-9}$
66	雄黄	$0.4×10^{-6}$	$0.5×10^{-9}$
67	辰砂	$0.3×10^{-6}$	$0.37×10^{-9}$
68	锰榴石	$0.2×10^{-6}$	$0.25×10^{-9}$
69	辉钼矿	$-0.1×10^{-6}$	$-0.125×10^{-9}$
70	雌黄	$-0.3×10^{-6}$	$-0.37×10^{-9}$
71	白铝矿	$-0.3×10^{-6}$	$-0.37×10^{-9}$
72	重晶石	$-0.4×10^{-6}$	$-0.5×10^{-9}$
73	黄玉	$-0.5×10^{-6}$	$-0.62×10^{-9}$
74	石英	$(-0.4～10)×10^{-6}$	$(-0.5～126)×10^{-9}$
75	方铅矿	$(0.24～0.9)×10^{-6}$	$(0.3～1.125)×10^{-9}$
76	十字石	$1.26×10^{-6}$	$3.1×10^{-9}$

表 2-2　矿物湿式磁选需要的磁场强度

矿物名称	磁场强度/Gs[①]	矿物名称	磁场强度/Gs[①]	矿物名称	磁场强度/Gs[①]
磁铁矿	1000～1400	硫锰矿	16000～19000	氟碳铈镧矿	13000～17000
磁黄铁矿	2000～4000	硬锰矿	14000～18000	黑云母	12000～18000
铸铁尖晶石	4000～6000	软锰矿	15000～19000	硅孔雀石	20000～24000
假象赤铁矿	2000～6000	菱锰矿	15000～20000	绿帘石	14000～19000
磁赤铁矿	4000～6000	黑钨矿	12000～16000	石榴石	12000～19000
赤铁矿	14000～18000	黑稀金矿	16000～20000	角闪石	16000～19000
针铁矿	16000～18000	钛铁金红石	14000～18000	白云石	15000～23000
褐铁矿	16000～20000	沥青铀矿	18000～24000	烧绿石	11000～16000
菱铁矿	8000～16000	铁英岩矿	8000～13000	蔷薇辉石	15000～19000
铬铁矿	10000～16000	磷灰石	14000～18000	十字石	12000～19000
钛磁铁矿	1000～3000	磷钇矿	11000～15000	蛇纹石	3000～18000
铌钽铁矿	12000～16000	橄榄石	11000～14000	电气石	16000～19000
钛铈铁矿	12000～16000	硫铜锗矿	14000～18000	钶钇矿	1600～19000
独居石	14000～20000	铁白云石	13000～16000		

① 1Gs 约为 10^{-4}T。

2.3.2　强磁性矿物的磁性特点

　　磁铁矿是典型强磁性矿物,通过讨论磁铁矿的磁性可以了解强磁性矿物磁性的一般规律。

纯磁铁矿的分子式是 Fe_3O_4，属亚铁磁质结构，但它的构造又属于氧化物。在工业上只注意研究金属的磁性，随着现代工业发展的需要，大量的铁氧体在工业上的应用较金属磁性材料广、价值大，故于 1948 年法国科学家文尼尔提出磁铁矿–亚铁磁质。亚铁磁质与铁磁质，两者在微观构造上是不相同的，但在宏观磁性上是基本相似的。从应用的观点看来，两者并没有多大的区别。

（1）磁铁矿的磁化强度和磁化系数都很大，存在磁饱和现象，在较低的磁场强度下就可以达到饱和。

强磁性矿物的磁化本质可用磁畴理论来解释，磁铁矿的磁源是由许多亚铁磁质的磁畴组成的，亚铁磁畴内包含互相反平行而又不彼此抵消的磁矩，即每个磁畴中有剩余的磁矩。在无外磁场作用时，相邻磁畴的剩余磁矩方向各不相同，对外不显磁性；进入磁场后，磁畴整体转向磁场方向，对外显示出亚铁磁畴磁性。

磁铁矿的磁化和铁磁物质的磁化一样，有两个磁畴基本变动过程，一个是磁畴壁移动，另一个是磁畴转动，磁畴壁移动需要的能量较小，而磁畴转动需要有较大的能量，如图 2-14 所示。在外磁场作用下磁畴壁开始振动（移动），如图 2-14(a) 所示。随外磁场增大，使磁畴有利于磁化方向的磁矩扩大，不利于磁化方向的磁矩逐渐缩小，扩大与缩小磁畴之间的磁畴壁向一方挪动，如图 2-14(b) 所示。随外磁场的增大，磁畴的磁矩整体使不利磁化方向的磁畴向有利于磁化方向的磁畴合并，如图 2-14(c) 所示。外磁场再增大，磁畴壁以相当快的速度跳跃式的移动，直至不利磁化方向的磁畴完全消失，而有利于磁化方向的磁畴完全扩大，并一致朝着外磁场方向排列，如图 2-14(d) 所示。

图 2-14　在磁化场中磁畴磁化运动过程示意图

从图 2-14 可以看到，强磁性矿物磁化过程是：开始进入外磁场时，当 $H=0$ 时，其磁化强度 $J=0$；随外磁场强度逐渐增大，物体具有一定的 J 值，如图 2-15 中（a）所示；外磁场强度再增大，物体的 J 值也随着增大，如图 2-15 中（b）所示。外磁场强度再增大，这时物体的磁化强度 J 会产生一个突变，即磁化强度急剧增大，如图 2-15 中（c）所示，相当于图 2-15 中基本磁化曲线的 1～2 线段变化。外磁场强度再次增大，物体的磁矩全部朝磁场方向排列，如图 2-15 中（d）所示，这时物体的磁化强度很大，继而达到饱和值。此后外磁场强度再增大，物质的磁化强度不再增加，这意味着物质内部磁畴全部朝磁场方向排列整齐了。

（2）磁铁矿存在磁滞现象，当它离开磁化场后，仍保留一定的剩磁。

物质在磁化过程中达到图 2-15 中（b）所示状态以后，磁畴壁的移动不是渐渐进行的，而是突变性进行的。这反映了强磁性物质磁化过程是不可逆的，即物体撤出磁场后，磁畴壁不会完全回复到原来的位置，故将会保留部分磁性。这种现象就是强磁性物质产生磁滞和剩磁的原因。很明显，物质的磁感应强度（或磁化强度）落后于外磁场强度变化的现象称为磁滞。概括说来，强磁性物质磁化的本质是：在磁化初期主要是可逆性的磁畴壁移动，中期主要是不可逆的磁畴壁位移，后期则是磁畴转动（转向磁场方向直至磁饱和）。

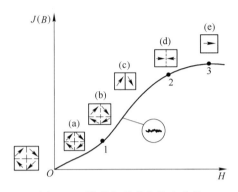

图 2-15 铁磁物质磁化基本曲线

图 2-16 是物质 $J=f(H)$ 变化曲线，物质的磁化强度从 $J=0$ 开始，随外磁场强度 H 的增加，开始缓慢的增加，随后便迅速增加，再往后又变成缓慢增加，直至 J 不再增加，此时 J 的值为该物质磁饱和值。当物体 J 值达到磁饱和后，如果外磁场强度逐渐降低，物质的磁化强度 J 值不会沿原来的基本磁化曲线变化，而是沿高于原基本磁化曲线的线段变化。显然，当外磁场强度降至零时，其 J 值不会降至零，而保留一定的 J 值，这个数值称为该物质的剩磁，通常用 J_r 或 B_r 表示；磁感应强度落后于磁场强度变化的现象称为磁滞。如果消除物体的剩磁，必须对物体施加一个反方向的磁场，这个反方向的磁场称为矫顽力，通常用 H_c 表示。随着矫顽力磁场的增大，物体剩磁逐渐减少。当矫顽力磁场强度达到 H_c 时，物体的剩磁 J_r 或 B_r 降为零，即物质磁性全部被消除，所以矫顽力是消除物体剩磁的一个反方向磁场。矫顽力磁场若继续增大，物体则被反磁化，得到一个 $-J$ 值。外磁场在 $+H \sim -H$ 之间变化，物体的磁化强度则按图 2-16 闭合曲线变化，这个闭合曲线称为该物体的磁滞回线。

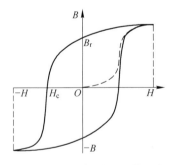

图 2-16 磁性物质的磁滞回线

（3）磁铁矿的磁化强度、磁化系数和磁场强度间具有曲线关系；比磁化系数随磁场强度变化而变化。磁铁矿的磁化强度除与矿石性质有关外，还与磁场强度变化历程有关。

不同磁性的物体，磁滞回线的形状各不相同。矫顽力小的磁性材料，称为软磁体，也可以理解为保留磁性的时间较短，适合于制造电磁铁铁心。矫顽力大的磁性材料，即磁性保留的时间较长的，称为硬磁体，适合制造永磁体。同时必须指出，特别是强磁性矿物，虽是同一种磁铁矿，但由于它们的品格构造、晶格缺陷以及产出特点的不同，在同一磁场中，它们的 J_r、B_r 和 H_c 也不会相同。

2.3.3　影响强磁性矿物磁性的因素

影响强磁性矿物磁性的因素很多，其中主要有磁化的磁场强度，矿粒的形状、矿粒的粒度、强磁性矿物的含量和矿物的氧化程度等几个因素，这里仍以磁铁矿为对象进行讨论。

2.3.3.1　磁化磁场的影响

磁化磁场对强磁性矿物磁性的影响，在前面已作了详细的讨论，明确得出矿物磁性随外磁场呈非线性变化的结论。现以东北某厂的磁铁矿为例，进一步讨论 $J = f(H)$ 与 $x = f(H)$ 的非线性变化关系。图2-17为该磁铁矿 J、x 与 H 之间的变化曲线。从图2-17中 $J = f(H)$ 变化曲线看出，磁铁矿在磁化场 $H = 0$ 时，它的比磁强度 $J = 0$。随着磁化场 H 的增大，磁铁矿的比磁化强度开始缓慢增加（见0～1段），随后便迅速增加（见1～2段），再往后又变为缓慢增加（见2～3段），直到磁饱和点，用 J_{max} 表示 [$J_{max} \approx 135 A/(m \cdot kg)$ 或135Gs/g]。再降低磁化场 H，比磁化强度 J 随之减小，但并不是沿着0→1→2→3，而是沿高于原曲线的3～4下降。当磁化场 H 降至零时，J 并不为零，保留一定的剩磁值 [$J_r \approx 5 A/(m \cdot kg)$ 或5Gs/g]。消除 J_r 所用的矫顽力 H_c 约等于1.7kA/m(或21Oe)。

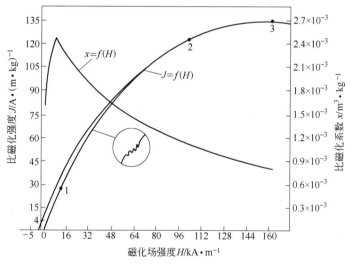

图2-17　某磁铁矿的磁化强度、比磁化系数与
磁化磁场强度的变化曲线

从比磁化系数 $x = f(H)$ 曲线看，磁铁矿的比磁化系数随磁化场变化也不是一个常数。开始时，随磁化场增大 x_0 值迅速增大，在 H 约等于8kA/m(或100Oe) 时，x_0 达到最大值（$x_0 \approx 2.5 \times 10^{-3} m^3/kg$ 或0.207cm³/g）之后，再增大磁化场强 x_0 值不但不随之增大，反而逐渐减小。不同的矿物有不同的 x_0 数值，x_0 达到最大值所需的磁场强度也不相同。表2-3为我国部分矿山强磁性矿物实测的比磁化系数，供作参考。

表 2-3　我国部分强磁性矿物的比磁化系数

| 序号 | 样品名称 | 磁化磁场强度/kA·m⁻¹ | | | | 剩磁 J_r /kA·(m·kg)⁻¹ | 矫顽力 H_c/kA·m⁻¹ |
| | | 40 | 80 | 120 | 160 | | |
		比磁化系数/m³·kg⁻¹					
1	眼前山磁铁矿	1671×10⁻⁶	1212×10⁻⁶	945×10⁻⁶	779×10⁻⁶	786	4.63
2	东鞍山烧结磁精矿	823×10⁻⁶	661×10⁻⁶	572×10⁻⁶	496×10⁻⁶	1160	10.93
3	齐大山烧结磁精矿	999×10⁻⁶	881×10⁻⁶	724×10⁻⁶	603×10⁻⁶	1760	12.91
4	弓长岭磁铁矿	1802×10⁻⁶	1387×10⁻⁶	1035×10⁻⁶	847×10⁻⁶	360	1.69
5	南芬磁铁矿	1755×10⁻⁶	1318×10⁻⁶	1026×10⁻⁶	820×10⁻⁶	约640	2.30
6	歪头山磁精矿	1236×10⁻⁶	946×10⁻⁶	787×10⁻⁶	662×10⁻⁶	约1200	7.45
7	北京铁矿磁精矿	1143×10⁻⁶	883×10⁻⁶	716×10⁻⁶	617×10⁻⁶	约760	6.58
8	邯郸磁精矿	515×10⁻⁶	443×10⁻⁶	377×10⁻⁶	334×10⁻⁶	约600	7.16
9	双塔山磁精矿	1244×10⁻⁶	922×10⁻⁶	732×10⁻⁶	603×10⁻⁶	约1200	7.0
10	南山磁精矿	1734×10⁻⁶	1213×10⁻⁶	942×10⁻⁶	760×10⁻⁶	1480	6.76
11	包钢磁精矿	955×10⁻⁶	729×10⁻⁶	594×10⁻⁶	503×10⁻⁶	约1400	7.56

2.3.3.2　矿粒形状的影响

强磁性矿物虽然含量相同、组成相同，但因其形状不同，在同一磁化场中，其磁化强度和比磁化系数是不相同的。长条形的矿粒比磁化强度和比磁化系数比短、粗或球形的矿粒大。图 2-18 曲线表明，矿粒长度愈长，则磁化强度和比磁化系数也愈大。试验得出不同长度的圆柱形磁铁矿的比磁化系数见表 2-4，由此可见，矿粒愈长则比磁化系数也愈大，即同一类形、同一含量，在同一磁场中的强磁性矿粒形状对其磁性有明显影响。

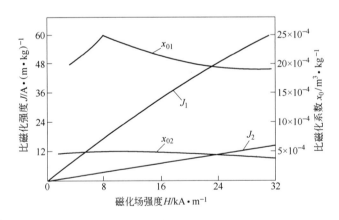

图 2-18　不同形状磁铁矿粒的 J 与 x 值和磁化场强度的关系

J_1，x_{01}—长条形；J_2，x_{02}—短条（球）形

表 2-4　不同长度圆柱形磁铁矿的比磁化系数

试样长度/cm	2.0	4.0	6.0	8.0	28.0
比磁化系数/cm³·g⁻¹	31400×10⁻⁶	54800×10⁻⁶	59660×10⁻⁶	63600×10⁻⁶	96000×10⁻⁶

矿粒的相对尺寸（断面积与长度相比）对其磁性的影响，与它磁化时产生的退磁场有密切关系。

若将一个椭圆形的磁铁矿颗粒置于外磁场中磁化，磁铁矿顺着磁场方向磁化，两端分别产生两个磁极，这两个磁极建立一个与磁化方向相反的感应磁场；这个反方向的感应磁场削弱了磁化物体的磁化场强，等于物体内部有一个反方向的感应磁场，如图 2-19(b) 所示。但必须指出，磁化后物体内部的总磁场，总是与外磁场的方向相同。因为矿粒磁化后构成的闭合磁力线，在物体外部是由 N 极到 S 极，方向与磁化场相反，这个反磁场削弱了外磁化场强，实质是物体的有效磁场强度减弱。把外加磁化物体的磁场称作外磁场，用 H 表示，物体磁化后产生的退磁场用 $H_退$ 表示，磁化后物体的有效磁场用 $H_内$ 表示，它们之间有以下的关系：

$$H_内 = H - H_退 \tag{2-23}$$

实验证明，矿粒在均匀磁场中磁化产生的退磁场与矿粒的磁化强度成正比，即有：

$$H_退 = - NJ \tag{2-24}$$

式中 N——退磁系数，与矿粒形状有关，负号表示 $H_退$ 的方向与 J 的方向相反。

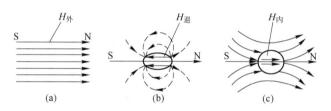

图 2-19 椭圆体强磁性矿粒磁化的示意图
(a) 磁化场；(b) 退磁场；(c) 内磁场

不同形状物体的退磁系数列于表 2-5，表中 L 是指与磁场一致的长度，S 为垂直磁场的截面积。

表 2-5 不同形状物体的退磁系数值

相对尺寸比 $m=\dfrac{L}{\sqrt{S}}$	退磁系数 N 值				
	椭圆体	圆柱体	棱柱体的底高比		
			1:1	1:2	1:4
10	0.020	0.018	0.018	0.017	0.016
8	0.033	0.024	0.023	0.023	0.022
6	0.051	0.037	0.036	0.034	0.032
4	0.086	0.063	0.060	0.057	0.054
3	0.104	0.086	0.083	0.080	0.075
2	0.174	0.127			
1	0.334	0.279			

从表 2-5 可获得以下规律：

(1) 物体形状退磁系数随物体相对尺寸比 $m=\dfrac{L}{\sqrt{S}}$ 的增大而减小，当 m 值很大时，可近似认为物体退磁系数 $N \approx 0$。也可以理解为物体磁化后，磁畴沿磁场方向排列，物体内部的磁畴一端与前一磁畴的一端磁极异性相吸，处于束缚状态。而物体朝外的两端，磁畴极性处于自由状态，其取向不规则，因而削弱了物体的磁性，如图 2-20 所示。物体长，自由状态的极性数比值小于短物体，所以长物体的退磁系数小于短物体的退磁系数。

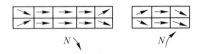

图 2-20　物体形状退磁系数示意图

（2）当 m 值相等时，不同几何形状的退磁系数是：椭圆体>圆柱体>菱柱体；m 值小时，任何形状的 N 值，可认为近似相同。

（3）在生产实际操作中，矿粒尺寸比 $m \approx 2$，一般退磁系数可取 $N \approx 0.16$；对于无限长的物体（即长度比横断面积大得较多时），退磁系数 $N = 0$；一般物体的 N 值在 $0 \sim 1$ 之间。

（4）由于矿粒形状对磁性有显著影响，所以测定强磁性矿物磁性时，必须将试样制成长条形，以达到消除形状的影响，即 $N = 0$。一般资料上提供的强磁性矿物比磁化系数，都是消除了形状影响的，然而实践中矿粒却具有一定的形状，所以一般要进行计算。

2.3.3.3　矿粒粒度的影响

矿粒粒度的大小对磁性影响的一般规律是，比磁化系数 x_0 随着粒度尺寸减小而减小，矫顽力随粒度尺寸减小而增加，尤其是当粒度小于 $40 \mu m$ 以后，比磁化系数急剧减小，矫顽力急剧增加，如图 2-21 所示。上述关系可用磁畴理论来解释，研究认为，粒度大的矿粒磁性是由磁畴壁移动和磁畴转动产生的，其中又以磁畴壁移动为主。随着粒度减小，每个矿粒包含的磁畴和磁畴壁数量减小。磁化时，磁畴壁移动也相应减小。粒度减小至单磁畴状态时，就没有磁畴壁了，完全依靠磁畴转动才能显出磁性，磁畴转动所需的能量比磁畴壁移动大得多，所以随着粒度减小比磁化系数也减小。磁化后退磁也需要较大的能量，故小矿粒的矫顽力较大。

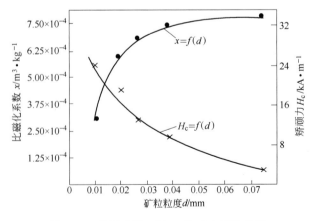

图 2-21　磁铁矿的 x 与 H_c 和 d 之间的关系

（磁化场强 $H = 160kA/m$）

强磁性细颗粒矿物的比磁化系数小，会导致分选时降低磁性产物的回收率，但是它的矫顽力大，磁性不易失去，可产生较大或较窄的磁团或磁链，这又有利于磁力脱水槽回收细粒磁性矿粒。但是，磁团和磁链对分级也不利。

2.3.3.4 强磁性矿物含量对磁性的影响

实践中磁铁矿与脉石等矿物的结合体称为连生体。磁选处理的物料中既有单体的纯磁铁矿和单体的脉石颗粒，也有些连生体。研究连生体的磁性对磁选是必要的。连生体的磁性和其中强磁性矿物的含量，连生体中非磁性夹杂物的磁状及排列的方式有关。因为脉石和一些弱磁性矿物的比磁化系数比磁铁矿的比磁化系数小几十、几百倍，所以连生体的比磁化系数随磁铁矿的含量增加而增加，但不是呈正比例增加，如图2-22所示。从图2-22中看出磁铁矿含量低时，磁性增加较慢；当磁铁矿含量大于50%以后，增大很快。实践证明，含磁铁矿为10%的连生体进入精矿的可能性是很大的。从磁铁矿精矿分析可知，以连生体进入精矿的比率较单体脉石多，因此连生体是影响磁铁精矿质量提高的重要因素。

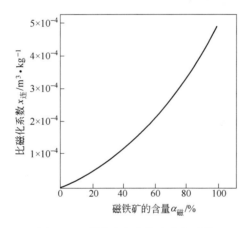

图 2-22 磁铁矿连生体比磁化系数
与磁铁矿含量之间的关系

2.3.3.5 磁铁矿氧化程度的影响

磁铁矿在矿床中经长期氧化作用后，其化学成分、结晶构造和磁性都会发生变化。磁铁矿的分子式为 Fe_3O_4，立方晶系磁性最强。若局部氧化变成半假象赤铁矿，结晶外形仍为磁铁矿，但化学成分已变成赤铁矿了，称为 $\gamma\text{-}Fe_2O_3$，又称为磁赤铁矿，仍属强磁性矿物，只是其磁性较磁铁矿稍低些。若再氧化就变成假象赤铁矿，化学成分是 Fe_2O_3，结晶构造一部分是磁铁矿，另一部分是赤铁矿，属于弱磁性，是弱磁性矿物中较强的一种。若再度氧化，就全变成赤铁矿，结构为三方晶系的称为 $\alpha\text{-}Fe_2O_3$，属弱磁性。上述几种矿物按它们的磁性排列，其顺序为磁铁矿、半假象赤铁矿、假象赤铁矿、赤铁矿，由此可见磁铁矿的磁性，是随其氧化程度加深而逐渐减弱的。

磁铁矿的氧化程度常用磁性率 R 表示，R 值是以磁铁矿中的氧化亚铁（FeO）和全铁（TFe）含量的百分数表示。因为磁铁矿的分子可写成 $FeO\cdot Fe_2O_3$，其中 FeO 属二价铁，Fe_2O_3 属三价铁。磁铁矿氧化是 FeO 变为 Fe_2O_3 的过程。其氧化程度愈大，FeO 的含量就愈少，若磁铁矿氧化完全，则其 FeO 全变成 Fe_2O_3 了，所以用 FeO 含量的多少表示磁铁矿的氧化程度，即：

$$R = \frac{\text{FeO}}{\text{TFe}} \times 100\% \tag{2-25}$$

式中　FeO——磁铁矿中的氧化亚铁含量；

　　　　TFe——磁铁矿中的全部铁的含量。

　　纯的磁铁矿床的磁性率 $R = 42.8\%$，但实际上没有绝对纯的磁铁矿床，地质部门常用磁性率作为划分铁矿床的一项重要指标。分类标准 $R = 42.8\% \sim 37.0\%$ 划为磁铁矿床，又称为原生矿床或称为青矿；$R = 37\% \sim 29\%$ 划为半氧化矿床，又常称为混合矿床；$R \leqslant 29\%$ 的划为氧化矿床，又称为红矿。

　　图 2-23 为不同氧化程度磁铁矿的比磁化系数与磁场强度之间的关系曲线，明显看出磁铁矿随氧化程度增加比磁化系数减小。另外，从曲线的形状看，随着氧化程度增加，比磁化系数变化近于一条直线，理论上与典型的弱磁性矿物比磁化系数曲线相似。这说明磁铁矿在长期氧化作用下，逐渐变成了弱磁性矿物。

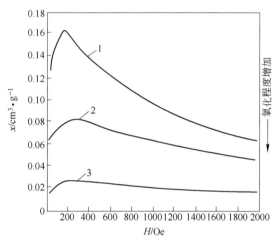

图 2-23　不同氧化程度磁铁矿的比磁化系数曲线

1—磁性率为 42.8% 的磁铁矿；2—磁性率为 32.5% 的半氧化矿；3—磁性率为 11.1% 的氧化矿

　　应当指出，采用磁性率表示矿石的磁性时，有它的局限性，因为自然界中的铁矿床，很少由单纯的磁铁矿石组成，大多数都有一些铁矿物的共生体，除磁铁矿中含有的 FeO 和 TFe 外，其他矿物中也含有 FeO 或 TFe，它们参与计算，磁性率就不能正确反映铁矿石的磁性。例如，铁矿石中含有较多的硅酸铁时，硅酸铁中的 FeO 参与计算，会引起结果偏大，甚至大于磁铁矿的磁性率，误将弱磁性矿石判为强磁性矿石。若矿石中含有较多的黄铁矿，黄铁矿中的 Fe 参与计算，引起结果偏小，误将强磁性矿判为弱磁性矿。一般来说磁性率只用于单一的磁铁矿石才能较正确。对于含少量的黄铁矿或少量的菱铁矿石时，大致还能应用；对含菱铁矿或其他铁矿为主的矿床，则不能应用。

2.3.4　弱磁性矿物的磁性特点

　　自然界中大部分天然矿石都是弱磁性的，它们大多数属于顺磁性物质，只有个别矿物如赤铁矿属于反铁磁性物质，纯的弱磁性矿物的磁性与强磁性矿物磁性比较有着本质的区别。弱磁性矿物的磁性来源于原子或分子磁矩。原子磁矩或分子磁矩之间的相互作用很小，即单个原子磁矩的取向与其余原子磁矩的取向无关。在外磁场中磁化时，由于原子处于剧烈的热振动状态，原子磁矩朝着外磁场方向排列的概率多些，逆着外磁场方向排列的概率少些，因而显示出磁性。磁化磁场强度愈高，原子磁矩朝磁场方向排列的概率就愈大，所以弱磁性矿物的磁化强度与外磁化场强度成正比，磁化曲线呈线性变化，比磁化系数是个常数，在目前的技术条件下，不易达到磁饱和点。退磁是可逆的，无磁滞效应，磁性与矿粒的形状、粒度等无关，但与矿物成分有关。若在弱磁性矿物中含有强磁性矿物，即使是少量对其磁性和磁性特点有一定，甚至是较大的影响。

——— 本 章 小 结 ———

本章主要阐述了磁分离的基本条件和原理，以及涉及到的有关物理学概念，为磁选提供了充分的理论基础，并提出了回收磁性矿粒需要的磁力计算方法及其应用条件。

矿物磁性的不同其在磁场中的表现也不一样，根据磁性的强弱可分为强磁性矿物、弱磁性矿物和非磁性矿物三种，通过讨论磁铁矿的磁性了解了强磁性矿物磁性的一般规律。影响强磁性矿物磁性的因素很多，其中主要有磁化的磁场强度，矿粒的形状、矿粒的粒度、强磁性矿物的含量和矿物的氧化程度等几个因素，仍以磁铁矿为对象进行讨论。弱磁性矿物的磁性比较简单，在此也做了简单的介绍。

复习思考题

2-1 磁分离的条件是什么？在磁选过程中，磁性矿粒与脉石矿粒运动轨迹由哪些因素确定？

2-2 磁场力、磁力、磁场强度有无区别？

2-3 当已知某矿石的比磁化系数时，能否求出选别所需的磁场力？

2-4 磁铁矿、赤铁矿、石英的磁性各有什么特点？

2-5 为什么磁畴结构的物质磁性比顺磁性物质的大？

2-6 怎样理解磁铁矿的 $x=f(H)$ 曲线是非线性变化，而弱磁性矿物的 $x=f(H)$ 曲线则是直线变化的？

3 弱磁场磁选设备

3.1 弱磁场磁选设备的磁系及分类

3.1.1 开放磁系

磁系是组成磁选机的主要部件，磁系要力争做到构造简单、质量轻、体积小、成本低、工作可靠、操作维修方便、分选指标好以及处理量大等。磁系性能的好坏直接与磁系类别、排列、结构以及磁系材料有着密切的关系，因此对它们必须很好地了解和研究。

磁选机的磁系按照磁极配置的方式可分为开放磁系和闭合磁系两大类。开放磁系是指极性相间配置，极性之间无感应铁磁介质，排列的形式又有平面磁系、曲面磁系以及塔形磁系等，如图 3-1 所示。在开放磁系中，磁通是通过较长的空气路程而闭合的，磁路中的磁阻大、漏磁也多，因此这类磁系的磁场强度和磁场梯度比较低，只适用于制造分选强磁性矿物的磁选设备。但是这种类型的磁选机具有较大的分选空间，所以生产能力较大。

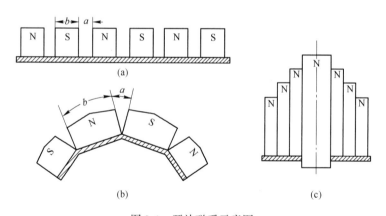

图 3-1　开放磁系示意图

（a）平面磁系；（b）曲面磁系；（c）塔形磁系

通常用于选别强磁性矿物的弱磁选机，采用开放磁系。开放磁系的排列方式有：平面型排列如图 3-1(a) 所示；圆柱形排列如图 3-1(b) 所示；塔形排列如图 3-1(c) 所示。平面排列磁系多用于带式弱磁选机中，圆柱形排列磁系多用于圆筒式（或称鼓式）弱磁选机中，塔形磁系多用于磁力脱水槽内。

从磁系结构本身看来，有许多因素影响着选矿产品的品位和回收率。有利于回收率的因素有：(1) 磁场深度和磁场力大，磁场深度是指距磁极表面磁力作用的距离，磁场深度大就是意味着距磁极表面较远位置上的磁性矿粒也能被磁极吸引。(2) 沿物料运输轨迹上极性单一排列，被吸引的矿粒无磁翻滚作用。(3) 扫选带要长，使磁性矿粒能被充分回收。（4）给矿点处于磁场力最大的区域，目的是使矿粒一进磁场就受到较大的磁力作用，有利于磁性矿粒的回收。而有利于精矿品位提高的因素则是：（1）磁场深度和磁场力小些，让它只能吸引磁性率较高的矿粒。（2）沿物料运输轨迹方向极性交替，使矿粒做多次磁翻滚。夹在磁性矿粒中的非磁性矿粒，在磁翻滚中被抛出来，磁矿的品位随磁翻滚的次数增加而增高。（3）应具有一定的精选区，使磁性产品有一定的精选作用。对于上述各因素应按矿石性质、分选指标的要求，做全面的考虑。例如：分选致密块状的强磁性的较粗矿粒时，沿物料运输方向不宜采用交替磁极，避免磁翻滚时，由于重力大于磁力而掉入尾矿中。分选细矿粒时，则必须采用交替型磁极，利用多次磁翻滚作用，提高磁精矿品位。但是对于磁性很弱的物料，又不宜采用交替磁极，因为磁性弱的矿粒受的磁力也很小，在做磁翻滚时易被甩掉进入尾矿中。

在一定的条件下，提高产品的品位，回收率就会相应的降低；反之提高回收率，产品的品位就会降低。如何提高产品的质和量，就是磁系研究的一项重要任务。

影响磁选机磁力的因素是比较复杂的，而且又是相互制约的，主要影响因素有：（1）开放磁系磁极宽和极间隙宽的比值对磁场的影响。（2）开放磁系极距对磁场的影响。（3）磁系高度、宽度、半径和极数对磁场的影响。在此就不作具体的讨论。

3.1.2 磁选设备的分类

磁选设备的类型很多，分类的方法也很多，通常可根据以下一些特征来分类。

3.1.2.1 根据磁选机的磁场类型分类

（1）恒定磁场磁选机：用永久磁铁和通直流电的电磁铁、螺线管作磁源，磁场强度的大小和方向不随时间而变化。

（2）交变磁场磁选机：用通交流电的电磁铁作磁源，磁场强度的大小和方向随时间而变化。

（3）脉动磁场磁选机：用同时通直流电和交流电的电磁铁作磁源，磁场强度的大小随时间而变化，但方向不变。

（4）旋转磁场磁选机：用永久磁铁作磁源，磁极绕轴旋转，磁场强度的大小和方向随时间而变化。

目前，主要使用的是第一种磁选机。

3.1.2.2 根据磁场强度和磁场力的强弱分类

（1）弱磁场磁选机：磁极表面的磁场强度 $H_0 = 72 \sim 136 \text{kA/m}(900 \sim 1700 \text{Oe})$，磁场力 $H \text{grad} H = (2.5 \sim 5.0) \times 10^{11} \text{A}^2/\text{m}^3$，用于选分强磁性矿石。

（2）中磁场磁选机：磁极表面磁场强度 $H_0 = 160 \sim 480 \text{kA/m}(2000 \sim 6000 \text{Oe})$，用于选分局部氧化的强磁性矿石，也用于再选作业。

（3）强磁场磁选机：磁极表面磁场强度 $H_0 = 480 \sim 1600 \text{kA/m}(6000 \sim 20000 \text{Oe})$，磁场力 $H \text{grad} H = (1.5 \sim 6.0) \times 10^{13} \text{A}^2/\text{m}^3$，用于选分弱磁性矿石。

3.1.2.3 根据分选介质分类

（1）干式磁选机：在空气中分选，主要用于分选大块、粗粒的强磁性矿石和细粒的弱磁性矿石。

（2）湿式磁选机：在水或磁性流体中分选，主要用于分选细粒强磁性矿石和细粒弱磁性矿石。

3.1.2.4　根据磁性矿粒被选出的方式分类

（1）吸住式磁选机：被选物料给到贴近工作磁极表面的分选部件上，磁性矿粒被吸住在分选部件上，这种磁选机的回收率一般较高。

（2）吸出式磁选机：被选物料给到距工作磁极表面一定距离处，磁性矿粒从物料流中被吸出，经过一段时间的运动后才吸在工作磁极上，这种磁选机的精矿品位一般较高。

3.1.2.5　根据磁性产品与给入的被选物料流的相对运动方向分类

（1）顺流型磁选机：磁性产品与给入的被选物料流的相对运动方向相同，这种磁选机一般不能得到较高的回收率。

（2）逆流型磁选机：磁性产品与给入的被选物料流的相对运动方向相反，这种磁选机一般回收率较高。

（3）半逆流型磁选机：磁性产品与给入的被选物料流的相对运动方向相同，非磁性产品则相反，这种磁选机一般精矿品位和回收率都比较高。

（4）交叉式磁选机：磁性产品与给入的被选物料流的相对运动方向交叉，这种磁选机一般也不能得到高的回收率。

3.1.2.6　根据排出磁性产品部件的结构形状分类

根据排出磁性产品部件的结构形状分为圆筒式、圆锥式、圆盘式、对辊式、转环式和带式等。

3.1.2.7　根据磁性矿粒在磁场中的行为特征分类

（1）有磁翻动作用的磁选机：在这种磁选机中，由磁性矿粒组成的磁链在其运动时受到局部或全部破坏，这有利于精矿品位的提高。

（2）无磁翻动作用的磁选机：在这种磁选机中，磁链不受到破坏，这有利于回收率的提高。

另外，还可以根据一些其他特征来分类，但最基本的是根据磁场强弱和结构特征分类。

3.2　湿式弱磁场磁选设备

3.2.1　永磁筒式磁选机

永磁筒式磁选机是磁选厂广泛应用于选别强磁性矿石的一种磁选设备。根据槽体结构型式不同，该机又可分为顺流型、逆流型和半逆流型三种。现在常用的槽体以半逆流型为最多；现以半逆流型永磁筒式磁选机为例来说明，对顺流型和逆流型的只作简单介绍。

3.2.1.1　半逆流型永磁筒式磁选机

磁选机由圆筒、磁系和槽体（或称底箱）等3个主要部分组成，如图3-2所示。

圆筒是一不锈钢板卷成，筒表面加一层耐磨材料保护筒皮，如加一层薄的橡胶带或绕一层细铜线，也可以黏一层耐磨橡胶。它不仅可以防止筒皮磨损，同时有利于磁性产品在筒皮上的附着，加强圆筒对磁性产品的携带，作保护层的厚度一般是 2mm 左右。圆筒的端盖是用铝或铜铸成的，圆筒各部分所使用的材料都应是非导磁材料，以免磁力线不能透过筒体进入分选区，而与筒体形成磁短路。圆筒由电动机经减速机带动，圆筒旋转的线速度与圆筒直径有关，一般为 1.0 ~ 1.7m/s。

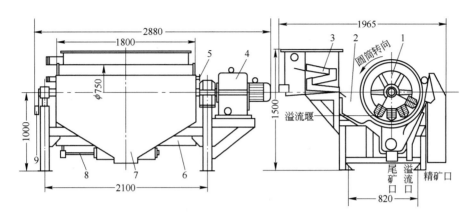

图 3-2 半逆流型永磁筒式磁选机

1—圆筒；2—磁系；3—槽体；4—给矿箱；5—传动装置；6—卸矿水管；
7—机架；8—精矿槽；9—调整磁系装置

磁系是磁选机产生磁场力的机构。图 3-2 所示为四极磁系（根据磁选机的规格大小，也有三极和多极的磁系），每个磁极由锶铁氧体永磁块组成，用铜螺钉穿过磁块中心孔固定在马鞍状磁极导板上。磁极导板经支架固定在圆筒的轴上，磁系磁极也可以用黏结的方法，把永磁块黏结成组并固定在磁极导板上，再用上述的方法固定在轴上。磁系在轴上的位置是预先安装好的，磁系偏角（即磁系弧面中心线与圆筒中心垂直线之间的夹角）为 15°~20°。因为磁选机的轴是固定的，所以磁系也是不动的。但可以根据生产的需要，搬动轴上的偏角转向装置适当调整。磁系两边磁极的极宽度为 130mm(65mm×2)，中间两个磁极的极宽度为 170mm(85mm×2)。磁极的极性是沿圆周方向 N—S—N—S 或 S—N—S—N 交替排列，同一磁极沿轴向极性相同，极距为 108mm 和 222mm。磁系长度决定于圆筒直径和磁系包角，磁系包角稍小于底箱弧度，湿式永磁筒式磁选机的磁系包角一般为 106°~135°，该机的磁系包角为 117°，磁系宽度，也就是磁系沿圆筒轴向有效长度为 1652mm。磁系宽度与圆筒长度有关，即圆筒越长，磁系宽度相应增长；圆筒越短，磁系宽度则减小。由于磁系宽度的不同则沿轴向上磁场强度的变化也不同，如图 3-3 所示。从图 3-3 中可以看出，磁系宽度增加后，各点磁场强度都有所增加；宽的磁系在轴向上的磁场强度分布，具有中间高、两端低的特点，这是由于两端漏磁较多造成的。同时，磁系宽度决定着给矿宽度，因而也就决定着磁选机的处理能力，增加磁系宽度必然要增加筒长，从而提高磁选机的处理能力。20 世纪 70 年代国内使用的永磁筒式磁选机的筒长一般是 1800mm，现在有的已达 3000mm（即目前的大筒径磁选机 φ1250mm×3000mm），继续增加筒长则有一定的困难，因为磁系质量和筒长的增加，会使磁系发生较大的下挠，易产生筒皮和磁系表面的摩擦。

槽体一般用不锈钢板或硬质塑料板焊成，槽体的型式对选别指标和生产操作有很大的

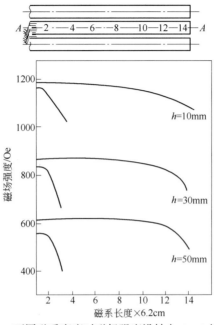

图 3-3　不同磁系宽度时磁场强度沿轴向 A—A 的分布

影响。在半逆流型槽体中，磁性产品运动的方向和圆筒的旋转方向一致，而非磁性产品的运动方向则与圆筒旋转的方向相反。槽底的下部为给矿区，其中插有喷水管，用来调节选别作业的矿浆浓度，把矿浆吹散成较松散的悬浮状态进入工作空间，有利于提高选别指标。在给矿区上部有底板（现场称尾矿堰板），底板上开有矩形孔，流出尾矿。底板和圆筒之间的间隙与磁选机的给矿粒度有关，粒度小于 1.0～1.5mm 时，间隙为 20～25mm；粒度为 6mm 时，间隙为 30～35mm。根据生产情况，可以调节。

　　磁场特性：磁选机的磁场特性是指磁系所产生的磁场强度及其分布规律。磁选机的磁场特性是在磁系组装后，装入圆筒前测定的。图 3-4 所示为 CTB ϕ750mm×1800mm 磁选机的磁场分布特性曲线。

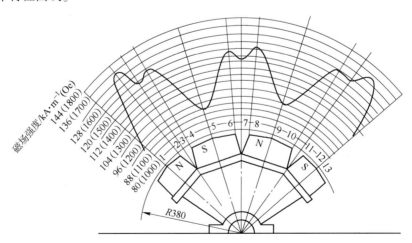

图 3-4　CTB ϕ750mm×1800mm 永磁筒式磁选机的磁场特性

（h = 10mm）

由磁场特性曲线可以看出：磁场强度随着距磁极表面的距离增加而减小。它的特点是磁轭下面无磁场，而在磁块上面是开放型磁场呈马鞍状。磁场强度较弱，但磁场作用深度大，距磁极表面60mm处，也能达到48kA/m（600Oe），在圆筒表面上磁极边缘处的磁场强度高于磁极表面和磁极间隙中心的磁场强度。距离筒面20mm以后，除磁极最外边两点外，其余各点磁场强度均相近，有利于回收磁性矿粒，圆筒表面的平均磁场强度一般为124kA/m（1550Oe）左右。

选分过程：矿浆经给矿箱进入槽体后，在给矿喷水管喷出水（现场称吹散水）的作用下，使矿粒呈悬浮状态进入粗选区，磁性矿粒在磁系所产生的磁场力作用下，被吸在圆筒的表面上，随着圆筒一起向上移动。在移动过程中，由于磁系的极性沿径向交替，使成链的磁性矿粒进行翻动（或称磁搅拌），在翻动过程中，夹在磁性矿粒中的一部分脉石被清洗出来，这有利于提高磁性产品的质量。磁性矿粒随着圆筒转动离开磁系时，磁力大大降低，在冲洗水的作用下进入精矿槽中。非磁性矿粒和磁性较弱的矿粒在槽体内矿浆流作用下，从底板的尾矿孔流进尾矿管中。由于尾矿流过磁选机具有较高磁场的扫选区，可以使一些在粗选区来不及吸到圆筒上的磁性矿粒，再一次被回收而提高了金属回收率。由于矿浆不断给入，精矿和尾矿不断排出，形成一个连续的选分过程。

半逆流永磁筒式磁选机的特点和应用：这种磁选机的给矿矿浆是以松散悬浮状态从槽体下方进入分选空间，矿浆运动方向与磁场力方向基本相同，所以，矿粒可以达到磁场力很高的圆筒表面上。另外，尾矿是从底板上的尾矿孔排出，这样溢流面的高度可以保持槽体中的矿浆水平。这两个特点，决定了半逆流型磁选机可得到较高的精矿质量和金属回收率，因此被广泛地用于处理微细粒（小于0.2mm）的强磁性矿石的粗选和精选作业。这种磁选机还可以多台串联使用，提高精矿品位。磁选厂应用这种磁选机的工作指标实例见表3-1。

表3-1 半逆流型永磁筒式磁选机的工作指标实例

厂名	设备规格 /mm×mm	给矿粒度 -74μm 占比/%	生产能力 /t·h⁻¹	品位 Fe/%			回收率/%	备注
				给矿	精矿	尾矿		
南芬选厂	φ750×1800	约80	20	52.88	60.48	7.44	97.98	
鞍钢烧结总厂	φ780×1800	70~80	>20	53.06	59.32	16.34	5.51	
	φ1200×1800	70~80	>60	52.49	58.55	15.52	95.84	T形磁极结构
石人沟铁矿	φ1200×1800	约37	115	31.65	54.23	4.77	93.12	T形磁极结构
水厂铁矿	φ1050×2400	约40	7~90	27.65	48.59	8.38	84.21	

3.2.1.2 顺流型永磁筒式磁选机

顺流型永磁筒式磁选机的结构如图3-5所示。矿浆的移动方向与圆筒旋转方向或产品移动的方向一致。矿浆由给矿箱直接进入到圆筒的磁系下方，非磁性矿粒和磁性很弱的矿粒由圆筒下方的两底板之间的间隙排出。磁性矿粒吸在圆筒表面上，随着圆筒一起旋转到磁系边缘的弱磁场处，由卸矿水管将其卸到精矿槽中。顺流型磁选机的构造简单，处理能力大，也可以多台串联使用，适用于选分粒度为6~0mm的粗粒强磁性矿石的粗选和精选作业，或用于回收磁性重介质。顺流型磁选机的选别指标，受给矿量的影响很大，反应灵敏。当给矿量大时，磁性矿粒容易损失于尾矿中，因此必须借助特殊装置，即排矿调节阀，控制矿浆水平面，使之保持在较低的水平上；要加强操作，若调节不及时会造成尾矿品位增高。

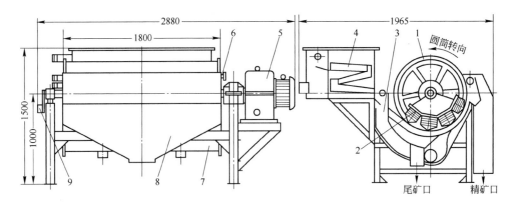

图 3-5　顺流型永磁筒式磁选机的结构示意图

1—永磁圆筒；2—槽体；3—给矿箱；4—传动装置；5—卸矿水管；
6—机架；7—精矿槽；8—排矿调节阀；9—磁系调节装置

3.2.1.3　逆流型永磁筒式磁选机

逆流形永磁筒式磁选机的结构如图 3-6 所示。矿浆流动的方向与圆筒旋转的方向或磁性产品移动的方向相反，矿浆由给矿箱直接给到圆筒磁系的下方。非磁性矿粒和磁性很弱的矿粒由磁系左边缘下方的底板上尾矿孔排出。磁性矿粒随圆筒逆着给矿方向被带到精矿端，由卸矿水管卸到精矿槽中。这种磁选机适于选分粒度为 0.6～0mm 的细粒强磁性矿石的粗选和扫选作业。由于这种磁选机的精矿排出端距离给矿口较近，磁搅拌作用差，所以精矿品位不高。但是它的尾矿口距离给矿较远，矿浆经过较长的选别区，增加了磁性矿粒吸引的机会，所以尾矿中的金属流失较少、金属回收率高。

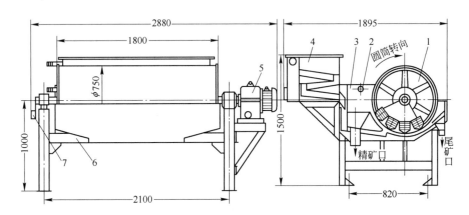

图 3-6　逆流型永磁筒式磁选机的结构

1—永磁圆筒；2—卸矿水管；3—槽体；4—给矿箱；
5—传动装置；6—机架；7—磁系调整装置

这种磁选机不适于处理粗粒矿石，因为粒度粗时，矿粒沉积会堵塞选别空间，造成选分指标恶化。

顺流、逆流、半逆流型永磁筒式磁选机的比较如图3-7所示。总的来说，三种型式的磁选机的特点是：顺流型的精矿品位较高，逆流型的回收率较高，半逆流型的兼有顺流型和逆流型两者的特点，即精矿品位和回收率都比较高。

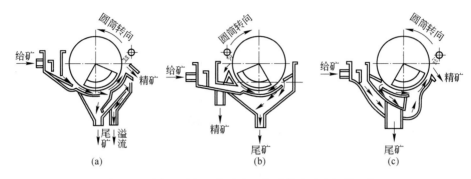

图3-7 顺流、逆流、半逆流型永磁筒式磁选机的比较
（a）顺流型；（b）逆流型；（c）半逆流型

永磁筒式磁选机具有结构简单、体积小、质量轻、效率高、耗电少等优点，现在已经几乎全部取代了复杂笨重的带式磁选机和电磁圆筒式磁选机，成为磁铁矿磁选厂的主要设备。目前已广泛应用于黑色及有色金属选矿厂、重介质洗煤厂及其他工业部门。

永磁筒式磁选机已设计为系列产品，各种型式磁选机的主要技术性能见表3-2。常用的永磁筒式磁选机圆筒直径从600mm至1200mm不等，圆筒长度从900mm至3000mm不等，各种规格的筒式磁选机在结构和分选过程方面没有区别。由于在各个部位上的尺寸差异，因此造成了选别指标的不同。表3-3是两种直径不同的磁选机槽体（半逆流型）尺寸。表3-4是槽体各处的磁场梯度平均值。

表3-2 国产湿式永磁筒式磁选机的主要技术性能

型号	槽体型式	筒体尺寸（直径×长度）/mm×mm	样本生产能力/t·h⁻¹	筒表磁场强度/kA·m⁻¹(Oe)	主要用途		选别粒度/mm	筒体转速/r·min⁻¹	电动机功率/kW
CTS-69	顺流	600×900	10~20	116 (1450)	粗选、精选		6~0	40	1.5
CTN-69	逆流				粗选、扫选		0.6~0		
CTB-69	半逆流				粗选、精选		0.2~0		
CTS-618	顺流	600×1800	40~60	120 (1500)	粗选、精选		6~0	48	1.6
CTN-618	逆流		30~50		粗选、扫选		0.6~0		
CTB-618	半逆流		25~40		粗选、精选		0.2~0		
CTS-712	顺流	750×1200	20~40	124 (1550)	粗选、精选		6~0	35	3.0
CTN-712	逆流				粗选、扫选		0.6~0		
CTB-712	半逆流				粗选、精选		0.5~0		
CTS-718	顺流	750×1800	20~45	124 (1550)	粗选、精选		6~0	35	2.8
CTN-718	逆流				粗选、扫选		0.6~0		
CTB-718	半逆流				粗选、精选		0.15~0		

续表 3-2

型号	槽体型式	筒体尺寸（直径×长度）/mm×mm	样本生产能力/t·h⁻¹	筒表磁场强度/kA·m⁻¹(Oe)	主要用途	选别粒度/mm	筒体转速/r·min⁻¹	电动机功率/kW
CTS-918	顺流				粗选、精选	6 ~ 0		
CTN-918	逆流	900×1800	40 ~ 60	128(1600)	粗选、扫选	0.6 ~ 0	30	5.5
CTB-918	半逆流				粗选、精选	0.5 ~ 0		
CTS-924	顺流				粗选、精选	6 ~ 0		
CTN-924	逆流	900×2400	40 ~ 60	128(1600)	粗选、扫选	0.6 ~ 0	30	5.5
CTB-924	半逆流				粗选、精选	0.5 ~ 9		
CTS-1018	顺流				粗选、精选	6 ~ 0		
CTN-1018	逆流	1059×1800	60 ~ 80	132(1650)	粗选、扫选	0.6 ~ 0	26	5.5
CTB-1018	半逆流				粗选、扫选	0.6 ~ 0		
CTS-1024	顺流				粗选、精选	6 ~ 0		
CTN-1024	逆流	1050×2400	60 ~ 80	132(1650)	粗选、扫选	0.6 ~ 0	26	5.5
CTB-1024	半逆流				粗选、精选	0.5 ~ 0		
CTS-1218	顺流				粗选、精选	6 ~ 0		
CTN-1218	逆流	1200×1800	80 ~ 100	136(1700)	粗选、扫选	0.6 ~ 0	22	7.5
CTB-1218	半逆流				粗选、精选	0.5 ~ 0		
CTS-1224	顺流				粗选、精选	6 ~ 0		
CTN-1224	逆流	1200×2400	80 ~ 100	136(1700)	粗选、扫选	0.6 ~ 0	22	7.5
CTB-1224	半逆流				粗选、精选	0.5 ~ 0		
CTS-1230	顺流				粗选、精选	6 ~ 0		
CTN-1230	逆流	1200×3000	80 ~ 100	140(1750)	粗选、扫选	0.6 ~ 0	18	7.5
CTB-1230	半逆流				粗选、精选	0.5 ~ 0		
备注	型号说明：C 为磁选机，T 为筒式、永磁、湿式，S 为顺流槽，N 为逆流槽，B 为半逆流槽							

表 3-3　槽体各部尺寸　　　　　　　　　　　　　　（mm）

部位	机　　别	
	φ1050 永磁机	φ750 永磁机
脱水区	300	210
精选区	290	240
分选区	240	160
扫选区	130	120

表 3-4　槽体各处的磁场梯度平均值　　　　　　　　（mm）

机别	精选区				分选区				扫选区			
	0	20	40	60	0	20	40	60	0	20	40	60
φ1050 永磁机	54	41	30	23	94	72	56	45	87	68	55	45
φ750 永磁机	24	27	19	14	54	39	28	19	51	35	24	17

对于两种直径都是用锶铁氧体永磁材料组装的磁选机，在筒皮处的磁场强度相近，但从表3-3与表3-4的数据看出，大筒径磁选机的选分性能要好得多。近年来，不少选矿厂用大筒径磁选机代替了小筒径磁选机，实验与生产实际都表明在精矿品位相近的情况下，大筒径磁选机的生产能力大，而且回收率也高。

*3.2.2 电磁磁选机

3.2.2.1 电磁筒式磁选机（CRT ϕ750mm×1500mm）

电磁筒式磁选机的构造，除磁系外，其他结构都和永磁筒式磁选机类似，也有顺流型、逆流型和半逆流型三种。

电磁磁系沿筒长分为3段，每段4个极，磁系包角为110°，极性交替，极距为200mm，磁极和磁轭都是用08F钢板制成，线包是用高强度的聚酯漆包线绕制，线包允许最高温度可达110℃，整个磁系浸在电容器油中冷却。筒体表面磁场强度达128～152kA/m（1600～1900Oe）。磁系位置可在±48°范围内调节，因为是电磁磁系，所以磁场强度可以通过改变电流大小来调节。

工业试验表明，CRT ϕ750mm×1500mm 电磁筒式磁选机一台的处理能力，可以选别ϕ2700mm×3600mm 球磨机一个系列的矿量（达60t/h），选别指标与永磁筒式磁选机不相上下。

CRT ϕ750mm×1500mm 磁选机的技术性能列于表3-5中。

表3-5 CRT ϕ750mm×1500mm 电磁筒式磁选机的技术性能

技术性能	槽体型式		
	逆流	半逆流	顺流
选别粒度/mm	0.42～0	0.6～0	2～0
生产能力/t·h^{-1}	60	60	60
磁场强度/kA·m^{-1}	128～152	128～152	128～152
直流电压/V	220	220	220
激磁电流/A	406	406	406
消耗功率/kW	812	812	812
电动机型号	JCH-562	JCH-562	JCH-562
电动机功率/kW	26	26	26
出轴转速/r·min^{-1}	66	66	66
设备质量/kg	2172	2096	2106
主要用途	湿法选别强磁性矿石		

3.2.2.2 电磁筒-带式磁选机

为了回收重介质选矿和选煤中的强磁性重介质，苏联专门设计出下面给矿的无磁翻作用的电磁筒-带式磁选机，如图3-8所示。这种磁选机的特点是，磁系为电磁系且磁系包角很大，为270°。为了改善导热和防止线圈受潮湿，圆筒内充有变压器油；圆筒转速较慢，5r/min，绕圆筒的皮带以慢速运动，磁性产品被皮带排出受到良好的脱水作用（磁性产品浓度可达 65% ~ 70%)，这对重介质回收和再用是很重要的。这种磁选机的技术性能见表 3-6。

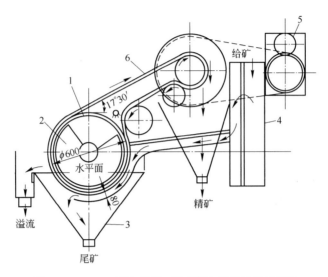

图 3-8　ЭМЈI-12 型电磁筒–带式磁选机的结构示意图
1—圆筒；2—电磁系；3—顺流型槽体；4—给矿箱；5—传动装置；6—皮带

表 3-6　ЭМЈI-12 型电磁筒–带式磁选机的技术性能

筒体尺寸（直径×长度）/mm×mm	筒表磁场强度/kA·m⁻¹（Oe）	功率/kW		筒体转速/r·min⁻¹	处理能力/t·h⁻¹
		激磁线圈	传动装置		
600×1200	110 ~ 120（1370 ~ 1500）	5.4	1.7	5	14 ~ 30

永磁筒式磁选机与电磁筒式磁选机及仿苏 128-CЭ 型带式磁选机的比较。

电磁筒式磁选机及仿苏 128-CЭ 型带式磁选机都是用直流电通过绕在磁极铁心上的线包激磁的，它们的构造复杂、费铜、耗电大。同时还需要专门的直流电源设备及控制系统，常烧坏线圈，操作维护不方便，检修困难，工人劳动强度大，而且处理能力低。但它的磁场强度通过改变激磁电流的大小可以进行调节。这两种设备在我国各磁选厂都已被永磁筒式磁选机所代替。

永磁筒式磁选机生产能力高，适应性强，构造简单，工作可靠且操作方便，占地面积小，可多台串联使用，节省厂房高差，不用直流电，节省大量铜线，节约电能及控制设备，该机存在的问题是磁场强度不能调节。

3.2.3　磁力脱水槽

磁力脱水槽（也称磁力脱泥槽），它是一种磁力和重力联合作用的选别设备，广泛地应用于磁选工艺中，用它脱去矿泥和细粒脉石，也可以作为过滤前的浓缩设备使用。目前应用的磁力脱水槽从磁源上分有永磁脱水槽和电磁脱水槽两种。在近期的应用中，永磁脱水槽代替了电磁脱水槽，本书只简单提及电磁脱水槽，着重介绍现厂应用较为广泛的永磁脱水槽。

3.2.3.1 永磁磁力脱水槽

A 设备结构

比较常见的永磁磁力脱水槽的结构如图 3-9 所示。它主要由槽体、塔形磁系、给矿筒（或称为矿圈）、上升水管和排矿装置（包括调节手轮、丝杠、排矿胶砣）等部分组成。

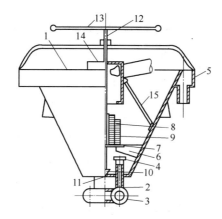

图 3-9 永磁磁力脱水槽的结构示意图

1—槽体；2—上升水管；3—水圈；4—迎水帽；5—溢流槽；6—支架；7—磁导板；
8—磁系；9—硬质塑料管；10—排矿胶砣；11—排矿口胶垫；12—丝杠；
13—手轮；14—给矿筒；15—支架

槽体为倒置的平底圆锥形，用 6mm 厚的普通钢板卷制而成。为便于磁性产品从槽底顺利排出，槽底应有锥角，一般为 50°~60°，此时槽体直径和深度的比值为 1.4~1.5。槽体沿轴向大致可分为三个区域，即溢流（尾矿）区、选分区和精选区。溢流区靠近溢流面，深度在 150~300mm。选分区在给矿口附近，精矿区靠近槽体下部。

给矿筒是用非磁性材料硬质塑料板制成的，并由非磁性材料铝支架支撑在槽体的上部，其直径略小于磁系的直径。给矿筒的出口应在磁系上方适当的位置，如离磁系顶部过远，由于该处的磁场弱且易产生翻花现象，会使磁性矿粒在溢流中的损失增加；如过近，则因此处磁场太强，磁性产品中会夹杂较多的脉石而降低精矿品位，甚至发生给矿堵塞现象。

磁力脱水槽给矿筒的规格和出口至磁系顶部的适宜距离见表 3-7。

表 3-7 给矿筒规格和其出口至磁系顶部的适宜距离 （mm）

磁力脱水槽的直径	给矿筒			筒进口管直径	筒出口至磁系顶部的距离
	直径	筒高	出口直径		
1600	430	700~750	350	127，152	200
2000	460	700~750	370	152	200
2200	500	700~750	420	152	200
2500	550	700~750	470	203	200
3000	600	700~750	520	203	200

塔形磁系是由很多铁氧体永磁块摞合成的，放置在磁导板上，并通过支架固定在槽体的中下部。

塔形磁系在槽中的位置，对选分指标有着直接的影响。磁系位置过高，选分区过于靠近槽的溢流面，尾矿品位高；位置过低，由于槽底部的磁场太强，而且磁系和槽底之间的间隙太小，易使排矿口堵塞，造成排矿困难。磁系底部和槽底的距离与磁力脱水槽的规格有关，见表3-8。

表3-8　塔形磁系底部至槽底的适宜距离　　　　　　　　　　（mm）

磁力脱水槽的直径	适宜距离	磁力脱水槽的直径	适宜距离
1600	380 ~ 400	2500	500
2000	380 ~ 400	3000	500
2200	380 ~ 400		

塔形磁系的台阶高度影响磁场等位线（即磁场强度相同点的连线）的法线方向，而磁场等位线的法线方向是磁性矿粒在脱水槽中受磁力作用的方向。根据实验研究，塔形磁系的台阶高度约为100mm，而台阶水平宽度为65mm或85mm时，磁场等位线的法线与垂直线的夹角约为45°。塔形磁系的高度也决定着选分区的高度，要求磁系的高度应保证槽面有较弱的磁场。实践证明，磁系的高度与脱水槽的规格有关，见表3-9。

表3-9　塔形磁系的适宜高度　　　　　　　　　　　　　（mm）

磁力脱水槽的直径	高度	磁力脱水槽的直径	高度
1600	400	2500	600
2000	500 ~ 550	3000	600
2200	500 ~ 550		

上升水流对磁力脱水槽的选分过程及生产指标有很大的影响，上升水流的给入方式有两种：下部给水和上部给水。无论采用哪一种给水方式，都必须保证槽内矿浆平稳，不翻花，且能借上升水流的作用，把矿浆中所含的细粒脉石和矿泥很好地冲洗出去。下部给水时（见图3-9），上升水管装在槽体底部（共4根），为了使上升水流能沿槽内水面均匀地分散开，在管口上方装有迎水帽。水圈是用于向上升水管均匀分配水的。为了保证槽中上部和下部的矿浆稳定，以及保持水流有较好的冲洗作用，上升水管与迎水帽的高低位置应恰当。一般情况下，管口离槽底距离为100 ~ 150mm，迎水帽距管口距离为80 ~ 100mm，其直径为管径的2倍为好。上部给水时，水由上部经槽内中心水管给入，并通过返水盘换向而向上流动。比较两种给水方式，以下部给水的冲洗作用较强，永磁脱水槽多用这种给水方式。如果水源中含木屑和渣子较多，还是上部给水方式较好，这样可以减少水管堵塞。

排矿方式也有两种：侧面排矿和中心排矿。前者因结构复杂，矿量排出不均衡，已经不采用。目前采用的是中心排矿方式，这种排矿方式有两种结构形式：一种是把排矿口调节装置引离磁力脱水槽；另一种是把排矿装置（包括手轮、丝杠及排矿胶砣等）设置在磁力脱水槽的中心轴线上，如图3-9所示。两者相比，看不出有多少优点，但前者的丝杠可以不用铜质的材料，是它的好处。总的来看，中心排矿方式具有调节方便、排矿量和浓度易于控制等优点，所以被广泛采用。

为了避免磁场作用力的分散，脱水槽的给矿筒、支架以及丝杠等，都必须采用非磁性材料（硬质塑料、不锈钢或铜、铝等）制造。为了保证正常生产，磁力脱水槽安装时，必须做到溢流堰和槽底要平，上升水管要垂直于槽底，管口和迎水帽也要做到水平。

B　磁场特性

从实际测定的塔形磁系永磁脱水槽的磁场特性（见图3-10）可以看出：沿轴向的磁场强度分布情况是上部弱、下部强，沿径向分布是周围弱、中间强，而且轴向的磁场梯度比径向大。同时又可以看出：磁场强度等位线呈斜线，且大致和塔形磁系的表面平行，磁等位面除底部外一般为伞形。在这样的磁场中，磁性矿粒所形成的磁链可受到较大的磁力作用，下降的速度较快，有利于提高磁力脱水槽的处理能力，尤其是对大直径的磁力脱水槽，采用塔形底部磁系比较适宜。

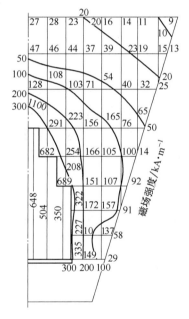

图 3-10　永磁脱水槽的磁场强度分布

生产实践证明，槽内产生的磁场对磁性矿粒主要起吸引作用，而不是起吸住作用。也就是使磁性矿粒克服上升水流的作用而吸向下部磁极，并顺利由排矿口排出，不致引起排矿堵塞。为此要求磁系产生的磁场，应在轴向和径向都要有一定的磁场梯度，处理一般的磁铁矿石时，磁系表面周围的磁场强度应为 $24 \sim 32 \mathrm{kA/m}(300 \sim 4000 \mathrm{Oe})$；处理焙烧磁铁矿石时，磁场强度应高于此数值。

C　工作原理和选分过程

磁力脱水槽是重力和磁力联合作用的选别设备。在磁力脱水槽中，矿粒受到的力主要有：

（1）重力。矿粒受重力作用，产生向下沉降的力。

（2）磁力。磁性矿粒在槽内磁场中受到的磁力，方向垂直于磁场等位线且指向磁场强度高的地方。

（3）上升水流作用力。矿粒在脱水槽中所受到水流作用力都是向上的，上升水流速度越快，矿粒所受水流作用力就越大。

在磁力脱水槽中，重力作用是使矿粒下降，磁力作用是加速磁性矿粒向下沉降的速度，而上升水流的作用是阻止非磁性的细粒脉石和矿泥的沉降，并使它们顺着上升水流进入溢流中，从而与磁性矿粒分开。同时上升水流也可以使磁性矿粒呈松散状态，把夹杂在其中的脉石冲洗出来，从而提高了精矿品位。

为了很好地把磁性矿粒和非磁性的细粒脉石及矿泥分开，应当使：

$$磁力 + 重力 > 上升水流动力 > 重力$$

作用在磁性矿粒上的力　　　　　　　　　　作用在细粒脉石和矿泥上的力

在分选过程中，矿浆由给矿管以切线方向进入给矿筒内，比较均匀地散布在塔形磁系的上方。磁性矿粒在磁力与重力作用下，克服上升水流的向上作用力，而沉降到槽体底部，从排矿口（沉砂口）排出；非磁性矿粒脉石和矿泥在上升水流的作用下，克服重力等作用而顺着上升水流进到溢流槽中排出，从而达到了其选分目的。

D　永磁脱水槽的特点和应用

永磁脱水槽具有结构简单、无运转部件、维护方便、操作容易、处理能力大和选分指标较好等优点，在我国磁选厂被广泛地应用。磁力脱水槽常用于阶段磨矿、阶段选别流程中，作为第一段磨矿后的粗选设备，其特点是能分出大量的细粒尾矿，并起到浓缩脱水作用。例如，某厂用于二段磨矿后的粗选作业，可脱出占总尾矿量 70% ~ 80% 的矿泥和细粒脉石。当给矿品位为 30% 、尾矿品位为 8% 时，精矿品位可达 55% 以上。但用于精选作业时，提高品位的幅度大为下降，一般仅提高 0.5% ~ 2.0% ，但可以有效地起到浓缩作用。当给矿浓度为 20% 左右时，脱水槽的排矿浓度可达 40% ~ 50% 。

表 3-10 为永磁脱水槽的工作指标实例。磁力脱水槽只适宜于处理细粒强磁性矿石，对于粗粒物料并不适用，这是它不能排出粗粒脉石所造成的。

表 3-10　永磁脱水槽的工作指标实例

厂名	直径/mm	给矿粒度/mm	处理能力 /t·h⁻¹	品位/%			回收率 /%
				给矿	精矿	尾矿	
烧结总厂	2200	0.1 ~ 0	>20（按原矿）	±60	>61.5	<18	
	2500	0.1 ~ 0	>20（按原矿）	>27	53 ~ 55	<8	
	3000	0.1 ~ 0	>25	>27	53 ~ 55	<8	
大孤山	2000	0.3 ~ 0	46.7	42.23	47.76	9.83	97.30
	3000	0.1 ~ 0		44.12	54.50	10.56	94.34
南芬	1600①		41.19	29.61	39.96	7.36	92.20
	2000②	0.4 ~ 0		29.61	39.74	7.08	92.50

①②为顶部磁系脱水槽。

3.2.3.2 电磁脱水槽

电磁脱水槽的结构如图 3-11 所示。它主要是由锥形槽体、十字形的铁心，套在铁心上的线圈和铁质空心筒组成的。空心筒与铁心连接。铁心是支持在槽体上面的溢流槽的外壁上，为了保护线圈，在线圈上部包有非磁性材料的铜皮或硬质绝缘纸。4 个线圈的磁通方向一致，空心筒的外部有一个非磁性材料（如铜、铝或硬质塑料）制成的给矿筒，在空心筒内部有一个连接排矿砣的丝杠，丝杠上部是铁质的、下部是铜质的，在丝杠的下部还有一个铜质的返水盘。当线圈通入直流电后，在槽体内壁与空心筒之间形成磁场。磁场强度分布的特点也是上部弱、下部强，四周弱、中间强，如图 3-12 所示。在空心筒底端的磁场强度最大，目前生产中使用的电磁脱水槽一般是 24kA/m（3000Oe）左右。

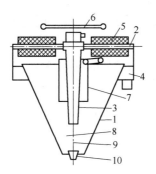

图 3-11　电磁脱水槽的结构示意图

1—槽体；2—铁心；3—铁质空心筒；4—溢流槽；5—线圈；6—手轮；
7—给矿筒；8—返水盘；9—丝杠；10—排矿口及排矿阀

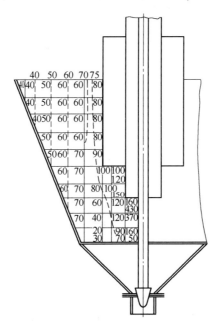

图 3-12　$\phi 1600$mm 电磁脱水槽磁场特性

（图中数字为磁场强度（Oe））

由图 3-12 还可以看出，电磁脱水槽的磁场特性与底部塔形磁系的永磁脱水槽不同，其轴向磁场梯度小而径向的磁场梯度则大，槽内的磁场强度也低，磁场强度等位线几乎呈垂直线，磁等位面除底部外，一般呈圆柱形。因此，磁性矿粒受到的磁场力较小，由磁性矿粒磁聚而成的磁链在磁力和重力的联合作用下，克服了上升水流的冲力，以水平或接近水平的状态横向下降到槽底。

电磁脱水槽的工作原理与选分过程和底部塔形磁系磁力脱水槽相同。应当指出的是，它的给水方式与底部塔形磁系脱水槽不同，这种脱水槽的给水方式是上部给水，水经过空心筒内部下降遇到返水盘时换向，成为上升水流。

3.2.3.3 顶部磁系永磁脱水槽

顶部磁系永磁脱水槽的结构如图 3-13 所示。它主要是由倒置的平底圆锥形槽体、装成十字形的 4 个磁导体、锶铁氧体组合的磁体和铁质空心筒组成。其余结构基本上和电磁脱水槽相同，因而具有和电磁脱水槽类似的磁场特性，磁性矿粒在槽内运动的轨迹也基本相似。试验证明，顶部磁系永磁脱水槽具有操作稳定、不易堵塞、不翻花等特点，对于处理磁性较强的矿石，可以获得较好的选别效果。它的工作原理和选分过程与前两种磁力脱水槽相同。

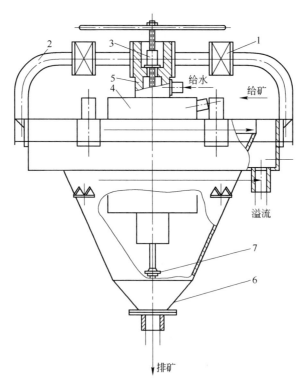

图 3-13　顶部磁系永磁脱水槽结构简图
1—磁体；2—磁导体；3—排矿装置；4—给矿筒；5—空心筒；6—槽体；7—返水盘

顶部磁力永磁脱水槽的技术性能见表 3-11。

表 3-11　顶部磁力永磁脱水槽的技术性能

型号	槽口直径/mm	给矿粒度/mm	样本生产能力/t·h⁻¹	磁场强度/kA·m⁻¹（Oe）	设备质量/kg	制造厂
CS-125	1200	1.5	25～40	>24(300)	1500	沈阳矿机厂
CS-165	1600	1.5	30～45	24～32(300～400)	1900	沈阳矿机厂
CS-205	2000	1.5	35～50	>24(300)	2300	沈阳矿机厂
CS-205	2000	1.5	20～50	>24(300)	1400	承德矿机厂
CS-255	2500	1.5	40～55	>24(300)	1610	沈阳矿机厂
CS-255	2500	1.5	25～50	>24(300)	1700	承德矿机厂
CS-305	3000	1.5	45～60	>24(300)	2020	沈阳矿机厂
CS-305	3000	1.5	30～50	>24(300)	2100	承德矿机厂

3.2.4　预磁器和脱磁器

3.2.4.1　预磁器

A　预磁器在磁选流程中的作用

选分强磁性矿石的效果不仅决定于组成矿物的比磁化系数的差异，还决定于组成矿物的剩磁和矫顽力的大小。为了提高磁力脱水槽的选分效果，在入选前将矿粒进行预先磁化，使矿浆经过一段磁化磁场的作用，矿粒（细矿粒）经磁化后彼此磁聚成团。这种磁团在离开磁场以后，由于矿粒具有剩磁和较大的矫顽力，所以仍然保留下来，进入磁力脱水槽内，磁团所受到的磁力和重力要比单个矿粒大得多，从而对磁力脱水槽的选分效果起到良好的作用。产生此磁场的设备称为预磁器。

某厂曾做过焙烧磁铁矿石预磁对磁力脱水槽选分效果影响的试验，试验的结果见表3-12。

表 3-12　焙烧磁铁矿预磁对磁力脱水槽选分效果的影响　　　　　　（%）

指标	预磁	不预磁
原矿品位	33.18	33.18
精矿品位	44.52	44.94
尾矿品位	5.67	6.09
回收率	95.00	94.45

试验结果表明，预磁对磁力脱水槽的选分效果有较好的作用。根据生产实践，不同的矿石预磁的效果也不同。例如，未氧化磁铁矿石的剩磁小，预磁的效果不显著，所以处理这类矿石有许多厂不用预磁器。对于焙烧磁铁矿和局部氧化的磁铁矿，因为它们的剩磁及矫顽磁力比未氧化磁铁矿的大，预磁效果较好，所以在磁力脱水槽前进行预磁。对入选矿浆进行预磁处理，以解决细粒级别含铁较高矿物的损失，有利于金属回收率的提高。

B　预磁器的分类和结构

在磁选厂应用的预磁器有电磁和永磁两种型式。

电磁预磁器由绕在铜管上的柱形多层电磁线圈组成。线圈通入直流电，在铜管内产生磁场。磁场强度最大一般为 32kA/m(4000e) 左右，矿浆由铜管内流过而达到预磁目的。

由于永磁材料在磁选设备中的应用，制造成了永磁预磁器，该种预磁器得到了越来越广泛的应用。永磁预磁器的结构型式如图 3-14 所示。

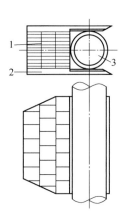

图 3-14　永磁预磁器的结构示意图
1—磁铁；2—磁导板；3—工作管道

永磁预磁器由磁铁 1（铁氧体磁块）、磁导板 2 和工作管道（硬质塑料或橡胶管）3构成，管道内平均磁场强度为 40kA/m(5000e)。对磁性相对较弱的矿石，磁化磁场强度可以高些。矿浆在预磁器停留时间（即磁化时间）应大于 0.2s，磁场的方向不决定预磁的效果，磁场方向可以平行于矿浆流动的方向，也可以垂直于矿浆流动的方向。

在设计制造永磁预磁器时，应考虑到矿浆在预磁器中畅通无阻的流动，预磁器的入口处和出口处的磁场梯度不应很大，在结构上应加以考虑，使磁场强度逐渐增加和减少。

3.2.4.2　脱磁器

强磁性矿粒经过磁化后，要保留一定的剩磁，形成矿物颗粒的磁团聚。由于磁团聚现象的存在给某些作业带来困难，以致影响选矿指标。例如，采用阶段磨矿、阶段选别流程时，一般一次磁选粗精矿在二次精选之前应进入二段磨矿作业进行细磨。由于粗精矿中存在的"磁团"或"磁链"给二次分级带来困难，一方面可能会造成分级粒度跑粗，另一方面会造成已经解离的细磁铁矿粒又进入二次磨矿机中，出现过磨和能耗过大，影响选别指标。近年来为了提高精矿品位，许多磁选厂采用了细筛技术，即将磁选精矿给入细筛，其筛上进行再磨，由于磁团聚的存在使小于筛孔的细粒级别留在筛上，这样影响了精矿的质量，也增加了磨矿机的负荷，产生过磨和浪费能源。

因此，在二次分级及细筛作业前必须采用脱磁设备进行脱磁，破坏磁团聚，以提高分级效率及细筛的筛分效率。

在应用强磁性物料作重介质进行选矿时，被磁选回收的重介质在重新使用之前也必须进行脱磁后才能继续使用。

A　脱磁器的结构和脱磁原理

脱磁是在脱磁器中进行的，常用的脱磁器的结构如图 3-15 所示。它主要由非磁性材料的工作管道和套在它上面的塔形线圈组成，线圈通入某种频率的交流电。

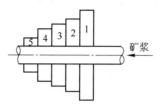

图 3-15　脱磁器的结构示意图

脱磁原理：在不同的外磁场作用下，强磁性矿物是在磁感应强度 B（或者磁化强度 J）和外磁场强度形成形状相似而面积不等的磁滞回线的原理进行脱磁的。当脱磁器通入交流电后，在线圈中（即管内）产生中心线方向时时变化，而大小逐渐变小的磁场。矿浆通过线圈时，其中心的磁性矿粒受到反复的脱磁，最后失去磁性，如图 3-16 所示。

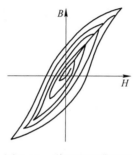

图 3-16　脱磁器磁滞回线

根据生产实践经验和有关资料介绍，脱磁器最大的磁场强度应为矿物矫顽磁力的 5 倍以上，可以得到较好的退磁效果。焙烧磁铁矿的最大磁场强度应为 68kA/m（850Oe）以上，对天然磁铁矿应为 48kA/m（600Oe）以上。当采用 50Hz 交流电时，应保证磁场反复变化 12 次以上，脱磁时间应大于 0.24s。

B　脱磁器的应用

脱磁器在我国至少也有 50 多年的应用历史。20 世纪 70 年代之前，选矿厂的脱磁器都是采用低压工频电流直接向脱磁线圈供电，所以电流小、频率低、磁场低，造成脱磁效率不高。近年来，不少单位对研制新型高效率脱磁器进行了大量的工作，也取得了可喜的进展。鞍钢某选矿厂采用本钢计控厂与本溪有线电厂共同研制的新型高效脱磁器，在磁选车间的新流程中进行试验，取得了满意的成果。脱磁后旋流器的分级效率从 38.74% 提高到 56.31%，溢流中 $-74\mu m$（-200 目）含量从 74% 提高到 84%，其产率从 31.82% 提高到 49.55%，脱磁后的细筛筛分效率也从 21.6% 提高到 55.84%，筛下产品的品位也从 61.91% 提高到 66.31%。技术考查和生产实践证明，某选矿厂采用的中频脱磁器对提高分级设备的分级效率，细筛的筛分效率，保证整个流程的顺行，是不可缺少的关键设备之一。

目前国内一些磁选厂使用的预磁器、脱磁器的技术性能列于表 3-13 中。

表 3-13　顶磁器、脱磁器的技术性能

设备直径/mm		预磁器		脱磁器		
		φ150	φ200	φ150-Ⅰ	φ150-Ⅱ	φ200
管径/mm		φ150	φ200	φ150	φ150	φ200
最大磁场强度/kA·m⁻¹（Oe）				64（800）	64（800）	64（800）
电源	电压/V	永磁式	永磁式	380	380	380
	频率/Hz			50	50	50
矿石粒度/mm				0.3～0	0.3～0	0.3～0
安装最大坡度/（°）				15	15	15
设备质量/kg		180	180	105	130	190

扫一扫
看更清楚

3.3　干式弱磁场磁选设备

3.3.1　永磁双筒磁选机

3.3.1.1　设备构造

CTG φ600mm×900mm 永磁双筒干式磁选机的构造如图 3-17 所示。主要由给矿装置（电振给矿机）1、辊筒 4 和 6、磁系 5 和 7、选箱 9、调节装置（可调挡板）10、感应卸矿辊 8 以及传动装置（无级调速器 2 和电动机 3）组成。

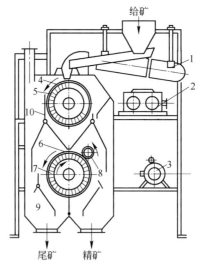

图 3-17　永磁双筒干式磁选机

1—电振给矿机；2—无级调速器；3—电动机；4—上辊筒；5—圆缺磁系；
6—下辊筒；7—同心圆磁系；8—感应排矿辊；9—选箱；10—可调挡板

辊筒是由 2mm 厚的玻璃钢制成。为了提高辊筒的耐磨强度，在筒皮上黏一层耐磨橡胶。由于干式磁选机是在空气介质中进行选分，空气的冷却效果较差，加之辊筒的转速高，为了防止涡流作用使辊筒发热和电功率增加，所以用玻璃钢代替了不锈钢作辊筒。这一点与湿式永磁筒式磁选机不同。上、下辊筒均由电动机经无级调速器、三角皮带带动旋转。

磁系 5 和 7，都是由锶铁氧体永磁块组成。采用的磁系结构有三种型式，如图 3-18 所示，即同心圆缺磁系、同心圆旋转磁系和偏心圆旋转磁系。

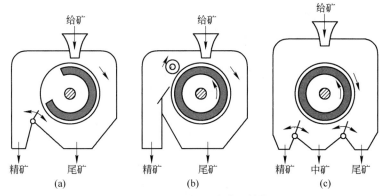

图 3-18　磁系的三种典型结构
(a) 同心圆缺磁系；(b) 同心圆旋转磁系；(c) 偏心圆旋转磁系

同心圆缺磁系的磁包角小于 360°，装在辊筒内固定不动，磁极沿圆周局部排列，磁系表面弧长为 $(2/3 \sim 3/4) \times 2\pi$。其选别带较短，适于选分粒度粗易选的强磁性矿石。同心圆旋转磁系，磁极沿整个圆周排列，筒皮与磁系以相反方向旋转，用感应辊卸矿。此种结构选别带较长，磁系可以正转也可以反转，磁场频率可以在较宽的范围内调整，适于选分粒度细难选的强磁性矿石；偏心圆旋转磁系，磁极沿整个圆周排列，但与圆筒不同心，有一较小的偏心距，圆筒表面的磁场强度或磁场力是在逐渐变化，因此，圆筒周边的不动部位可排出质量不同的产品。此结构选别带较短，适于选分粒度粗易选的强磁性矿石。

在永磁双筒干式磁选机中，上辊筒的磁系属于圆缺固定磁系，由 27 个磁极按 N—S—N 极性交替形式排列组成；极距为 50mm，磁系包角 270°，磁系装在辊筒内固定不动。下辊筒的磁系是同心旋转磁系，共有 36 个磁极，按 N—S—N 极性交替形式排列组成；极距也是 50mm，磁系包角为 360°，装在圆筒内，磁系和圆筒同心安装，磁系可以旋转。

上辊筒内安装的圆缺磁系，磁性产品可在 90° 的圆缺部分卸掉，下辊筒安装的同心圆旋辊磁系，不能自行卸掉磁性产品，需要借助感应卸矿辊卸掉磁性产品。感应卸矿辊是由 CT15～20 钢制成的（属于软磁性材料），直径为 150～200mm，表面呈齿状，和辊筒表面的间隙为 3mm，靠近磁系的齿尖在同心磁系的感应下，形成很强的磁场，其磁力大于辊筒表面所产生的磁力，把辊筒表面的磁性产物吸到齿尖上；当齿尖转离背向辊筒时，齿尖磁场变得很弱，在离心力的作用下，把吸在齿尖上的磁性矿粒卸到精矿槽中。感应卸矿辊由单独的电动机带动，转速达 730r/min。

偏心磁系与辊筒有一定的偏心，即筒皮中心与磁系中心之间有 6mm 的偏心距。筒皮的内表面与磁系表面之间距离有远有近，因此筒皮表面磁场有强有弱，磁性矿粒在强磁区时，磁力大于离心力，不会被抛出；当辊筒转到弱磁区时，于是被离心力抛掉。这种磁系的结构优点是，在筒皮的不同位置可以获得不同质量的产品，即可获得较多的中矿，供下辊筒再选；它的缺点是选别带短，而且磁筒结构复杂。

磁选机的选箱由上下两部分组成，即上箱和下箱，每个选箱内又可分为尾矿区和精矿区两部分，选箱中装有漏斗和可调挡板，改变挡板的位置，就可以实现精矿再选、尾矿再选和中矿再选的不同流程。为了减少工作环境中的粉尘含量，保证工人的身体健康，选箱用泡沫塑料密封，在选箱的顶部装有管道和除尘器连接，使选箱内处于负压状态工作。

3.3.1.2　磁场特性和技术性能

图 3-19 是 φ600mm×900mm 36 极干式永磁磁选机径向的磁场特性。

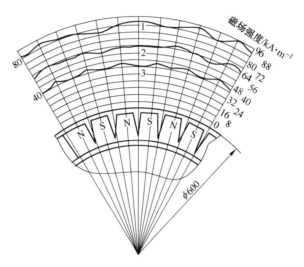

图 3-19　干式永磁磁选机径向磁场特性（φ600mm×900mm）
1—筒体表面；2—距筒面 5mm 处；3—距筒面 10mm 处

比较图 3-19 和图 3-4 可以看出，干式磁选机和湿式磁选机由于磁系结构不同，湿式磁选机是宽极面大极距，干式磁选机是窄极面小极距，因此它们的磁场特性不同。干式磁选机等高度的磁场强度较湿式磁选机的磁场平稳和磁场梯度大，磁场作用深度小，也就是干式磁选机磁极表面磁场力较大，但磁场力随着离开极面距离的增加而迅速下降，这主要是两者的磁系结构不同造成的。

CTG 型永磁筒式磁选机的技术性能见表 3-14。

表 3-14　CTG 型永磁筒式磁选机的技术性能

型号	极距 /mm	选箱 型式	给矿 粒度 /mm	入选允 许湿度 /%	筒体 表场强 /kA·m⁻¹	筒体转速 /r·min⁻¹	处理 能力 /t·h⁻¹	电动机 功率 /kW	机器 质量 /t	外形尺寸 /mm×mm×mm
CTG-69/3	30	两种产品	0.5~0	≤1	84	150~300	3~5	2.2	2.52	200×1650×1980
CTG-69/5	50	两种产品	1.5~0	≤2	92	150~300	5~10	2.2	2.60	200×1650×1980
2CTG-69/9	90	两种产品	5~0	≤3	100	75~150	10~15	2.2	2.60	200×1650×1980
CTG-69/3/3	30/30	两种产品	0.5~0	≤1	84	150~300	3~5	2.2/2.2	4.0	200×1650×2880
2CTG-69/5/5	50/50	两种产品	1.5~0	≤2	92	150~300	5~10	2.2/2.2	4.1	200×1650×2880
2CTG-69/9/9	90/90	两种产品	5~0	≤3	100	75~150	10~15	2.2/2.2	4.1	200×1650×2880
2CTG-69/3/5	30/50	三种产品	0.5~0	≤1	84/92	150~300/150~300	3~5	2.2/2.2	4.1	200×1650×2880
2CTG-69/5/9	50/90	三种产品	1.5~0	≤2	92/100	150~300/75~150	5~10	2.2/2.2	4.1	200×1650×2880

3.3.1.3 选分过程

由干式自磨机磨细的物料，经过分级后由电振给矿机首先给到上辊筒进行粗选，如图3-19所示。磁性矿粒受磁力作用吸在圆筒表面上，随着圆筒旋转被带到无磁区（圆缺部分），失去磁力作用，磁性矿粒被卸下，从精矿区排出。非磁性矿粒因受离心力的作用被抛离圆筒表面，从尾矿区排出。中矿因磁性较弱而进入中间漏斗给到下辊筒进行再选。由于同心圆磁系和下辊筒的旋转方向相反，因而矿粒受到强烈的离心力和磁翻滚的作用，其中非磁性矿粒被抛离筒面进入尾矿区，磁性矿粒通过感应卸矿辊卸到精矿区排出。

3.3.1.4 应用和工作指标

CTG型永磁筒式磁选机适用于选分粒度较粗（2.0~0.2mm）的强磁性矿石。北京某铁矿曾采用这种磁选机和干式自磨机配合使用，处理粗粒级别（-74μm占5%~8%）时，处理能力可达20~25t/h；处理细粒级别（-74μm占50%~60%）时，生产能力低于5t/h。表3-15是这种磁选机的综合工作指标实例。

表3-15 永磁双筒干式磁选机的综合工作指标实例

给矿粒度-74μm (-200目) /%	按原矿计算的处理能力/t·h⁻¹	品位 Fe/%			回收率/%	备注
		原矿	精矿	尾矿		
24~25	25.0	21.77	60.26	8.27	72.3	（1）试生产测定的指标；（2）干式自磨机排尘的金属损失没有计算
		23.17	59.95	9.10	71.5	
		24.94	62.25	9.27	74.0	
		27.11	61.82	9.88	75.5	
		33.07	59.45	9.13	85.5	
		30.21	61.00	9.02	82.4	

实践表明，这种磁选机处理细粒浸染贫磁铁矿石时，不易获得高质量的铁精矿。这种磁选机也适用于从粉状物料中剔除磁性杂质和提纯磁性材料，在冶金、粉末冶金、化工、水泥、陶瓷、砂轮、粮食等部门，以及处理烟灰、炉渣等物料方面得到日益广泛的应用。

总之，干式磁选机具有很多优点，如工艺流程简单，节省了脱水、浓缩和过滤等作业，节省设备，占地面积小；节省投资，减少选矿用水量，对于缺水、严寒地区钢铁工业的发展有着重要的意义。

3.3.2 磁滚筒

磁滚筒（又称为磁滑轮）有永磁的和电磁的两种类型，近年来，永磁滚筒在磁选厂的应用较为广泛。永磁滚筒和电磁滚筒相比较，具有不用直流电的优点，但其磁场强度不能调节。电磁滚筒的特点是：和其他电磁磁选机一样，其磁场强度可以通过调节激磁电流的大小来实现。但工作时间过长时容易发热，必须采取相应的散热措施，而且也要耗掉一定的电能。尽管如此，目前国内各磁选厂对两种类型的磁滚筒均有应用。

3.3.2.1 永磁滚筒结构

永磁滚筒的结构如图3-20所示。这种设备的主要部分是一个回转的多极磁系1，套在磁系外面用不锈钢或铜、铝等不导磁材料制的圆筒 2 组成。磁系的包角 360°，磁系的极性是采用沿圆周方向 N—S—N 交替排列。磁系与圆筒固定在同一个轴上，永磁滚筒应与皮带配合使用，可单独安装成永磁带式磁选机，也可以安装在皮带运输机头部作为传动滚筒（代替首轮）。

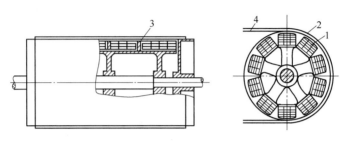

图 3-20　CTG 型永磁磁力滚筒式磁选机结构示意图
1—多极磁系；2—圆筒；3—磁导板；4—皮带

3.3.2.2　磁系与磁场特性

目前磁选厂所使用的磁滚筒的磁系结构（磁极形状、磁极距、磁极间隙、磁极排列方式）都不统一。一种磁极是沿物料运动方向同极性排列（极性沿轴向 N—S 交替排列的），这种极性排列的磁滚筒适于处理粗中粒度矿石；另一种是磁极沿物料运动方向异极性排列，这种排列的磁滚筒适于处理小于 10mm 的细物料。近年来采用后一种排列方式的较前者多，据研究沿圆周方向极性交替，减少了两端的漏磁，提高筒体表面的磁场强度。图 3-21 所示为永磁滚筒的磁场强度分布曲线。

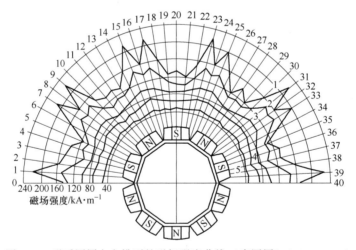

图 3-21　磁系圆周方向排列的磁场强度曲线（半圆周）（$B = 800\text{mm}$）
1—距磁系表面 0mm；2—距磁系表面 10mm；3—距磁系表面 30mm；
4—距磁系表面 50mm；5—距磁系表面 80mm

3.3.2.3　选分过程

矿石均匀地给到磁滚筒的皮带上，当矿石经过磁滚筒时，非磁性矿粒或磁性较弱的矿粒在离心力和重力作用下脱离皮带表面；磁性较强的矿粒受磁力的作用被吸在皮带上，并随着皮带的运动带到磁滚筒的下部，当皮带离开滚筒伸直时，由于磁场强度减弱而落于磁性产品槽中。

CT 型永磁滚筒磁选机的技术性能见表3-16。

表 3-16　CT 型永磁滚筒的技术性能

型号	筒体尺寸（筒径×筒长）/mm×mm	相应皮带宽度 B/mm	筒表磁场强度 /kA·m⁻¹（Oe）	入选粒度 /mm	处理能力 /t·h⁻¹	质量/kg
CT-66	630×600	500	120（1500）	10～75	110	724
CT-67	630×750	650	120（1500）	10～75	140	851
CT-89	800×950	800	124（1550）	10～100	220	1600
CT-811	800×1150	1000	124（1550）	10～100	280	1850
CT-814	800×1400	1200	124（1550）	10～100	340	2150
CT-816	800×1600	1400	124（1550）	10～100	400	2500

3.3.2.4　应用和工作指标

磁滚筒适于选分块状强磁性矿石，选别粒度为 200～10mm，只能选出最终尾矿和尚待进一步处理的粗精矿。该设备多用在磁铁矿选矿厂粗碎或中碎后的粗选作业中，选出部分废石，减轻下段作业的负荷，降低选矿的成本，提高选矿指标；用在富铁矿冶炼前的选分作业上，矿石经中碎后给入该磁选机，用于选出大部分废石，提高入炉品位，降低冶炼成本，提高冶炼指标；用在赤铁矿石还原闭路焙烧作业中，经磁滚筒选分后，将没有充分还原的矿石（生矿）返回焙烧炉再烧，控制焙烧矿质量，降低选矿成本，提高选矿回收率。例如，鞍钢烧结总厂焙烧车间通过这种设备选出的焙烧质量较差的矿石量（返矿量）占7%左右。另外，还用在铸造行业中旧型砂的除铁，电力工业中的煤炭除铁以及其他行业中夹杂铁磁物体物料的提纯。

从表3-16看出，这种磁选机的磁场强度在 120～124kA/m（1500～1550Oe），对于选别磁性较弱的矿物，尾矿品位高。目前有的磁选厂将磁极顶部材料由锶铁氧体改为铈钴铜永磁合金，磁极间隙由原来无充填物改为用铈钴铜永磁合金充填，结果筒表面的磁场强度平均达到171kA/m（2150Oe）以上，选分效果较好，对中碎产品或球磨给矿经该设备选分后，可以抛弃产率10%品位为 6.5%～10% 的废石。原矿品位可提高 1.5%～2.5%，回收率为94%～97%。

表3-17是国内选矿厂使用磁滚筒的工作指标实例。

表 3-17　国内选矿厂使用磁滚筒的技术效果

使用单位	单机处理量 /t·h⁻¹	磁滚筒规格（直径×筒长，mm×mm）及类型	磁场强度 /kA·m⁻¹（Oe）	抛尾矿产率 /%	干选对象及选分粒度/mm	干选指标/% 原矿	干选指标/% 精矿	干选指标/% 尾矿
山东某铁矿	100～120	1050×1045 电磁	120（1500）	6～20	75～12 中碎产品	43.42	1.18	3.16
邯邢某选厂	150	800×1400 永磁	56（700）	8～10	70～10	32～33	35～36	6.5

续表 3-17

使用单位	单机处理量 /t·h⁻¹	磁滚筒规格 (直径×筒长, mm×mm) 及类型	磁场强度 /kA·m⁻¹ (Oe)	抛尾矿产率 /%	干选对象及 选分粒度/mm	干选指标/%		
						原矿	精矿	尾矿
武钢某选厂	150	800×1400 永磁	56 (700)	13	70~12	30~40		13~16
武钢某铁矿		650×800 电磁	64 (800)	25~30	70~12 中碎产品	31~34		7.50
鞍钢某铁矿		800×800	96 (1200)		50~5 富矿	56	69.12	20.18

3.3.3　除铁器

除铁器属于安全设备,用来预防意外的铁物随被处理物料或矿石一起进入工作的机械中(特别是破碎机)。因此,除铁器能防止机械工作中因进入铁物而发生事故或被迫停工。

除铁器主要有两种型式,前述的磁滑轮和悬吊磁铁。滑轮式除铁器的装置全图如图 3-22 所示;悬吊式除铁器又分为一般式和带式两种,如图 3-23 所示。当铁物量少时,采用一般式除铁器,而当铁物量多时,采用带式除铁器。一般式除铁器通过断电磁铁的电流排出铁物,而带式除铁器通过胶带装置排出铁物。带式除铁器的主要技术性能见表 3-18。

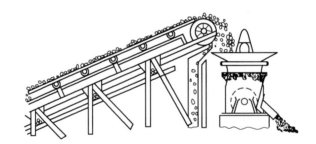

图 3-22　滑轮式除铁器装置全图

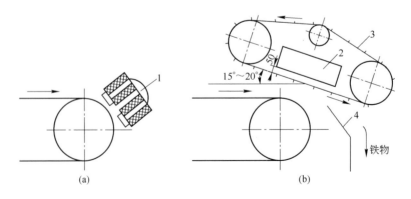

图 3-23　悬吊式除铁器

(a) 一般式除铁器;(b) 带式除铁器

1—电磁铁;2—吸铁箱;3—胶带装置;4—接铁箱

表 3-18 FDD 型电磁除铁器的主要技术性能

型号	除铁皮带宽度 /mm	吸铁功率 /kW	电动机功率 /kW	适用输煤皮带宽度/mm	吸铁距离 /mm
FDD-6	600	8	3	500 ~ 650	200 ~ 250
FDD-8	800	8	3	800 ~ 1000	250 ~ 300
FDD-10	1000	10	3	1000 ~ 1200	300 ~ 350
FDD-12	1200	10	4	1200 ~ 1400	350 ~ 400
FDD-14	1400	15	4	1400 ~ 1600	400 ~ 450

注：除铁能力为 0.05 ~ 25kg。

从物料层厚度不超过 150mm 的槽内或正在移动的运输带上吸取铁物，一般采用悬吊式除铁器。当被处理物料的料层较厚时（>150 ~ 200mm），埋在料层下部的，即离电磁铁最远处的铁物不能完全吸出来。为了可靠排出被处理物料中的铁物，应同时安装一个悬吊式除铁器和一个滑轮式磁选机。这样，悬吊式除铁器可以排出上半部料层内的铁物，而滑轮式磁选机则排出下半部料层内的铁物。

在运输带上面装置悬吊式除铁器的各种方案如图 3-24 所示。可以推测，第二种方案铁物的取出率比较高，因为物料在离开运输带主动轮被松散。此外，在此处铁物及物料离心力作用的方向，也就是磁力作用的方向，因而磁力不需要克服全部重力，而只是克服重力在皮带轮上的径向分力（$g\cos\alpha$）。

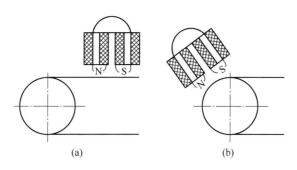

图 3-24 悬吊式电磁铁的配置方案
(a) 第一种方案；(b) 第二种方案

在带式运输机上的物料，在移动的同时，欲取出铁物，必须遵循下列规定：

（1）在吸取铁物区域内，皮带上的物料厚度要相同。为此，应安置刮板，以便把物料层刮平。

（2）皮带上的物料厚度，应尽可能的薄（等于被输送物料的粒度上限）。

（3）如果把滑轮式磁选机当作除铁器来使用，则必须正确地安装分隔板，以便将从物料流中吸出的铁物，送入单独的受矿槽中。

（4）装设悬吊式除铁器时，必须及时地将被吸出的铁物，卸至运输机以外。

（5）运输带移动速度不宜太大，否则铁物不可能从物料流中被除铁器吸出来；在被处理物料层太厚时，必须同时装置一个悬吊式除铁器和一个滑轮式除铁器。

3.4　弱磁场设备的操作与维护

3.4.1　湿式弱磁场设备的操作与调整

3.4.1.1　永磁筒式磁选机的操作与调整

影响永磁筒式磁选机的工作因素很多，除了前述的槽体型式、磁系结构、磁场特性等因素外，还有工作间隙（即粗选区圆筒表面到槽体底板之间的距离）、磁系偏角、选分浓度、圆筒转速以及吹散水、卸矿冲洗水等。

（1）工作间隙要适宜。底板和筒皮的距离过大，矿浆流量大，有利于提高处理能力，但距圆筒表面较远处的磁场强度较弱，尾矿品位增高，降低了金属回收率，现象是尾矿跑黑；如果工作间隙小，底板附近的磁场力大，降低了尾矿品位，回收率高，但精矿品位会降低，现象是筒皮带水；工作间隙过小，矿浆在选别空间流速增大，磁性矿粒来不及吸到圆筒表面，随着快速流动的矿浆带到尾矿中，增加尾矿中的金属流失，甚至出现因尾矿排不出去而产生"满槽"现象。底板到筒皮之间的适宜距离，应根据各厂具体生产情况，通过试验确定，并在安装和检修时保持这一距离。

（2）磁系偏角大小要适宜。磁系偏角小，尾矿品位低，磁系偏角太小（<5°），排出精矿困难，反而造成尾矿品位升高，但对精矿品位影响不明显，这是因为精矿不能提升到应有的高度而脱落所造成的。磁系偏角增大，尾矿品位增高，磁系偏角过大（>20°）时，尾矿品位更高，现象是尾矿出现跑黑；这是由于精矿提升过高、扫选区缩短的缘故，此时对精矿品位影响不明显，但精矿卸矿困难。在生产中适宜的磁系偏角为15°~20°之间，如果发现磁系偏角不适当时，应及时调整到正常的位置。

（3）选分浓度和圆筒转速的大小要适宜。矿浆浓度的大小主要决定了在一定矿量下的矿浆流速。选分浓度大时，矿浆流速慢，矿浆运动阻力大，精矿容易机械夹杂脉石而降低精矿品位。同时流速低时，可使磁性矿粒在扫选区充分回收，所以尾矿品位低，金属回收率高；反之，当选分浓度小时，矿浆流速高，精矿品位和尾矿品位都会增高，并使回收率降低。适宜的选分浓度要根据作业的生产指标并通过生产实验来确定，一般粗选作业浓度要大些，精选作业浓度要小些。

圆筒转速大小要适宜。圆筒转速小时，产量低，精矿品位也低。随着转速的提高，磁翻滚作用增加，精矿品位和设备的处理能力也相应提高，但回收率稍有下降。

（4）在生产中永磁筒式磁选机主要是调节给矿吹散水和卸矿冲洗水。吹散水太大，矿浆在工作空间的流速增大，选别时间短，尾矿品位增高；反之，吹散水太小，矿浆中的矿粒不能充分分散，矿粒易打团，这时尾矿品位低、精矿品位也低。适宜的吹散水量，应根据矿石性质、给矿量和作业的要求来确定。卸矿冲洗水主要用来从筒皮上卸下精矿，它的大小以保证卸掉精矿即可。

工作中还要经常注意水里的杂质，以免引起管道、孔眼堵塞。当发现堵塞时，应立即停水，卸下水管端盖或拔下胶管放水或者用铁丝通透。

3.4.1.2　永磁脱水槽的操作与调整

永磁脱水槽的操作主要是调整上升水量和排矿浓度。为了使磁力脱水槽获得好的选分指标，必须使作用在磁性矿粒上的磁力+重力大于上升水流的作用力；而上升水流的作用力又必须大于作用在非磁性矿粒上的机械力（重力等）。因此，上升水量必须适当，上升水量太大时，磁性细矿粒容易进入脱水槽的溢流中，出现脱水槽溢流面翻花跑黑现象，增加金属流失；上升水量太小时，非磁性脉石会混入精矿中，降低了精矿品位。

当上升水量一定时，如果排矿口太大，会降低精矿排出浓度，精矿中易混入脉石和矿泥，而降低精矿质量；相反，如果排矿口太小，使上升水流速度增加，造成尾矿品位增高。为了使操作稳定，获得较好的选分指标，必须根据矿石性质、给矿量和选别作业的要求确定最适宜的上升水量和排矿口的大小，做到不堵、不放和不翻花。

由此可见，调节磁力脱水槽上升水量，实质上就是调节尾矿层的厚度，控制尾矿品位，保证金属回收率；调节排矿口，主要是控制排矿浓度的大小，保证精矿质量。

磁力脱水槽往往用在磨矿后的第一段选别作业，以它脱除占总尾矿量70%～80%的尾矿。因此，脱水槽的操作好坏对选别指标有着十分重要的影响，所以必须为磁力脱水槽创造稳定的工作条件，如均匀给矿、细度合适、脱水槽各部分均处于正常状态（上升水流不堵、调整装置灵活、溢流堰水平、给矿筒居中放平不下沉等）。

在任何情况下，选分过程的操作调整都要做到：在保证精矿质量的基础上，尽量降低尾矿中的含铁量，充分发挥人的主观能动性。在长期的生产实践中，工人师傅积累了丰富的操作经验，对磁力脱水槽的操作提出了"二勤"和"二准"，努力提高产量。

"二勤"是勤检查、勤联系。勤检查就是在生产中经常观察原矿性质、磨矿细度、矿浆颜色、产品质量以及水压和设备等方面情况是否正常，及时发现问题，做到心中有数。勤联系就是上、下工序间要经常联系，互相交流情况，做到掌握工艺过程全局。

"二准"，就是准确判断、准确调整。也就是在"二勤"的基础上，准确判断矿石性质及其他工艺因素的变化。勤是前提，准是关键。发现问题，及时准确地调节工艺过程。

这里结合鞍钢烧结总厂磁选车间处理的矿石（天然磁铁矿和焙烧磁铁矿）介绍永磁脱水槽的生产操作经验。该厂磁选车间采用两段连续磨矿选别流程，二次磨矿以后有一次磁力脱水槽、筒式磁选机和二次磁力脱水槽等三个选别作业。

处理未氧化磁铁矿石：矿块呈青色，矿浆发白、磁性强、含泥少，结晶粒度细，这种矿石是难磨、易选，精矿质量好掌握，尾矿品位也较低。在正常情况下，操作时尽量减少上升水，增加尾矿层深度，一次脱水槽的尾矿层深度（矿液面深度）控制在400～500mm，适当增加一次脱水槽的排矿口，使排矿浓度控制在25%～26%，二次脱水槽尾矿层深度控制在500～600mm。当选出的精矿颜色和光泽"黑亮""青色"时，表明精矿质量较好。如精矿发黑不发亮、"发黏"时，表明精矿质量不好，就应该适当减小排矿口，以提高精矿质量。

处理半氧化磁铁矿石：矿块呈黄色，矿浆颜色发黄，磁性较弱，结晶粒度较细，含泥量大。这种矿石难磨、不好选，精矿质量和尾矿品位都不好掌握。要选出合格精矿，一次磁力脱水槽在不翻花的情况下尽量加大上升水量，使尾矿层深度保持在100～150mm；如果还不能满足要求，就应适当地减少给矿量和减小排矿口，使排矿浓度在28%～30%。二次磁力脱水槽应尽量加大上升水量，随时调节排矿口大小，使之不出现翻花，排矿浓度控制在30%左右，以确保精矿品位。

处理焙烧磁铁矿石：矿块呈青黑色，而矿浆呈灰红色，磁性较弱，结晶粒度细，含泥量大，矿石疏松，这种矿石易磨不易选。另外，磁团聚显著，在选分时呈絮状发漂、发黏，上升水量不能大，否则尾矿品位升高。同时应减小给矿量及排矿口，使一次磁力脱水槽的尾矿层深度保持在150~200mm，二次脱水槽也应尽量减少上升水量和排矿口，尾矿层的深度保持300~400mm。根据情况还应适当地提高排矿浓度。

处理天然和焙烧混合磁铁矿石：鞍钢烧结总厂磁选车间经常处理天然和焙烧混合磁铁矿石。在处理这类矿石时，首先必须了解原料的配比，然后按具体的配比情况进行操作。一般是一次磁力脱水槽要适当加大上升水量，尾矿层深度控制在200~300mm；二次磁力脱水槽的上升水量应适当地减少，尾矿层的深度控制在400mm左右。

3.4.1.3 湿式弱磁场设备的开停车、常见事故和处理方法

A 开停车顺序及注意事项

开车顺序应按工艺过程从后往前依次进行，停车则相反。

开车前要检查电源、线路、传动装置、润滑系统和设备周围有无障碍物，确认正常时方能开车。开车前先打开设备各部水管，脱水槽的排矿口开始应开小些，然后给矿，并逐步调整到正常操作。

设备全部停车时，应事先和水泵站取得联系，然后停止给矿，再逐步关闭水阀和排矿口；若不经联系就关闭水阀，会造成水管崩裂，局部停车时也应事先联系，以便确定水泵开动的台数。

B 常见事故和处理方法

永磁筒式磁选机在生产中发生的常见事故主要有：磁选机内进入障碍物，严重时圆筒不能转动，现象是磁选机声音异常，槽体颤动，筒皮有被划破的痕迹出现。发现此现象时应立即停车，进行检查取出障碍物。

磁系磁块脱落，严重时能把筒皮划破，现象是圆筒内有咔咔的响声，当发现此现象时也应立即停车进行检修，排除故障。

传动装置螺丝松动和错位，应及时处理，以防损坏设备。

磁力脱水槽在生产中发生的事故有：排矿砣脱落，其现象是脱水槽不排矿，溢流面翻花跑黑；另外，有时迎水帽磨掉或脱落，现象是槽内局部不稳定或翻花跑黑。发现这两种情况时，应立即停车检修。

3.4.2 干式弱磁场磁选机的操作调整

3.4.2.1 永磁双筒干式磁选机的操作调整

影响干式磁选指标的因素主要有矿石性质（品位、磁性、粒度和水分等），设备性能和操作水平等。在设备性能一定的条件下，操作调节应当根据所处理的矿石性质和对产品指标的要求来确定。操作调节因素主要有辊筒转速、挡板位置和给矿量的大小，合理地调节这3个因素，可以改善磁选指标。

辊筒转速的调节，是决定矿粒在筒体表面所受的离心力大小和磁性矿粒磁翻动作用的强弱。增大辊筒转速，离心力增大，磁翻动作用也增强，有利于提高精矿品位和处理矿量。但转速加快，抛出的尾矿量也多，尾矿品位也相应的增高；相反，降低转速，其作用恰好相反，精矿品位和尾矿品位都会降低。

挡板的调节，主要是指上下尾矿挡板，调节挡板位置可以控制尾矿品位高低（或尾矿量大小）。挡板靠筒皮越近，尾矿量越多，尾矿品位也就越高。同时中矿量也相应减少，中矿品位也就有所提高；挡板离圆筒表面越远，其效果恰好相反。当然，中矿量和中矿品位的变化必然会对精矿品位产生影响，如上辊筒中矿量小、品位高时，下辊筒的精矿品位也易于提高，这一点在处理粗粒矿石时尤为明显。

给矿量的调节，它的大小决定辊筒上料层的厚度。给矿量大时，料层厚，处于料层表面的磁性矿粒所受的磁力小，易被抛入尾矿中，增加尾矿品位。当处理细粒级别时，还会使精矿品位降低，此时应当减少给矿量，以保证获得要求的选分指标。

入选粒度对干式双筒永磁磁选机选别指标的影响也是很大的，分选粗粒级别的指标要比分选细粒级别的指标好。这主要是因为处理粗粒级别时，由于物料粒粗，含水分和含泥量较少，在筒体上容易散开，有利于磁性矿粒与非磁性矿粒的分离，也有利于提高处理能力，而且给矿量的波动对选别效果影响不大。矿粒粗，质量大，在辊筒上所受的离心力也大，因此必须严格控制辊筒转速，并注意随着转速的变化及时调节挡板的位置。转速高时挡板距筒皮应远些，转速低时可近些。当处理细粒级别时，由于物料粒度细，含水和泥量较多，易打团，在筒皮表面难以分散开，结团的矿粒在离心力的作用下被抛入到尾矿中，使尾矿品位偏高。矿粒较细，在磁场作用下，形成磁链，加上水和矿泥的黏结，使磁链在磁翻过程中很难分散排出矿泥。这样的磁链进入精矿中会使精矿品位降低，另外细矿粒质量小，受到的离心力也较粗粒的小，因此尾矿抛带也较窄，不易于挡板截取矿。为了减少这种影响，可以把矿石预先按粒度大小进行分级，对粗粒和细粒各级别按不同的条件分别处理。处理细粒级别时，给矿量不宜过大，并适当提高辊筒转速，这样可以减小料层的厚度，加强离心力和磁翻动作用，破坏磁团聚，把脉石抛到尾矿中。由于细粒级别的尾矿抛带较窄且尾矿带的品位离筒皮距离远近变化不明显，所以挡板可以靠筒皮近一些，这样尾矿品位增加不多，对精矿品位的提高是有好处的。

生产实践证明，入选粒度对干式磁选指标的影响很大，为了减少这种影响，在实际操作中要根据具体情况而定。北京某铁矿把入选粒度$-74\mu m$占25%的矿石分成$-74\mu m$含量为5%～8%粗级别和$-74\mu m$含量为50%～60%细级别，对这两个级别分别入选，获得较好的选别指标。

矿石水分对干式磁选效果有一定的影响，尤其是对细粒级别的选分是严重的。因为水分会提高"磁团"的黏结性，使"磁团"结合更牢固，而且容易黏在筒皮上，虽然加大离心力，也不能改善指标，有时反而更加恶化。因此，当雨季里矿石水分大时，可适当增加块矿比例，使矿石含水量、含泥量相对地降低，当水分较大影响选分指标时，操作上采取减少给矿量和保证获得合格精矿产品的办法进行调节。处理粗粒矿石，水分含量小于2%时，对选分指标无显著影响；处理细粒级别矿石，水分含量小于2.5%时，对选分指标无显著影响。

矿石的磁性率大小对磁选指标也有影响。磁性率较高时，操作上应当在保证精矿质量的基础上，尽量降低尾矿品位，提高回收率；磁性率低时，操作上应当以保证精矿品位为主，又要注意降低尾矿品位。

3.4.2.2 磁滚筒的操作与调整

影响磁滚筒的选别指标因素很多，主要有分离隔板的位置、皮带速度、料层厚度、入选粒度、原矿水分以及磁性率等。

在操作时为了控制产品的产率和质量，主要调节安装在磁滚筒下面的分离隔板的位置，电磁滚筒还调节磁系的激磁电流大小，从而较及时地改变磁滚筒的磁场强度。

皮带速度要根据入选物料的磁性强弱而定。当从强磁性矿物中选出富矿时，皮带速度应大些，以保证脉石和中矿能够快速被抛掉；当选分磁性较弱的物料时，皮带速度应小些，以保证中矿不被抛掉。

料层厚度是决定磁滚筒选别的关键，料层越薄，选别效果越好。矿石入选的粒度大于10mm，选分效果好；对于粒度小于10mm的物料，给料层应薄些，同对皮带速度也应低些。

入选矿石的水分要求，一般原矿水分应控制在2.5%以下，当矿石水分含量高时选分指标不好。

—————— 本 章 小 结 ——————

磁系是组成磁选机的主要部件，磁系要力争做到构造简单、质量轻、体积小、成本低、工作可靠、操作维修方便、分选指标好以及处理量大等。磁系性能的好坏直接与磁系类别、排列、结构以及磁系材料有着密切的关系。本章重点介绍了弱磁场磁选设备常用的开放磁系。开放磁系是指极性相间配置，极性之间无感应铁磁介质，排列的形式又有平面磁系、曲面磁系以及塔形磁系等。在开放磁系中，磁通是通过较长的空气路程而闭合的，磁路中的磁阻大，漏磁也多，因此这类磁系的磁场强度和磁场梯度比较低，只适用于制造分选强磁性矿物的磁选设备。但是这种类型的磁选机具有较大的分选空间，所以生产能力较大。

磁选设备的类型很多，分类的方法也很多，通常可根据一些特征来分类。例如，根据磁选机的磁场类型、根据磁场强度和磁场力的强弱、根据分选介质、根据磁性矿粒被选出的方式、根据磁性产品与给入的被选物料流的相对运动方向、根据排出磁性产品部件的结构形状、根据磁性矿粒在磁场中的行为特征等。还可以根据一些其他特征来分类，但最基本的是根据磁场强弱和结构特征分类，本书磁选设备的分类就是按这一分类方法进行分类的。

弱磁场磁选设备的种类较多，本章就目前在生产上有应用的设备都一一作了详细介绍。弱磁场磁选设备是按照设备构造和分类、磁系结构、磁场特性、选分过程及其应用情况来阐述的。

弱磁场磁选设备类型较多，在操作和维护上有不同的要点。例如：永磁筒式磁选机的工作因素很多，除了前述的槽体型式、磁系结构、磁场特性等因素外，还有工作间隙（即粗选区圆筒表面到槽体底板之间的距离）、磁系偏角、选分浓度、圆筒转速以及吹散水、卸矿冲洗水等。干式磁选指标的因素主要有矿石性质（品位、磁性、粒度和水分等），设备性能和操作水平等。在设备性能一定的条件下，操作调节应当根据所处理的矿石性质和对产品指标的要求来确定。操作调节因素主要有辊筒转速、挡板位置和给矿量的大小，合理地调节这三个因素，可以改善磁选指标。

另外，湿式弱磁场设备的开停车、常见事故和处理方法也是必须了解的。

复习思考题

3-1　磁选机按其特征可分为哪些类型？

3-2　顺流型、逆流型和半逆流型永磁筒式磁选机的构造、选分过程及应用如何？

3-3　画出顺流型、逆流型和半逆流型永磁筒式磁选机的结构简图，并比较它们在选别过程中对指标的影响。

3-4　塔形磁系永磁脱水槽的构造、工作原理、选分过程及其应用如何？

3-5　塔形磁系永磁脱水槽与电磁脱水槽的磁场特性有何不同，并说明各对选分过程的影响如何？

3-6　预磁器和脱磁器的作用及构造如何，并说明脱磁器的脱磁原理是什么？

3-7　永磁滚筒的构造、选分过程及其应用如何？

3-8　永磁双筒干式磁选机的构造、选分过程及其应用如何，它具有哪些优点？

3-9　除铁器的作用是什么，它有几种型式，其应用条件如何？

3-10　试述弱磁场磁选设备（湿式、干式）的操作与调整。

4 强磁场磁选设备

4.1 强磁场磁选设备的磁系

4.1.1 强磁场磁选设备的磁系类型

现在对于强磁性矿物的磁性及其与磁场的相互作用已有较完整的理论。磁铁矿在弱磁场磁选机中选别，可获得较稳定的高品位的铁精矿。但是，由于弱磁性矿物的磁性要比强磁性矿物的磁性小 1 ~ 3 个数量级，它们的磁化强度与磁化它们的磁场强度成正比，其磁化系数是一个常数，在目前的条件下达不到饱和值，选矿的难度也较大。

由于矿产资源的现状决定了对于细粒弱磁性矿物的分选工艺，理论探讨受到了很大的重视，研究工作者也进行了大量的工作，有些工作已初见成效。分选磁场的理论研究主要是研究分选磁场的特性，如磁场强度，磁场梯度的大小、方向、分布，分选磁力的强弱，磁力的作用距离以及磁极的几何形状，包括处理能力等。对于最佳磁场强度、磁场力以及磁极的合理参数等之间的关系，有了新的认识，如磁介质周围的捕获区（强磁力区）和非捕获区（弱磁力区）等，为选择磁介质的形状、尺寸以及磁介质的空间配置提供了一定的理论依据。

为了有效地分选弱磁性矿物，常常需要采用很强的磁场强度，如 $H \geqslant 800 \sim 1600 \mathrm{kA/m}$ 和大的磁场力 $H \mathrm{grad} H = (200 \sim 900) \times 10^5 \mathrm{Oe^2/cm}$，比选强磁性矿物的弱磁场磁选机高 1 ~ 2 个数量级。不同的矿物湿式磁选需要的场强值，可参考表 4-1。

表 4-1 矿物湿式磁选需用的磁场强度　　　　　　　　　　（kA/m）

矿物名称	磁场强度	矿物名称	磁场强度
磁铁矿	64 ~ 128	钛磁铁矿	80 ~ 240
磁黄铁矿	160 ~ 320	铌钽铁矿	960 ~ 1280
锌铁尖晶石	320 ~ 480	钛铈铁矿	960 ~ 1280
假象赤铁矿	160 ~ 480	硫锰矿	1280 ~ 1520
磁赤铁矿	320 ~ 480	硬锰矿	1120 ~ 1440
赤铁矿	1120 ~ 1440	软锰矿	1200 ~ 1520
针铁矿	1280 ~ 1440	菱锰矿	1200 ~ 1600
褐铁矿	1280 ~ 1600	黑钨矿	800 ~ 1280
菱铁矿	800 ~ 1440	黑稀金矿	1280 ~ 1600
钛铁矿	640 ~ 1280	钛铁金红石	1120 ~ 1440
铬铁矿	800 ~ 1280	铁英岩矿	640 ~ 1040

续表 4-1

矿物名称	磁场强度	矿物名称	磁场强度
独居石	1120 ~ 1600	硅孔雀石	1600 ~ 1920
沥青铀矿	1440 ~ 1920	绿帘石	1120 ~ 1520
磷灰石	1120 ~ 1440	石榴石	960 ~ 1520
磷钇矿	880 ~ 1200	角闪石	1280 ~ 1520
铜钇矿	1280 ~ 1520	白云石	1200 ~ 1840
橄榄石	880 ~ 1120	烧绿石	880 ~ 1280
硫铜锗矿	1120 ~ 1440	蔷薇辉石	1200 ~ 1520
氟碳铈镧矿	1040 ~ 1360	十字石	960 ~ 1520
铁白云石	1040 ~ 1280	蛇纹石	240 ~ 1440
黑云母	960 ~ 1440	电气石	1280 ~ 1520

由于技术进步，用于分选弱磁性矿物的强磁选机应用不断扩大，它不仅用于分选量少的稀贵的有色和稀有金属，以及大量廉价的弱磁性铁、锰、铬的氧化矿石也越来越多地采用以强磁为主的联合流程或单一的二段磁选流程，而且日益迅速地扩大到非金属高岭土、石英、长石、蓝晶石、磷灰石、铝土矿、霞石等的联合工艺中除去物料中的含铁杂质。实验证明，强磁分离技术和高梯度分离技术能有效地选出磁性很弱的含铁硫化矿物，如黄铁矿、黄铜矿、斑铜矿和铁闪锌矿等，在硫化矿物的分离中也得到应用。

为了产生很高的磁场强度和磁场力，目前所有的强磁选机都毫无例外地采用闭合磁系，有的在两原磁极之间，放置导磁系数大的感应介质。在这种磁系中，空气隙小、磁力线通过空气的路程短，磁路中的磁阻小、漏磁损失也较小，因而在分选空间能获得较大的磁场强度和磁场力。图 4-1 所示为几种常见的闭合型磁系示意图。闭合磁系的磁路中的磁阻小，它的磁通通过空气隙中的磁路短，大部分通过两极间的感应铁磁介质闭合。在两磁极对之间常放置具有特殊形状的磁介质，如带齿的圆盘和圆辊，带齿的平板、圆球、细丝以及各种形状的格网等。这些磁介质在磁极对之间磁化，聚集磁通，因而磁路中的磁阻小。磁场梯度和磁场

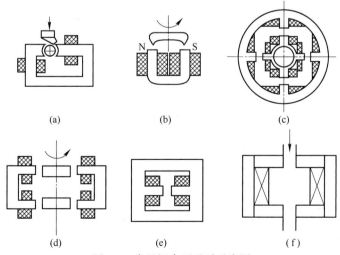

图 4-1 常见闭合型磁系示意图

（a）转盘；（b）转辊；（c）齿板；（d）钢球；（e）编织网；（f）钢毛

强度大、漏磁小、磁源利用较为充分,导致工作空间的磁场力和分选面积增大,适合制造分选弱磁性矿物的磁选设备,近年来闭合磁系也开始用于弱磁场磁选机上。

综上所述,分选弱磁性矿石磁选机的磁系,按其工作原理可分成以下两类。

第一类:在两原磁极之间,放一个具有一定形状整体的聚磁介质,如转盘、转辊等,这种磁场的空间形成的聚焦磁路是单层的,如图 4-1(a) 和 (b) 所示。

第二类:在两原磁极之间放多个具有一定形状的感应磁介质,如齿板、钢球、编织网以及钢毛等。它们构成多层或多渠道的磁路,这些不同形状的聚磁介质能增大磁场梯度和磁场强度,在选别空间中具有多个分选面,生产能力较大,如图 4-1(c) ~ (f) 所示。

以上两类磁系的磁场特性由于聚磁介质的不同而有不同的表现形式,在此不做一一介绍,下面将结合各种强磁场磁选设备的具体情况说明不同磁系的磁场特性。

4.1.2 强磁场磁选设备的磁路结构

强磁场磁选机必须具有一个高的磁场强度和高的磁场梯度。为了满足这一要求,必定选择一个合理的磁路形式。

目前国内外使用的强磁选机的磁路形式如图 4-1 所示。前两种类型,常用于干式强磁选机中,后四种类型均用于湿式强磁选机中。

磁选机磁系产生的磁通包括有工作间隙中的有效磁通和漏磁通两种,在磁选机的磁路中希望漏磁通愈小愈好。

漏磁的大小与磁路中绕组的位置,工作间隙的大小有关。绕组一般愈接近工作间隙,磁势的利用越好,漏磁就越小。以图 4-2 绕组在磁路中不同的相对位置为例,第一类绕组漏磁较多,第三类绕组漏磁较少,它的漏磁约相当于第一类的三分之一;第二类绕组的漏磁介于第一类和第三类之间,漏磁系数 K 一般为 1.3 ~ 3.0(漏磁系数是总磁通与有效磁通之比值)。

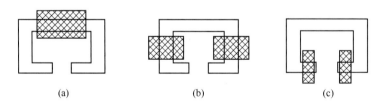

图 4-2 绕组在磁路中的相对位置
(a) 第一类绕组;(b) 第二类绕组;(c) 第三类绕组

另外,尽管磁路中绕组都放置在离工作间隙最近的位置,但是,磁路结构形式不相同其漏磁大小也不相同。江西某研究所用不同磁路磁场作了比较,结果列于表 4-2 中。

表 4-2 三种常用强磁选机的磁路磁场测定

磁路类型	铁心截面积/mm²	安匝数/万安匝	单位安匝数所需铁心截面积/m²·(万安匝)⁻¹	磁场强度/kA·m⁻¹
方框形	314	6.7	45	972

磁路类型	铁心截面积/mm²	安匝数/万安匝	单位安匝数所需铁心截面积/m²·(万安匝)⁻¹	磁场强度/kA·m⁻¹
日字形	529	8.0	66	1200
环形	160	7.0	22	1280~1440

实验证明，尽管三种磁路绕组都放置在磁极头处，但是方框形磁系和日字形磁系的磁路较长，磁路的几何形状不利于磁力线通过，因而漏磁大，磁场强度不易提高。环形磁路相当于电机的磁路，铁心断面积能充分利用，漏磁较小，因此磁场强度较高。由此可知，为保证形成足够的磁场强度和磁场梯度、合理利用磁源，应尽量缩短磁路，减少漏磁。

传统的常规磁路，无论哪种类型，原则上是采用图4-3(a)的结构，分选空间的磁能绝大部分是由磁极提供。由于磁路有磁阻，磁能穿透到分选空间时，磁动势必有部分损失在克服磁路上的磁阻，同时构成磁路的铁心会使设备结构笨重，而新型的磁路是直接利用线圈内腔作分选空间。如图4-3(b)所示，把轭铁包在线圈的外面，即是外包铁壳磁轭的螺线管，这就大大地提高了磁能的效益。当用同样的安匝数、同样的工作条件时，新磁路达到的磁场强度比老磁路大得多。从图4-4看出，当安匝数为50×10^4时，传统磁路磁场强度仅800kA/m已饱和，新磁路的场强可达1600kA/m。

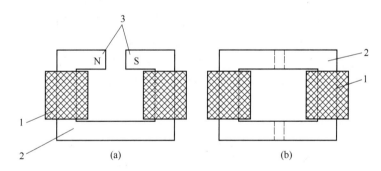

图4-3　传统(a)和螺线管(b)磁路示意图
1—线包；2—铁心；3—磁极头

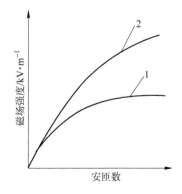

图4-4　两种磁路磁化曲线比较
1—普通结构磁选机；2—螺旋管磁选机

目前国内外实验研究和工业应用的磁选机磁源有永磁和电磁两种，电磁用得较多，传统（常规）磁路的磁选机类型很多，但是常常是场强满足不了要求，也不能分选细粒 $-74\mu m$ 的矿粒，采用新型 Sala 型高梯度磁选机，能补偿前类设备的不足。

按磁选机的介质可分为干式和湿式两种。为了提高磁选机分选效果，一般必须符合下列基本要求：（1）形成高大的磁场强度和梯度。（2）使物料在磁场中有足够的停留时间。（3）需要有较大的分选面积，以保证磁性矿粒能被收集。（4）保证矿浆流畅和清洗精矿杂质的能力。

目前国内外工业型、半工业型、试验型的强磁选机的种类繁多，下面对它们进行综合叙述。

4.2　干式强磁场磁选设备

干式强磁场磁选机是最早的工业型强磁选机，迄今干式圆盘磁选机和感应辊式磁选机仍然广泛应用于分选黑钨矿、锰矿、海滨砂矿、锡矿、玻璃砂矿和磷酸锰矿等，并取得了较好与较稳定的指标。

4.2.1　干式圆盘式强磁选机

4.2.1.1　种类简介

目前生产实践中应用的干式圆盘强磁选机有单盘（$\phi900mm$）、双盘（$\phi576mm$）和三盘（$\phi600mm$）等三种，这三种磁选机的构造和分选原理基本相同。其中 $\phi576mm$ 的双盘磁选机成为系列产品，应用较多。

$\phi576mm$ 双盘强磁选机的结构如图4-5所示，磁选机的主体部分是由"山"字形磁系7，悬吊在磁系上方的旋转圆盘6，振动给矿槽5（或给矿皮带）组成，"山"字形磁系和旋转圆盘组成闭合磁路，旋转圆盘像个翻扣周边带有 1~3 个尖齿的碟子，其直径大约是振动槽宽的一半，圆盘用电动机通过蜗杆蜗轮减速传动，用手轮调节圆盘垂直升降其极距（调节范围为 0~20mm）。为了防止强磁性物料堵塞，在给料斗1的排料滚内安装弱磁选辊，预选给料中的强磁性矿物。圆盘磁选机的技术特性见表4-3。

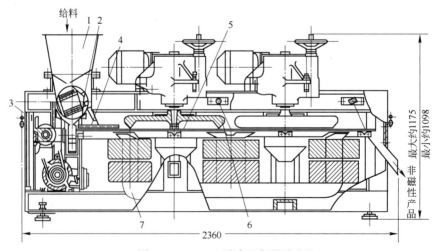

图 4-5　$\phi576mm$ 干式双盘强磁选机

1—给料斗；2—给料圆筒；3—强磁性矿物接矿斗；4—筛分槽；5—振动给矿槽；6—圆盘；7—磁系

表4-3 圆盘强磁选机技术性能

名称	圆盘直径/mm	磁场强度/kA·m⁻¹	入选粒度/mm	估计生产能力/t·h⁻¹	圆盘转速/r·min⁻¹	磁源		外形尺寸/mm×mm×mm
						直流电压/V	直流电流/A	
CQP-885 单盘		880	+5	0.8 ~ 1.6		220	6	2930×1830×1840
CP-2 型双盘	576	1120 ~ 1440	2 ~ 0	0.2 ~ 0.5	40	220	7	2400×1050×1340 2800×1050×1680
振动给矿双盘	576	1120 ~ 1440	2 ~ 0	0.2 ~ 1.0	39	220	7	2320×800×1081

4.2.1.2 工作原理和分选过程

原料由给料斗1均匀给到给料滚筒2上，强磁性矿物被滚筒表面吸引，随滚筒旋转至场强弱处，落入强磁性矿物接料斗3中。未被吸引的部分进入筛分槽4，筛上部分（少量）堆存，筛下部分均匀进入振动槽5，由振动槽输送入圆盘下面的工作空间；弱磁性矿物受强磁力吸引到圆盘周边的齿尖上，并随圆盘转到振动槽外磁场强度低处，在重力和离心力的作用下落入振动槽两侧的磁性产品斗中，非磁性矿物由振动槽的尾端排出进入尾矿斗中。

多盘强磁选机的优点是，在一次作业中能获得磁性质量不相同的几种产品，如图4-6 (a) 所示，一个圆盘一次作业中能获得磁性不相同的两种产品，两个圆盘则可获得不同质量的4种磁性产品。如果采用分区接矿法，可在一次作业中，分出多种不同质量的产品。如图4-6(b) 所示，最先排出的是磁性较弱的中矿，称作出口砂，其次排出的是磁性较好的精砂，最后需用刷刷3下的含铁较高的铁砂。表4-4为我国某矿分区接矿各产品的质量。从该表看出，分区接矿一次可获得含 WO_3 70% ~ 75% 、含锡 0.2% 的一级品钨精矿；若混合接矿，只能获得含 WO_3 65% ~ 70% 、含锡 0.6% 的产品，需要再精选才能得到一级品。因此，分区接矿能减轻循环选矿的劳动强度和提高工作效率。

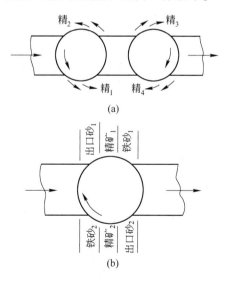

图4-6 圆盘型强磁选机排矿示意图

(a) 双盘式；(b) 单盘式

表 4-4 某矿分区接矿产品质量表

产物名称	品位/%			备注
	WO₃	Sn	Cu	
精矿₁	70 ~ 75	0.2	0.4	圆盘前侧产量多
铁砂₁	60 ~ 68	0.2	0.2	
出口砂₁	5 ~ 10	5.0	5.0	
平均值	65 ~ 70	0.6	0.8 ~ 1.0	
精矿₂	65 ~ 70	0.2	0.6	圆盘后侧产量仅为前侧的 1/5 ~ 1/4
铁砂₂	55 ~ 60	0.2	0.2	
出口砂₂	10 ~ 15	5.0	5.0	
平均值	±60	0.6 ~ 0.7	1.0 ~ 1.2	

4.2.1.3 操作因素

影响产品指标的主要因素是给矿层厚度（给矿量），磁场强度和工作间隙，以及给矿速度等。

A 给料层的厚度

给料层的厚度同被处理原料的粒度和磁性矿粒含量有关，处理粗矿粒物料一般给料层比细粒厚些。处理粗粒级矿时给矿层厚度为最大矿粒的 1.5 倍左右，处理中粒级可达最大矿粒的 4 倍左右，而对细粒级物料时可达 10 个矿粒的厚度。

原料中磁性物料含量不高时，给矿层应薄些，如果过厚则处在最下层的磁性矿粒受到上层物料的压力，磁力吸不起来而引起回收率下降。磁性矿粒含量高时，给矿层则可厚些。

B 磁场强度和工作间隙

磁场强度与工作间隙与被处理物料的粒度、磁性高低和作业要求有密切的关系。当工作间隙一定时，两磁极间的磁场强度决定于线圈的安匝数，匝数是不能调节的，只能用改变激磁电流的大小来调节磁场强度。

磁选机的磁场强度和激磁电流与工作间隙之间的关系见表 4-5。

表 4-5 φ576mm 双盘强磁选机的磁场强度参数   （kA/m）

电流/A	磁极间隙/mm				
	2	3	5	7	9
1.3	1314	1240	1012	900	754
1.5	1491	1380	1106	1091	929
1.7	1536	1418	1224	1196	1049

处理磁性较强的物料和精选作业，应采用较弱的磁场；处理磁性较弱的物料和扫选作业，场强应取高些。

当电流一定时，改变工作间隙的大小不仅可以改变磁场的强弱，同时也可以改变磁场梯度，减少间隙磁场力急剧增加，一般应按处理矿粒的大小尽可能减小以便增加其回收率。精选时，最好把间隙调大点，以增加选择性，达到提高品位的目的，但同时需适当增大激磁电流，保证需要的磁场强度。

C 给矿速度

给矿速度是依振动槽（或皮带）的速度来确定的。它的快慢决定矿粒在磁场中停留的时间和所受的机械力，速度愈大，矿粒在磁场中停留的时间愈短；矿粒受到的机械力以匝力和惯性力为主，重力是常数，惯性力与速度的平方成正比。弱磁性矿粒在磁场中受到的磁力超过重力不多，因此，速度超出某限度，由于惯性力增大，吸附的磁力就会不足，引起回收率降低。所以，选别弱磁性矿物时宜采用低于强磁性矿物的给矿速度。

一般在精选时，原料中单体矿粒较多，磁性又较强，给矿速度可增大点；扫选时，原料中含连生体较多，磁性又较弱些，为提高回收率给矿速度宜低些；处理细矿粒时，为了有利于矿粒的松散，振动槽的频率应高、振幅小些；处理粗矿粒时则相反。

适宜的操作条件，应根据矿石性质和对分选质量的要求通过实验来确定。

在处理稀有金属矿石时，原料应保持干燥窄级别给矿，有利于指标的提高；若采用宽级别给矿，因其大小矿粒受到的磁力相差较大，同时也增大选别条件（如电流、极距等）的选择难度。经验证明，原料筛分级别愈多，指标就愈好。我国某些精选厂，将原料筛分成 2~0.83mm(3~20 目)、0.83~0.2mm(20~65 目)和 0.2~0mm 三级分别处理，比未分级处理的指标提高了 10%。原料中的水分能使矿粒互相黏着，矿粒愈细，黏着的程度愈严重，所以各级原料允许的水分是不相同的。一般 -3mm 的原料允许水分不超过 1%，矿粒愈细，要求愈严格。

4.2.2 干式感应辊式强磁选机

三辊强磁选机是一种使用最早、用于处理粗颗粒矿物的强磁选机，其构造如图 4-7 所示。其磁系包括电磁铁 1，固定磁极头 2，可动磁极头 3。为了排矿方便，可动磁极头制成 50°~105° 的倾角，在两磁极间装有一个可旋转的感应辊 4，感应辊的表面制成齿槽形或用铜环和铁环交替嵌布如图 4-8 所示。

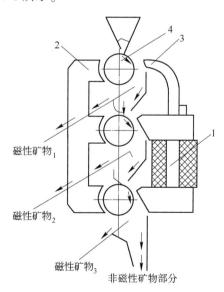

图 4-7 三辊强磁选机的结构示意图

1—电磁铁；2—固定磁极头；3—可动磁极头；4—感应辊

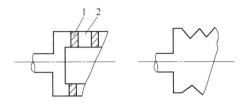

图 4-8 感应辊构造示意图

1—铜环；2—铁环

　　磁选机磁场强度为 960～1120kA/m，适用于处理 3～6mm 的弱磁性矿粒，辊子的直径为 100～150mm、长度为 500～1500mm。

　　80-1 型电磁双辊感应辊式强磁选机，用于铁、锰矿石的预选（主要用于粗粒，最大给矿粒度 20mm），恢复地质品位取得较好的效果。该机构造如图 4-9 所示，全机由电磁系统、选别系统和传动系统三部分组成。

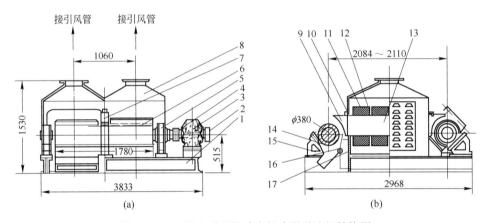

图 4-9 80-1 型电磁双辊感应辊式强磁选机结构图

1—机架；2—皮带轮；3—减速器；4—联轴器；5—轴承；6—感应辊；7—中轴承；8—通风罩；9—磁极头；
10—压板；11—激磁绕组；12—隔板；13—铁心；14—接矿斗；15—底座；16—分矿板；17—基梁

4.2.2.1 电磁系统

　　电磁系统是设备的主要部分，它由激磁绕组 11（有 8 个线圈）、铁心 13、磁极头 9 和感应辊 6 组成"口"字形闭合磁路。磁极头与感应辊间的间隙为分选区，绕组采用双玻璃丝包扁铜线，达到 B 级绝缘，线包允许温度为 130℃，铁心和磁极头均由工程纯铁制成。

4.2.2.2 选别系统

　　选别系统包括给矿、选别和接矿三部分。配置 4 台自制 DZL$_1$-A 型电磁振动给矿器，以达到均匀给矿、稳定而又便于调整的目的。全机有两个感应辊，它是直接分选矿物的部件，感应辊的两端各有一套双列向心球面滚子轴承支撑。为弥补强磁场吸力造成过大的弯曲变形，在辊子中部设置中间滑动轴承。为尽可能减少涡流损失，辊体用 29 片纯铁片叠加而成，其齿槽直径自辊两端的中间逐步递增，以保证各辊齿磁力分布均匀。接矿斗由矿斗和分矿板组成，分矿板可调节高低和不同的角度，以适应不同分选角度与高度的需要。

4.2.2.3　传动系统

传动系统由 2 台 JO$_2$-61-6 三相异步电动机通过三角皮带各驱动一台 PM-400 三级圆柱齿轮减速机传动左、右感应辊，在减速机与感应辊之间由十字滑块联轴器联结，机架由型钢焊接而成。

80-1 型感应辊式强磁选机技术特性见表 4-6。

表 4-6　80-1 型感应辊式强磁选机技术特性

感应辊			磁场强度	入选粒度 /mm	处理能力 /t·h^{-1}	分选工作间隙/mm	激磁最大电流/A	外形尺寸 /mm×mm×mm
直径 /mm	个数 /个	转速 /r·min^{-1}						
380	2	35	1215～1270kA/m (15300～16000Oe)	5～20	8～10	30	125	3833×2968×1520

4.2.2.4　分选过程

矿石由电磁振动给矿器均匀地给在感应辊上，非磁性矿物在重力作用下直接落入尾矿斗中。磁性矿物受磁力作用被感应辊齿尖吸引，随着感应辊旋转，转至磁场强度减弱处，在机械力（主要是重力和离心力）作用下，磁性矿物离开感应辊落入精矿斗。根据矿石的性质和粒度的大小，通过调整磁场强度、感应辊转数以及挡板位置来达到较好的指标。

4.2.2.5　应用和选别指标

80-1 型感应辊式强磁选机投入生产后，先后对碳酸锰矿石、氧化锰矿石和赤铁矿矿石进行了工业生产或工业探索性试验，都得到了良好的效果。该机处理某锰矿堆积氧化锰矿石时，当原矿含锰品位 17.69% 时，经一次粗选，可获得含锰品位 25.03% 的锰精矿，锰回收率为 86.10%。广西某铁矿含铁品位 44.04% 的赤铁矿石，经一次选别，可获得含铁品位 45.65% 的铁精矿，回收率为 99.13%，尾矿含铁品位 8.79%。

4.2.3　干式对辊永磁强磁选机

我国制造的 CQY ϕ560mm×400mm 干式对辊永磁强磁选机，在某锡矿进行工业试验和应用，效果良好。

干式对辊永磁强磁选机的构造如图 4-10 所示。它主要由装有锶铁氧体永磁材料的两个对应装置的圆辊组成闭合磁路。磁极极性相间，中间磁极宽 200mm，两端的磁极宽 100mm；两辊间的间隙，通过两辊间的磁性调节器 5 来调节。该机的磁场强度随极距增大而减小，当极距为 3mm 时，在 200mm 宽的磁极面上，磁场强度可达到 20600kA/m（26000Oe），平均场强为 1960kA/m（24700Oe）。

弱磁给矿辊 10 是一个弱磁场磁选机，辊面场强为 80kA/m（1000Oe），用于预选除去原料中的强磁性矿粒。感应卸矿辊 3、4 用来排卸精矿，一般由工程纯铁制成，表面制成梭形凸起多齿形状。

分选过程：矿物由弱磁给矿辊 10 先选出强磁性矿物，通过溜槽 9 和漏斗 8 把矿石均匀送到两辊中间的高磁场区。非磁性矿物不受磁力作用，在重力作用下直接落入尾矿槽Ⅰ中。磁性矿物因受磁力作用，被磁辊表面吸附，并随磁辊旋转，由于磁场逐渐减弱，矿物依磁性大小的不同，分别落入中矿、精矿槽内。磁性最弱的最先离开辊面，落入中矿斗Ⅱ中，磁性稍强者，落入中矿斗Ⅲ中，磁性最强的矿粒需借助感应卸矿辊 3、4 排入精矿斗Ⅳ中。可动分矿挡板 6 的位置，可控制上述各产品的指标。

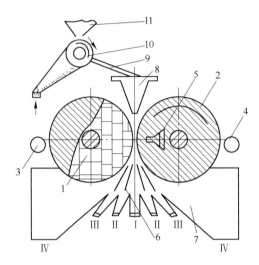

图 4-10 干式永磁对辊强磁选机的构造示意图

1，2—强磁辊；3，4—卸矿辊；5—磁性调节器；6—可动分矿挡板；
7—接矿槽；8—漏斗；9—溜槽；10—弱磁给矿辊；11—给矿斗

这种强磁选机用于含两种以上的弱磁性矿物，如海滨砂矿钨、锡、锆、钍、磷、钇等矿物，效果较好。选别的回收率一般比双盘强磁选机高 5%，处理能力增大 3% ~ 10%，还具有结构简单、使用方便、不需要电源等优点。

CQY ϕ560mm×400mm 干式永磁对辊强磁选机的技术特性见表 4-7。

表 4-7 CQY ϕ560mm×400mm 干式永磁对辊强磁选机的技术特性

强磁辊		平均磁场强度	入选粒度 /mm	处理能力 /t·h⁻¹	分选间隙 /mm	外形尺寸 /mm×mm×mm
直径/mm	转数/r·min⁻¹					
560	26	1500kA/m （18900Oe）	<3	1.5 ~ 2.0	2 ~ 3	1700×1550×2160

4.3 湿式强磁场磁选设备

湿式强磁选机的类型很多，常用的平环式、立环式、电磁感应辊式和连续式高梯度等强磁选机。20 世纪 70 年代后期发展起来的高梯度技术得到了广泛的应用和重视，高梯度磁选机对微细低品位弱磁性矿物分离及金属矿物的提纯有新的突破，而且应用范围已超出了选矿领域。

4.3.1 琼斯强磁选机

琼斯（Jones）型湿式强磁选机研制于 20 世纪 50 年代后期，最初是间断排矿的小型试验设备，60年代连续排矿转盘式琼斯磁选机在美国获得专利。继之研制了一系列工业型琼斯磁选机，在此基础上德国洪保工厂制成了工业上应用的大型DP-317（转盘直径为3170mm）琼斯强磁选机，该机的原矿石处理能力为100~120t/h。目前有10种不同规格的琼斯强磁选机，分别在德国、巴西、芬兰、加拿大、美国、瑞典、墨西哥等13个国家中投入使用。国内于1975~1979年间，在琼斯强磁选机的结构基础上，进行某些改进，研制了SHP-1000、SHP-2000、SHP-3200型等多种规格的双盘强磁选机，已在国内许多铁矿选矿中获得了成功的应用。

4.3.1.1 设备构造

琼斯磁选机种类繁多，但结构基本相同。DP-317型强磁选机结构如图4-11所示。它有一个钢制门形框架，在框架上装有两个横放的U形磁轭，在磁轭的水平位置上装有4组激磁线圈，线圈采用扁铜线绕制，外部有密封的保护壳，用风机进行空气冷却（有的采用油冷）。垂直中心轴上装有两个分选圆盘，圆盘周边上有27个分选室，室内装有不锈导磁材料制成的齿形聚磁极板，极板间距一般在1~3mm。两个U形磁轭和两个圆转盘之间构成闭合磁路。与一般具有内外磁极头磁选机相比，它减少了一道空气间隙，即减少了空气的磁阻，以利于提高磁场强度。分选室内放置了齿板聚磁介质，齿板的齿角为110°，齿尖对齿尖排列如图4-12所示。"8R"形齿板是每英寸（2.54cm）长度上有8个槽，用于处理1.5~0.3mm的物料。最近又新增添了"4R"形和"12R"形两种齿板，极间隙分别为6mm和0.7mm。分选间隙的最大磁场强度为640~1600kA/m(8000~20000Oe)。分选圆盘（转盘）采用工业纯铁制成，为使运转平稳，无论哪种规格的转盘，齿板箱（即为分选室）均为奇数，每个分选室内，均装有两块单面齿板和数量不等的双面齿板。转盘和分选室由安装在顶部的电动机，通过蜗杆在U形磁极间转动，如图4-11所示。

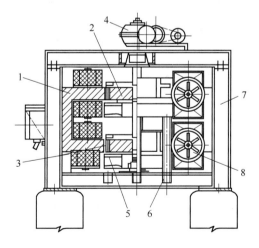

图4-11 DP-317型琼斯双盘强磁选机的结构示意图

1—"口"形磁系；2—分选转盘；3—铁磁性齿板；4—传动装置；
5—产品接收槽；6—水管；7—机架；8—风机

4.3.1.2 分选过程

如图4-13所示，矿浆由磁场进口处的给矿点7（每个转盘有两个给矿点）给入分选

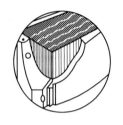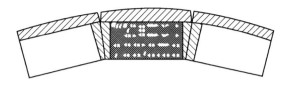

图 4-12　齿板组装图

室，随即进入磁场，并通过齿板的缝隙，非磁性矿物不受齿板吸引，落入尾矿槽。弱磁性矿物，则被吸附在高磁力的齿板尖周围，并随转盘约转 60°，此处磁场力减低，又受到高压水冲洗，磁性较弱的夹杂或连生体进入中矿槽。分选室转至 120°即转至两极间的中点位置，此处理论上的场强为零，吸附在齿板上的磁性矿粒，被高压水冲洗进入精矿槽中。根据需要在精矿槽和尾矿槽之间，还可接出多种不同磁性的中矿产品。设备上有 4 个给矿点，可以各自独立进行分选，因此在单机上同时可进行不同试样、不同流程的试验。

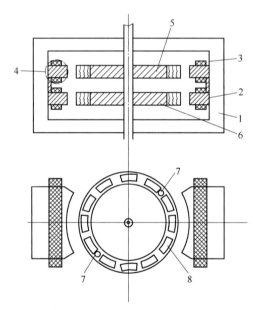

图 4-13　琼斯磁选机组装示意图

1—框架；2—磁轭；3—线圈；4—风机；5，6—上下转盘；7—给矿点；8—分选室

4.3.1.3　影响因素

主要影响因素有：给矿粒度、给矿中强磁性矿物的含量、磁场强度、中矿和精矿的冲洗水压、转盘的转速以及给矿浓度等。为了保证设备正常运转，减少堵塞，必须严格控制给矿粒度的上限和给矿中强磁性矿物的含量，给矿粒度上限为齿板缝隙的 1/3 ~ 1/2。为此，琼斯磁选机给矿前必须控制筛分，筛去大块颗粒和木屑杂物。若给矿中强磁性矿粒含量大于 3% ~ 5%，必须用弱磁选机预先除去，磁场强度可根据入选矿物的性质和粒度大小进行调节。精矿冲洗水和中矿清洗水的压力和耗量在生产过程中是可以调节的。精矿冲洗水主要保证有一定的压力，在通常情况下精矿冲洗压力为 4 ~ 5kgf/cm² （392 ~ 490kPa），同时不定期地用 7 ~ 8kgf/cm² （686 ~ 785kPa） 或更高水压冲洗，以消除齿板堵塞。中矿冲

洗水的水压高低直接影响中矿量和精矿的质量，水压高，水量过大，中矿量增加大，磁性产品回收率下降、品位提高。中矿冲洗水量过大，中矿浓度必然降低，增加中矿再处理的困难；反之，则清洗效果不显著。通常中矿、精矿冲洗水压必须通过试验来确定。琼斯型强磁选机的主要技术特性见表4-8。

表 4-8 琼斯型强磁选机主要技术特性

| 型 号 | 转盘直径 /mm | 生产能力 /t·h⁻¹ | 磁场强度 /kA·m⁻¹ | 外形尺寸/mm | | | 机重 /kg |
				长	宽	高	
DP-335	3350	180		7130	3812	4235	114000
DP-317	3170	120		6270	3812	4235	98000
DP-250	2500	75		5350	3256	3860	70000
DP-180	1800	J10		4540	2676	3850	41000
DP-140	1400	25	640~960	3940	2376	3600	29200
DP-112	1120	15		3500	2156	3400	22400
DP-90	900	10		3040	1966	3140	16200
DP-71	710	5		2810	1760	2975	13400
P-71	710	2.5		2810	1760	1985	9200
P-40	400	0.5					

注：1. 生产能力是对巴西铁矿大致试验处理量；
　　2. DP 为双盘，P 为单盘。

4.3.1.4 应用和选别指标

琼斯型湿式强磁选机主要用于选别细粒嵌布的赤铁矿、假象赤铁矿、褐铁矿和菱铁矿等矿石，也可用于处理稀有金属和非金属矿石的提纯。DP-317 型琼斯强磁选机用于分选巴西多西河赤铁矿，获得的指标为：原矿含铁48%～53%，粒度小于 0.8mm（其中小于 0.07mm 的占50%），给矿浓度56%，经一次选别得到含铁品位67%的铁精矿，回收率为95%。采用 SHP-1000 型湿式强磁选机选别大宝山矿的褐铁矿尾泥时，原矿含铁品位为37.65%，经一粗一扫流程，获得含铁品位50%～55%的精矿，回收率达70%～75%；采用 SHP-3200 型强磁选机选别酒钢粉矿也获得了一定的效果。酒泉铁矿石的金属矿物以镜铁矿、褐铁矿和菱铁矿为主，尚有少量磁铁矿、黄铁矿等。该矿石粉矿经 SHP-3200 型强磁选机分选（用一粗一扫流程），获得指标如下：原矿含铁品位为29.90%，精矿品位为47.20%，尾矿品位为14.18%，回收率为75.15%，每盘的处理量为42～46t/h。

4.3.1.5 特点

琼斯型强磁选机的特点是：采用齿板"多层聚磁介质"，不仅提高磁场强度和磁场梯度，而且增大了分选面积，大大地提高了设备的处理能力。另外，由于磁系包角大，分选区长，齿板深，配合高压水清洗作用，选矿富矿比高，所以在回收率较高的情况下，可获得高品位甚至超纯度的铁精矿。磁系结构为 4 个分选点的矩形磁路，每个分选点只有一道很小的非工作空气隙，减少磁路中的磁阻。但是该机对小于 0.03mm 的微细粒级的弱磁性矿石回收率很差。机体较为笨重，噪声大（高达 100dB），堵塞现象并没有完全避免等缺点。

　　我国某些研究单位和制造厂家，为克服该机运行噪声，提高线圈的冷却效果，将线圈的风冷系统改变成油冷系统，试验结果可将噪声降低13% ～15%，同时油冷系统总装机的容量减少16.5kW（对 SHP-2000 型而言），节约电为 $14×10^4$ kW·h/台，在经济效益提高的同时大大地改善了劳动条件。

4.3.2　SQC-6-2770 湿式强磁选机

　　SQC 系列湿式强磁选机是一种磁路结构新颖的强磁选机，包括 SQC-4-1800 型、SQC-2-1100型、SQC-2-700 型及 SQC-6-2770 型。SQC-6-2770 型磁选机是一种性能和分选效果较好的湿式强磁选机，该机在某铁矿处理褐铁矿获得了满意的分选指标。

4.3.2.1　构造

　　SQC-6-2770 型平环式强磁选机的构造如图 4-14 所示。它主要由给矿装置、分选转环（平环）、磁系、精矿和中矿冲洗装置、接矿槽和传动机构组成，该机的特点是采用环式链状闭合磁路。其磁系由内、外同心环形磁轭及放射状铁心构成。如图 4-15 所示，形成了环式链状闭合磁系，主轴位于环状闭合磁路中心无磁力区。铁心高度为 210mm、宽度为450mm，磁极头高度为 160mm。激磁线圈由 22mm×15mm×4mm 方铜管绕制而成。每个外铁心线圈为 33 匝，内线圈为 66 匝，并紧靠磁极头装置，用低电压高电流、水内冷散热。该磁系具有结构紧凑、磁路短、漏磁少、噪声低、磁场强度高、温升低等特点。该设备的分选环由环体槽和分选介质（齿板）组成。全环由非导磁隔板分成 79 个分选室（单数分选室是避免磁力共振和圆环抖动）。每个分选室内装有两块单面齿板和 9 ～11 块双面齿板，齿板之间用 2.5 ～3mm 厚的非导磁钢片隔开，形成 10 ～12 道分选间隙。齿板的高度为 125 ～140mm，齿角 100° ～110°，采用齿尖对齿尖组装。全机共有 6 个给矿点，组成 6 个分选系统。该机的技术性能见表 4-9。

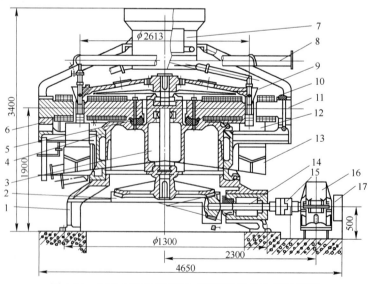

图 4-14　SQC-6-2770 型平环式强磁选机的构造示意图

1—下机座；2—大伞齿轮；3—内铁心座；4—外铁心座；5，6—内外铁心铝垫块；7—给矿装置；
8—精、中矿清洗管；9—分选环；10—线圈；11—铁心；12—防溅槽；13—接矿槽；
14—小伞齿轮轴；15—联轴器；16—减速箱；17—皮带轮

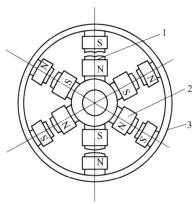

图 4-15 SQC-6-2770 型磁选机磁系
1—铁心；2—线圈；3—磁轭

表 4-9 SQC-6-2770 型湿式强磁选机技术性能

磁极对数	分选环外径/mm	最高磁场强度/Oe	处理量/t·(h·台)$^{-1}$	给矿粒度/mm	环转速/r·min^{-1}	最大激磁功率/kW	外形尺寸（直径×筒长）/mm×mm	机重/t
6	2770	16000~17000	25~30	0.8~0.5	2~3	50	4000×3435	35

4.3.2.2 激磁性能

当齿板尖对尖组装、齿板间隙为 3mm 时，位于磁极中间的分选室中的场强与激磁功率的相关数值列于表 4-10 中。该表说明随着场强的增加，单位功耗产生的场强急剧减少，场强增至 15900Oe（1280kA/m）时，磁路已趋近磁饱和。

表 4-10 SQC-6-2770 型磁选机的场强与激磁功率的关系

激磁电流/A	激磁电压/V	激磁功率/kW	磁场强度/Oe	磁场/功率（Oe/kW）
330	32	10.56	13000	1231
420	42	17.64	14300	811
570	53	30.21	15200	503
680	63	42.84	15900	371

SQC-6-2770 型磁选机的磁场梯度与琼斯磁选机基本相同，因为两者磁介质和工作场强基本相同。

4.3.2.3 分选原理

带有分选室的分选环在两磁极之间慢速旋转，当分选室进入磁场后，齿板介质被磁化，磁性矿粒受磁力作用被齿板尖端吸引，并随分选环转动；当转到中矿清洗位置时，夹在磁性颗粒间的脉石和矿泥被高压水冲下掉入中矿槽中；当分选室转到精矿冲洗位置时（相邻两磁极之间的磁中性点），被高压水（水压 3~5kgf/cm^2，即 294~490kPa）冲入精矿槽内。非磁性矿粒在重力和矿浆流的作用下通过齿板缝隙排入尾矿槽中。分选环每转一周，反复经过 6 个分选过程。

4.3.2.4 操作和应用

在物料性质基本稳定的情况下，操作时应保持磁场强度即激磁电流稳定；此外，保持激磁线圈冷却水压和流量稳定，以免线圈温升过高，在给料前的隔渣筛工作必须保持正常，精矿冲洗水的水压和流量亦必须正常，以免纤维杂质和大矿粒堵塞齿板缝隙。

该机分选某褐铁矿取得了较好的结果，当原矿含铁为 34.45% 时，经一粗一扫流程处理，获得含铁 59.29% 的铁精矿，回收率为 70.57%，详见表 4-11。该机处理粒度的下限为 20μm。它不仅回收铁矿石取得了较好的效果，对钨细泥、高岭土除铁杂等方面试验也取得了良好的指标。

表 4-11　SQC-6-2770 型强磁选机工艺条件和分选指标

圆盘转数 /r·min⁻¹	齿板间隙 /mm	粗选				扫选				综合指标/%			
		条件	原矿 (Fe/%)	精矿 (Fe/%)	回收率 (Fe/%)	条件	指标/%			β	θ	精矿 γ	ε
							α	β	ε				
2.62	2.5	给矿量 26.7t /(h·台) 给矿浓度 31% −74μm 含量±74% 场强 15200Oe	34.45	51.78	56.26	给矿量 16.7t /(h·台) 给矿浓度 23% 场强 15800Oe	24.05	45.21	14.31	59.29	19.56	48.34	70.57

经试验证明，该机的电气性能良好、运转平稳可靠、选矿指标稳定，存在问题是分选介质齿板易生锈。

4.3.3　CS-1 型电磁感应辊式强磁选机

CS-1 型电磁感应辊式强磁选机是我国于 20 世纪 70 年代末研制的，是我国第一台大型双辊湿式强磁选机，已成功地用于锰矿石的生产中，对处理低品位弱磁性锰矿石获得较好的指标，对于其他中粒级的弱磁性赤铁矿、褐铁矿、镜铁矿、菱铁矿以及钨锡分离也有着广泛的前景。

4.3.3.1　设备结构

CS-1 型电磁感应式强磁选机主要由给矿箱、电磁铁心、磁极头、分选辊、精矿及尾矿箱等构成，如图 4-16 所示。

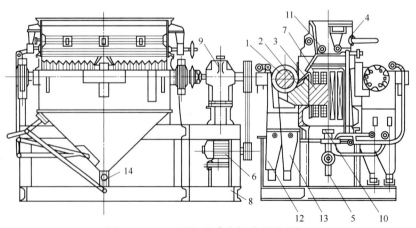

图 4-16　CS-1 型电磁感应辊式强磁选机

1—辊子；2—座板（磁极头）；3—铁心；4—给矿箱；5—水管；6—电动机；7—线圈；
8—机架；9—减速箱；10—风机；11—给矿辊；12—精矿箱；13—尾矿箱；14—球形阀

机体的主要部分是电磁铁心，磁极头和感应辊组成的磁系。两个电磁铁心和两个感应辊对称平行配置，4 个磁极头连接在两个铁心的端部，组成矩形闭合回路。4 个磁极头与两个感应辊之间构成 4 道空气隙即是 4 个分选带，这种磁路的特点是无非工作间隙，磁阻小，磁能的利用率较高。该机的技术特性见表 4-12。

表 4-12 CS-1 型电磁感应辊式强磁选机的技术特性

感应辊			分选间隙/mm	磁场强度/kA·m⁻¹(Oe)	传动功率/kW	给矿粒度/mm	线包允许温度/℃	线包冷却方式	外形尺寸/mm×mm×mm	机重/t
直径/mm	数量/个	转数/r·min⁻¹								
375	2	40，45，50	14~8	800~1488（10000~18700）	13×2（场强1488kA/m）	5~0	130	风冷	2350×2374×2277	4.8

该机感应辊即为分选辊，由纯铁制成，沿其长度方向分为三个带，中间有一个较短的非工作带，两边的齿形带为分选带，每个分选带有 15 个辊齿。辊子直径为 375mm，有效长度为 1452mm。磁极头端部与辊齿相对应的位置与齿数一样多的过浆槽，如图 4-17 所示。环形分选区两端与分选辊圆心的连线所成的夹角称为磁包角。磁包角的大小对磁场强度和分选指标有较大的影响，原则上磁系包角范围内磁极头的弧形面积应小于铁心的横截面积。从图 4-17 看出，A_6 点是辊齿上与水平线成 $50°$ 角的一点，此点辊尖齿上场强最高。该点场强与激磁电流的关系由图 4-18 和表 4-13 示出。当电流低于 70A 时，场强随电流的增加上升较快；超过 70A 后，场强随电流的增加上升很慢；当电流达到 110A 后，磁路开始趋近饱和。

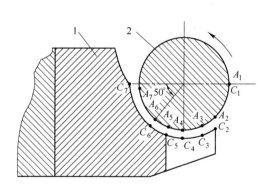

图 4-17 CS-1 型磁选机分选带示意图
1—磁极头；2—分选辊；
A_1—齿辊上水平线位置的点；
A_2—齿辊上与水平线成 $135°$ 的点；
A_3—齿辊上与水平线成 $110°$ 的点；
A_4—齿辊上与水平线成 $90°$ 的点；
A_5—齿辊上与水平线成 $70°$ 的点；
A_6—齿辊上与水平线成 $50°$ 的点；
A_7—齿辊上与水平线成 $10°$ 的点；
$C_1 \sim C_7$—矿浆槽上与 $A_1 \sim A_7$ 对应的点

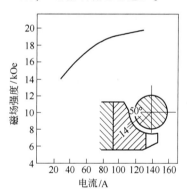

图 4-18 CS-1 型磁选机平均场强与电流之间的关系曲线

表 4-13 A_6 点平均磁场强度   (kA/m)

激磁电流/A	分选间隙/mm	
	14	18
30	1136	941
50	1285	1182
70	1413	1336
90	1437	1421
110	1483	1428
125	1519	1507

图 4-19 是沿辊轴长的磁场强度分布图。靠近辊中点辊齿上的场强较高，两端辊齿上的磁场强度较低，但两者场强值差别不大，基本是均匀的。而 A_6 点（齿辊尖部）和 C_6 点（矿浆槽底部）的场强值差别很大，因此形成较大的磁场梯度，估计平均磁场梯度约为64000kA/m。因此，对磁性较弱的、粒度较粗的氧化锰矿石有较好的选别效果。

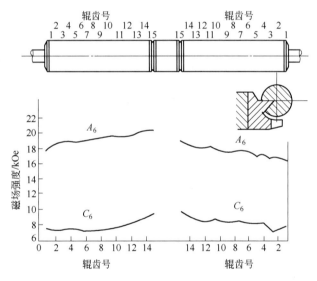

图 4-19   CS-1 型强磁机的磁场特性

4.3.3.2   分选过程

原矿进入给矿箱，由给料辊将其从箱侧壁桃形孔引出，沿溜板和波形板给入感应辊和磁极头之间的分选间隙，磁性矿粒在磁力作用下被吸引到感应辊齿上，并随感应辊旋转，当离开磁场区时，在重力和离心力等机械力的作用下，脱离辊齿卸入精矿箱中；非磁性矿粒随矿浆流通过齿状的缺口流入尾矿箱内。

4.3.3.3   操作及应用

操作时，可根据原矿性质（磁性与粒度）和对产品质量的要求，适当调节给矿量，补加水量和磁场强度。必要时还可调节极距和转速。原则上，矿物磁性较强，粒度较粗时，场强可低些或极距可大些；对产品质量要求更高时，给矿量可少些，场强可低些或补加水量调大些。在操作时还应注意强磁性物质对分选过程的影响。过量的强磁性物质积聚在精矿和尾矿分界处的磁极头上时，形成强磁性物质链，阻碍精矿通过，致使部分精矿落入尾矿箱中，降低对磁性成分的回收率。在此情况下，应事先除去强磁性物质。

该机处理堆积多年的低品位锰矿洗矿尾矿，原矿含锰22%～24%的氧化锰矿，粒度为5～0mm，经一次选别，获得含锰27%～28%、回收率88%～92%的锰精矿，处理量8～10t/(h·台)。目前该机已在其他锰矿推广应用。

国外电磁四辊感应辊式强磁选机，构造与工作原理大体与CS-1型感应辊式磁选机相似，广泛用于4～0.16mm和1.0～0.16mm的锰矿石，以及粒度为1.6～0.15mm的褐铁矿和粒度为1.0～0.1mm的许多稀土矿石。

4.3.4 斯隆（SLon）型强磁选机

斯隆（SLon）立环脉动高梯度磁选机（SLon VPHGMS with high intensity）是国内外第一代应用于大规模工业生产的连续式高梯度磁选机。该机解决了平环强磁选机和平环高梯度磁选机磁介质容易堵塞的问题，具有选别效率高、适应性强、设备作业率高、运行费用低、维护工作小的优点。该机分选弱磁性矿石实现了精矿品位和回收率双高，至今已在国内外应用于细粒弱磁性金属矿的选矿和非金属矿的提纯。

4.3.4.1 设备构造

SLon立环脉动高梯度磁选机结构如图4-20所示，它主要由脉动机构、激磁线圈、铁轭、转环和各种矿斗、水斗组成，采用导磁不锈钢材质的钢板网或圆棒作磁介质。该设备有以下特点：

（1）采用低电压、大电流、低电流密度的激磁方式，磁场稳定性高，设备操作安全、方便，作业率高达98%以上。

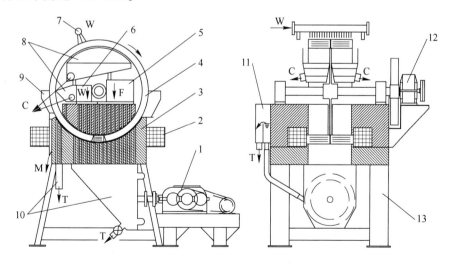

图4-20 SLon立环脉动高梯度磁选机结构简图

1—脉动机构；2—激磁线圈；3—铁轭；4—转环；5—给矿斗；6—漂洗水斗；7—磁性矿冲洗装置；8—磁性产品矿斗；9—中矿斗；10—非磁性产品矿斗；11—液位斗；12—转环驱动机构；13—机架；F—给矿；W—清水；C—磁性产品；M—中矿；T—非磁性产品

（2）优化磁系设计，磁介质最佳排列组合，背景场强可高达 1.8T，能为矿物分选提供持续的高梯度磁场，矿石分选效率高。

（3）转环立式旋转、反向冲洗磁性产品，粗颗粒矿石不必穿过磁介质堆便可冲洗出来，磁介质不易堵塞。

（4）矿石分选粒度宽，上限可达 6mm、下限低至 2～10μm。

（5）拥有 17 个系列 70 多种规格型号产品，单台设备非金属矿处理量覆盖 0.01～950t/h。

（6）采用水内冷、双循环冷却的冷却方式，使线圈冷却速度快，同时配备线圈管路清洗系统，便于线圈日常维护，线圈设计使用寿命可达 10 年以上。

SLon 立环脉动高梯度磁选机的技术特性见表 4-14。

表 4-14　部分 SLon 立环脉动高梯度磁选机（1.0～1.2T）主要技术参数

转环外径/mm	500	2000	4000	5000
转环转速/r·min⁻¹	0.3～3.0	2.5～3.5	2.5～3.5	2.5～3.5
给矿粒度/mm(−200 目占比/%)	−1.3（30～100）	−1.3（30～100）	−1.3（30～100）	−1.3（30～100）
给矿浓度/%	10～40	10～40	10～40	10～40
矿浆通过能力/m³·h⁻¹	0.25～0.5	100～200	750～1400	1200～2300
干矿处理量/t·h⁻¹	0.03～0.125	50～80	350～550	600～950
额定背景场强/最高场强/T	1/1.1	1/1.1	1/1.1	1/1.1
额定激磁电流/A	1200	1100	1700	1900
额定激磁电压/V	11	39	60	77
额定激磁功率/kW	13	43	102	146
转环电动机功率/kW	0.18	5.5	37	55
脉动电动机功率/kW	0.37	7.5	37	55
脉动冲程/mm	0～30	0～26	0～26	0～26
脉动冲次/次·min⁻¹	0～400	0～300	0～300	0～300
供水压力/MPa	0.1～0.2	0.2～0.4	0.2～0.4	0.2～0.4
冲洗水量/m³·h⁻¹	0.75～1.5	80～120	560～800	950～1300
冷却水量/m³·h⁻¹	0.75～1.5	3～4	7～8	8～9
最大零件质量/t	0.3	14	38	52
外形尺寸（长×宽×高）/mm×mm×mm	1800×1400×1350	4400×3460×4200	8500×6850×8300	9900×8000×10100

4.3.4.2　磁场特性

强磁选处理的物料粒度通常较细，影响选矿过程的力除了磁力、流体力、重力以外，磁性矿粒与脉石之间的表面力（包括静电力和范德华力）也不容忽略，这些力对矿粒的作用都是单向的。如矿浆从上至下流动时，部分脉石被其他矿粒或介质丝架住，如图 4-21 所示。因流体力 R 方向朝下，故这些脉石不能脱离，导致精矿品位下降，严重时还会导致磁介质堵塞。此外，附着在磁介质表面的脉石占据了部分有效捕收表面，影响磁介质对磁性矿粒的捕收。

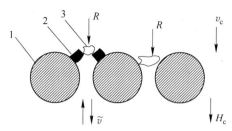

图 4-21 非磁性矿粒夹杂的形式

1—磁介质；2—磁性矿粒；3—非磁性矿粒

一般强磁选处理中，当给矿方向从上至下时，绝大多数被捕集的磁性矿粒停留在磁介质的上面，下表面捕获的矿粒很少。而在斯隆型强磁选机中，分选区矿浆不断变换流动方向，磁介质上下表面都能机会大致均等地捕获磁性矿粒。因此，尽管脉动力的存在增大了竞争力，但在适当的冲程冲次范围内，因捕获区增加可使磁性矿粒的捕获得到补偿。

根据试验场强，介质丝径等参数对单颗赤铁矿或石英受力的估算值得知，粒度大于 $10\mu m$ 时，磁力、脉动流体力居第二位，成为影响选矿指标的第二要素；进浆流体力为第三要素；静电力、范德华力和重力比前面三种力小 1~2 个数量级，对选矿指标影响较小。当粒度小于 $10\mu m$ 时，静电力和范德华力越来越接近于磁力，成为不可忽略的因素。在设计中采用脉动机构，对提高磁性精矿品位和选矿效率、防止堵塞都起着重要的作用。

脉动机构由 JZT-24-4 型电磁调速电动机驱动。脉动冲次的可调范围为 0~400 次/min，冲程箱输出冲程的可调范围为 0~30mm。选别区的有效冲程和冲程箱的输出冲程换算关系如下：

$$S. = 0.66S \tag{4-1}$$

式中　$S.$——有效冲程；

　　　　S——冲程箱输出冲程。

4.3.4.3　工作原理

SLon 立环脉动高梯度强磁选机利用磁性力场相结合，脉动流体和重力不断地对弱磁性细小矿物进行选矿。该机工作原理为：激磁线圈通过直流电，在分选区产生感应磁场，位于分选区的磁介质表面产生非均匀磁场即高梯度磁场；转环做顺时针旋转，将磁介质不断送入和运出分选区；矿浆从给矿斗给入，沿上铁轭缝隙流经转环。矿浆中的磁性矿粒吸附在磁介质表面上，被转环带至顶部无磁场区，被冲洗水冲入磁性产品矿斗，非磁性矿粒在重力、脉动流体力的作用下穿过磁介质堆，与磁性矿粒分离，沿下铁轭缝隙流入非磁性产品矿斗排走。

4.3.4.4　操作及应用

设备立环内装有导磁不锈钢板网磁介质（也可以根据需要填充钢毛等磁介质）。选别时，转环做顺时针旋转，矿浆从给矿斗给入，沿上铁轭缝隙流经转环，转环内的磁介质在磁场中被磁化，磁介质表面形成高梯度磁场，矿浆中磁性颗粒吸着在磁介质表面，由转环带至顶部无磁区，被冲洗水冲入精矿斗，非磁性颗粒沿铁轭缝隙流入尾矿斗排走。

为了保证脉动选矿，维持矿浆液面的高度，可通过调节尾矿斗下部阀门使液面保持液位线以上，液体显示管为透明有机塑料管，操作者随时可观察液面高度及脉动情况；脉动机构驱动装置安装在尾矿斗上的橡胶鼓膜做往复运动，只要矿浆液位保持在液位线以上，脉动能量就能有效地传到选矿区。该机采用调速电动机驱动脉动冲程箱，脉动冲次由调速电动机的控制器调节，脉动冲程的调节是通过调节冲程箱内的偏心块来实现的。

分选区和排干区之间没有缝隙的部位称为隔断区。无论旋转至哪个部位，转环上至少有一块隔板位于隔断区，这将保证分选区的矿浆不会大量地朝排干区流动，脉动能量的传播集中在分选区上。该设备可用于赤铁矿、褐铁矿、菱铁矿、钛铁矿、铬铁矿、锰矿、黑钨矿、稀土矿、钽铌矿等弱磁性矿物的选矿，石英、长石、霞石、萤石、硅线石、锂辉石、高岭土等非金属矿物的除铁、提纯，赤泥、冶炼钢渣、瓦斯灰、粉煤灰、炉渣等二次资源再选回收。

4.3.5　双立环式强磁选机

立环式强磁选机是我国研制的又一分选效果较好的湿式磁选机，其特点是分选环立在磁场中（与磁场垂直）旋转。

4.3.5.1　设备构造

φ1500mm 双立环磁选机的构造如图 4-22 所示。它由给矿器、分选环、磁系、尾矿槽、精矿槽、供水系统和传动装置等部分组成。

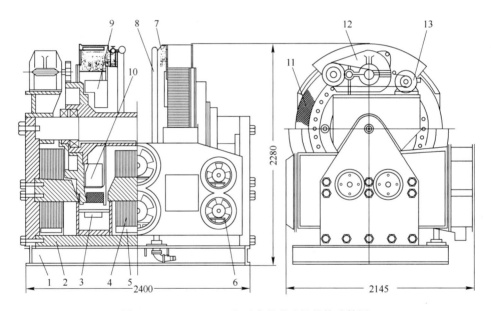

图 4-22　φ1500mm 双立环式强磁选机的构造简图

1—机座；2—磁轭；3—尾矿槽；4—线圈；5—磁极；6—风机；7—分选环；
8—冲洗水；9—精矿槽；10—给矿器；11—球介质；12—减速器；13—电动机

磁系由磁轭、铁心和激磁线圈组成。磁轭和铁心构成"日"字形闭合磁路，线圈为单层绕组散热片结构，用 4mm×230mm 的紫铜板焊接而成。每匝间用 4mm 的云母片隔开，中间的线圈为 48 匝，两边的各为 24 匝，三个线圈共 96 匝，串联使用。采用低电压高电流（电压为 12.5V，电流为 2000A）激磁。线圈用 6 台风机进行冷却。铁心用工程纯铁制成，横断面尺寸为 16cm×100cm，磁极头工作尺寸为 8cm×100cm，极距为 275mm。该机磁系的磁路较短，漏磁也较小，磁场强度可达 1600kA/m(20000Oe)。磁系兼作机架，下磁轭为机架底座，上磁轭为主轴，两侧磁轭是主轴的支架，因此节省了钢材，减轻了机重，结构也比较紧凑。

两个分选环垂直安装在同一轴上，故名为双立环式。环的外径为 1500mm，内径为 1180mm，有效宽度为 200mm。环壁由 8 块形状和尺寸相同的纯铁板和相同数量的隔板组装而成。嵌入隔磁板的目的是为了减少漏磁，并使磁性产品卸矿区的磁场强度降到最小，以便磁性产品顺利卸出。在环体内外周边装有不锈钢筛箅，以防止粗粒矿石及杂物进入分选室。整个分选环用非导磁材料分隔成 40 个分选室，内装直径 6~20mm 的铁球作分选磁介质。球介质的充填率为 85%~90%，分选环两侧磁极头间的总间隙为 2.3+2.7=5mm。该机的技术特性见表 4-15。

表 4-15　立环式湿式强磁选机的技术特性

分选环		磁场强度 /kA·m⁻¹	给矿粒度		生产能力 /t·h⁻¹	矿浆浓度 /%	冲洗水压 /atm	激磁功率 /kW	外形尺寸 /mm×mm×mm
数量	直径 /mm	转速 /r·min⁻¹		上限 /mm	下限 /mm					
双环	1500	3.6~6.5	1600（20000Oe）	1.00	0.02	14~17		1~3	25	240×2145×2280
单环	1000	5.5	1400（17500Oe）			0.3~0.5	35~50	0.8~1.5		1130×900×1260

4.3.5.2　磁场特性

ϕ1500mm 双立环强磁选机的激磁性能是：当两个分选环的总运转间隙为 10mm，环内 85%~90% 的空间充填 ϕ6~12mm 纯铁球介质时，在磁极头与分选环外壁之间的间隙中点，磁场强度随激磁电流的增加而急剧增加，至 1440kA/m（18000Oe）逐渐趋于磁饱和，激磁电流为 20000A 时磁场可达 1600kA/m（20000Oe）。

4.3.5.3　分选过程

装载球介质的分选圆环在磁场中慢速旋转，矿浆经细筛排除过粗的矿粒和纤维杂质后，沿全环宽度给入处于磁场中的分选室内，在重力作用下，非磁性矿粒随矿浆穿过球间隙，从尾矿槽下部排出；磁性矿粒在磁力作用下被球介质表面吸住，然后随分选环离开磁场；当运转至最高位置时，受到压力水的冲洗，流入精矿槽中。

4.3.5.4　操作及应用

双立环式强磁选机主要的调节因素有磁场强度、球介质直径和圆环的转速。磁场强度可通过改变电流来调节。物料粒度较粗或矿物磁性较强时，场强可低些；反之，场强应高些，即适当增大激磁电流。球介质的直径主要与入选粒度有关，原则上是对较粗的物料，球径宜大些；对于较细的物料，球径应小些。若球径过大，虽然矿浆容易通过球空隙，生产能力大些，但对细磁性矿粒回收的效果不好；若球径过小，虽然可多回收细磁性矿粒，但矿浆通过球隙的阻力增大，因而生产能力降低，严重时还会堵塞，破坏生产正常进行。环的转速也会影响生产能力，一般在不影响精矿品位和回收率的前提下，尽量加快转速，以提高处理能力。若转速过快，吸附磁性矿粒的阻力增加，会降低回收，因此该机适宜的转速在 3.5~6.5r/min 范围内。

该机的特点是球介质随分选环做垂直运转时可得到较好的松动，有利于解决堵塞问题，而且兼有退磁作用，容易排卸精矿。

该机用于黑色、有色和稀有金属矿石的分选，选别效果较好。给矿粒度范围可宽一些，如处理某褐铁矿，当原矿含铁品位 40% 时，经一粗一精一扫的选别流程，获得含铁品位 55% 以上、含二氧化硅 5% 以下的铁精矿，铁回收率达 85% 以上。

4.4 高梯度磁选设备

高梯度磁选（HGMS）是 20 世纪 60 年代末、70 年代初发展起来的磁分离技术，它的主要特点是：将导磁不锈钢毛填充在螺线管内腔磁场中作分选介质。由于这种介质磁化达到饱和状态时，能产生很高的磁场梯度和磁场强度，并具有很大的捕收面积，因而适应范围大，特别是对微细粒（−1μm）均可得到有效的回收。目前高岭土精制工业，高梯度技术用得较为广泛，也较成功，经济效益也很好。用于分离细粒金属和非金属以及稀有金属矿物，效果很好。除此之外，高梯度技术还可用于处理各种废水、废气，甚至可从血液中分离出红血球，从水中回收单细胞蛋白质、菌类和其他有机物等方面。

4.4.1 周期式高梯度磁选机

周期式高梯度磁选机又称磁分离器或磁滤器。第一台工业用的周期式小型高梯度磁选机于 1969 年由瑞典的萨拉（Sala）磁力公司研制成功，安装在美国一家高岭土公司用于高岭土提纯。目前，各国生产的周期式磁选机种类繁多，但其基本结构相同，主要用于高岭土提纯和水的处理。

4.4.1.1 设备结构

周期式高梯度磁选机的结构如图 4-23 所示。它主要由铁铠装螺线管磁体、不锈钢毛介质、分选箱以及矿浆出口、入口阀门等部件组成。螺线管由空心扁铜线或空心方铜线绕制，用低电压、高电流激磁，通水冷却，达到足够的场强。铁铠和磁极头用纯铁制成，其作用是与螺线管构成闭合回路，磁力线完全封闭在方框铁壳内，提高管内腔的场强。由于该机常用于磁性弱、

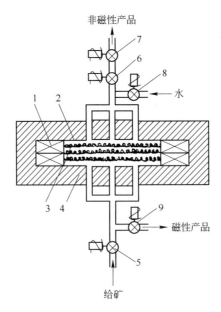

图 4-23 周期式高梯度磁选机的结构示意图
1—螺线管；2—分选箱；3—钢毛；4—铁铠装壳；5—给斗阀；
6—排料阀；7—流速控制阀；8—进水阀；9—冲洗阀

含量低、粒度细（5~10μm）的物料，矿浆一般在背景磁场1~2T下以慢速流通过介质，因此进出口矿浆管道直径小，管道可以穿过磁极头，介质较长，为30~50cm。

分选箱用非导磁材料（不锈钢或铜）制成，上下分别有出浆和进浆口，箱（或筒）内安放分选介质钢毛。该机背景场强可达1600kA/m(2×10^4Oe），磁场梯度为10^7Oe/m。PEM-8型周期工作高梯度磁选机的技术特性见表4-16。

表4-16　PEM-8型周期工作高梯度磁选机技术特性

分选箱直径 /m	磁场强度 /kA·m^{-1}	给矿粒度 /mm	生产能力 /t·h^{-1}	功率/kW	
				激磁	泵
2.14	1600	<0.5	100	最大400	最大400

4.4.1.2　磁场特性

高梯度磁选机的磁场常用背景磁场的强弱来表示，背景磁场是指未充介质时的磁场。图4-24是铁壳螺线管磁体的背景磁场沿其轴线的磁场变化曲线，显然螺线管磁体的背景磁场除两端弱外，其余基本是均匀的。

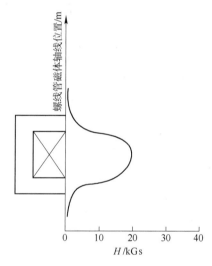

图4-24　沿铁铠轴线磁螺线管的磁场变化曲线

钢毛在磁场中磁化后，产生的梯度与其磁化强度J成正比，与钢毛的半径成反比，一般在7000Gs的磁场中，磁化强度逐渐接近于磁饱和。细钢毛的磁化强度约为13000Oe，此时达到了最高饱和磁化强度。因此，半径为10μm的钢毛能够产生10^7Oe/cm（10^5T/m）磁场梯度。

螺线管线圈的高度等于分选箱的高度者称为短线圈，螺线管的高度比分选箱高50%~100%称为长线圈。相对短线圈而言，长线圈平均直径小些，所以长线圈与同匝数短线圈比，导线用量少，这样可以节约铜线，降低能耗，大大地降低了成本。

4.4.1.3　分选原理

顺磁性矿粒在高梯度磁场中受到的作用力为：

$$F_{\mathrm{m}} = VKH_0\mathrm{grad}H \tag{4-2}$$

将细矿粒看作球粒, 在高梯度磁场中, 其梯度大小近似等于铁线的磁化强度与铁细丝半径之比, 因此式 (4-2) 可改写为:

$$F_{m} = \frac{4}{3}\pi b^3 K H_0 \frac{J}{a} \qquad (4-3)$$

式中　F_{m}——顺磁性矿粒所受的磁力, N;

　　　　V——矿粒的体积, $V = \frac{4}{3}\pi b^3$;

　　　　K——矿粒的体磁化系数;

　　　　H_0——背景磁场强度, A/m;

　　　　J——磁介质的饱和磁化强度, A/m。

高梯度磁选通常在流体介质中进行, 矿粒除受到磁力的作用外, 还受到与磁力相竞争的各种机械力 (重力、离心力、摩擦力以及流体动力阻力等) 的作用。在细矿粒情况下, 最重要的竞争力是流体动力阻力。$F_{c} = 12\pi\eta b V_1$ (式中, b 为矿粒半径; η 为矿浆黏度; V_1 为矿粒相对于流体的速度)。只要保持矿粒上所受的磁力大于其竞争力, 即 $F_{m} > F_{c}$ 就可以将矿粒捕收。

在高梯度磁选中, 细铁磁线磁场梯度比球组成的梯度高得多, 由图 4-25 所示的曲线就可以看出, 钢毛的梯度远比钢球的大, 但有效范围小。因此钢毛获得磁力最大, 磁力作用范围小, 即有效力程量短, 约为 0.1mm; 而齿板的有效力程约为 1mm, 球的有效力程最大, 大于 1mm。由此可知, 钢毛捕收磁性矿粒的下限低于齿板和钢球, 这为高梯度分离微细 (−1μm) 顺磁性矿粒提供了理论根据。

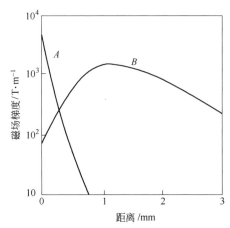

图 4-25　钢毛和球的梯度与表面距离的关系
A—40μm 圆形钢毛表面距离; B—两个 6mm 球接触点距离

4.4.1.4　分选过程

周期式高梯度磁选机工作时分给矿、漂洗和冲洗 3 个阶段。矿浆 (浓度一般为 30% 左右) 由下部以相当慢的流速进入分选区, 磁性矿粒被吸附在钢毛上, 其余的矿浆通过上部的排矿阀排出。经一定时间后停止给矿 (此时钢毛吸附饱和), 打开冲洗阀, 清水从下面给入并通过分选室钢毛, 把夹杂在钢毛上的非磁性矿粒冲出去。然后切断直流电源, 接通电压逐渐降低的交流电使钢毛退磁后, 打开上部的冲洗阀, 给入高压冲洗水, 吸附在钢毛上的磁性矿粒被冲洗干净, 由下部排矿阀排出。完成上述过程称为一个工作周期, 完成一个周期后即可开始下一周期的工作。整个机组的工作可以自动按程序进行，操作时完成一个周期需 10~15min。

4.4.1.5　应用实例和指标

从高岭土中脱除铁杂质（如赤铁矿颗粒）是该机应用的突出例子。美国生产高岭土产品中很大部分是经过高梯度处理的，英国、德国、捷克和波兰等国的高岭土洗矿也采用这种磁分离新技术。在我国高岭土处理中也得到普遍的应用，如我国某矿采用 2JG-200-400-2T 周期式高梯度磁选机处理高岭土，得到指标如下：原矿含 Fe_2O_3 2.6% 左右，经一次磁分离获得产率为 80%~90%、含 Fe_2O_3 为 0.2%~0.63% 的泥精矿，达到国家一级标准。

应用高梯度磁选，处理净化钢厂废水，用磁种处理市区污水和工业废水，黑钨、钽铌等矿的分离均有较好的效果和远景。

4.4.2　连续式高梯度磁选机

Sala-HGMS 转环式高梯度磁选机是连续式高梯度磁选机的代表之一。这种磁选机是在周期式高梯度磁选机的基础上发展的，它的磁体结构和工作特点与周期式的相似。但主要是提高了磁体的负载周期率，负载周期率是给矿时间除以一周期的总时间。显然周期式设备的负载周期率随加工物料中磁性成分含量的不同而不同，处理高岭土和废水的负载周期率在 90% 以上，分选铁矿时负载周期率小于 50%。负载周期率越低，磁体的利用率也就越低，而连续式设备的负载周期率为 100%。由于连续式磁体的投资比周期式磁体高几倍，因此一般负载周期率低于 50%，磁性物料含量低于 2% 时，可采用周期式设备，否则就应选用连续式设备。

4.4.2.1　设备结构

萨拉（Sala）型连续式高梯度磁选机的结构如图 4-26 所示。它主要由分选环、马鞍形螺线管线圈（磁体）、铠装螺线管线圈铁壳和介质箱等部分组成。

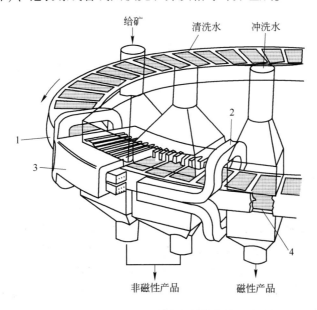

图 4-26　Sala-HGMS 连续式高梯度转环磁选机
1—旋转分选环；2—马鞍形螺线管线圈；3—铠装螺线管铁壳；4—分选室

分选即为一转环，它由非磁性材料制成。环内分成若干分选室，分选室内装钢毛或钢板网作为分选介质。转环的上、下端有一种独特的密封装置，这种装置可控制液面并使钢毛淹没在矿浆中，得到与周期式设备相同的分选效果。分选环的直径、宽度、高度有各种不同的规格，目前分选环的最大直径为10m。

磁系（磁体）——马鞍形螺线管磁体是区分于常规湿式强磁选机的主要部分，它由上下对称的马鞍形螺线管线圈组成。图4-27所示为其断面结构示意图，这种磁体是用一对两端翘起的螺线管线圈，相对装在马鞍形铁壳腔内组成磁极，分选环穿过该磁极的空腔旋转。磁场方向与矿流平行，分选介质的轴向与磁场方向垂直，因而钢毛上下表面上的磁力最大，流体阻力最小，容易将磁性矿粒捕集在钢毛上、下表面上。马鞍形螺旋管线圈一般采用空心铜管线绕成，通以低电压、高电流，水冷降温。该机的技术特性见表4-17。

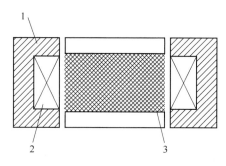

图4-27　螺线管电磁体示意图

1—铁铠回路框架；2—磁体螺线管线图；3—磁介质

表 4-17　Sala 型转环高梯度磁选机的技术特性

转环直径/m	磁极头数/个	磁场强度/kA·m⁻¹	生产能力/t·h⁻¹	直流功率/kW	外形尺寸/mm×mm×mm
2.1	1	1600	5~60	400（最大）	2.75×2.75×2.3
5.0	3	1600	120~180		
7.5	4	1600	400~800		
10.0	6	1600	770~1800		

4.4.2.2　分选过程

矿浆从上部给入，通过槽孔进入分选区，非磁性矿粒随矿浆流穿过介质的缝隙，从非磁性产品槽中排出。捕集在介质上的磁性矿粒随分选环运转到清洗区域，清洗出被夹杂的非磁性矿粒，然后离开磁化区域，到达磁场基本为零的冲洗区域被冲洗下来成为精矿。

4.4.2.3　应用

目前连续式高梯度磁选机仍处于工业试验中，试验结果表明，这种设备可用于大规模工业矿物加工。例如，巴西某铁矿，处理 Jones 机给矿的水力旋流器脱泥溢流（-30μm），当时无法处理，只作堆存。之后采用两台 Sala 型高梯度环式磁选机，就能获得含铁为60%~67%、回收率为63%~71%的铁精矿。又如，某厂用该机处理原矿含铁52%，不脱泥用一次开路磁选，获得含铁68%、回收率达98%的铁精矿。

若用 Jones 机处理，就必须脱泥，而且有中矿返回，获得的产品含铁68%、回收率约为95%。在处理细粒氧化铁燧岩，若硅石中不含微粒磁铁矿包裹体，那么磁石与赤铁矿的磁化系数相近，单用高梯度磁选能获得最终精矿。若用高梯度作第一段粗选，当原矿含铁38.7%时，获得含铁46%、回收率98%左右的粗精矿，再用反浮选，这就可以减少大量的药剂用量。用高梯度技术处理氧化铁矿，经济效益是高的。据统计，高梯度磁选的基建投资为常规磁选的74%左右，生产费用为常规磁选的80%。

我国目前已生产 CHG-10 型（分选环直径 1m）和 LG-1700 型（分选环直径 1.68m）两种连续式高梯度磁选机，前者对碳酸锰原泥和尾泥、赤铁矿、钨矿进行了试验，均取得较好的效果；后者处理某铁矿旋流器的溢流，采用一粗一扫流程，取得含铁为 52% ~ 53%、回收率70%的可喜指标。

该机用于降低煤中的灰分和含硫量也是成功的。如对（−20+200 目）的煤作试验，去掉大部分灰分，回收率超过90%。在煤中湿法脱硫，煤是反磁性物质，其比磁化系数在 $(0.42 ~ 0.77) \times 10^{-6} cm^3/g$，煤中其他硫化物和灰分的比磁化系数见表4-18。

表4-18 煤中杂质矿物的比磁化系数

矿物	黄铁或白铁矿粉	菱铁矿	褐铁矿	硫酸亚铁	硫酸高铁		方解石	石灰石	黏土	页岩	砂岩	$CaSO_4$, $Al_2(SO_4)_3$, $MgSO_4$
化学式	FeS_2	$FeCO_3$	$2Fe_2O_3 \cdot 7H_2O$	$FeSO_4$	$FeSO_4 \cdot 7H_2O$	$Fe_2(SO_4)_3$	$CaCO_3$					均含 S
比磁化系数 $X/cm^3 \cdot g^{-1}$	4.53 ~ 120	331.5	57.0	74.2	41.5	67.3	0.75	3.8	20.0	39 ~ 45	15 ~ 20	-0.36 ~ 0.55

从表4-18可知，煤中硫的赋存形式：一种是含硫矿物，可用物理方法除去；另一种是有机硫，只能用化学方法除去。用高梯度多段脱硫率（浓度约30%）达 18.8% ~ 44.8%，对无机硫脱硫率最高可达85%，采用这种方法脱硫比其他方法成本低。

该机在铜-钼分离中，获得较好的效果。黄铜矿、黄铁矿以及很多脉石矿物是顺磁性，辉钼矿却是反磁性，因此，在高梯度磁选机中可将辉钼矿与其他矿物分离。其方法是：在低磁场中获得非磁性产品，经浓缩后用高场强进行二次磁选，能获得较好的指标。这比其他方法经济，也没有污染问题。

该机在长石-石英浮选给矿除杂中，获得较好的效果，也没有堵塞现象，而用常规磁选机堵塞现象严重。铜-镍浮选尾矿中产生斜长石，斜长石含 Al_2O_3 29%，因在美国铝资源很少，用一台转环直径为 10m 的 Sala 高梯度磁选机，处理浮尾能力 770t/h，原矿（浮尾）含 Al_2O_3 19%，Fe_2O_3 8.3%，采用一次开路磁选，获得 Al_2O_3 含量大于28%、回收率82%的精矿。

高梯度技术有着十分广泛的用途，综合如下：

（1）在选矿方面：可用于分离铁、钛、钨、锡、钼、铜、钽等多金属矿物。对氧化铁矿分离，高梯度是最有希望的领域。用于高岭土、滑石、石墨、云母、石英、长石、方解石、萤石、型砂以及含 S、As、Bi 等非金属矿物的提纯，也有着重大的意义。

（2）在环境保护方面：目前世界上很多国家研究应用磁滤机处理工业和生活污水，从中除去100%的大肠杆菌、90%～99%的其他细菌和95%的病毒；除去磁性和非磁性污染物，除去水中的重金属离子，除去乳化的油污、染色剂等污染物。脱去磁性污物比较简单容易，脱除无磁性细污物，则需添加某些磁种絮凝剂。总之，高梯度磁选是一种有前途的方法。

（3）其他方面：用高梯度技术分离血中的血红素对细胞无损害，此外还可用于分离酵素。

*4.4.3 φ600mm×255mm 磁滤式强磁选机

φ600mm×255mm 磁滤式强磁选机是为综合回收多金属中细粒红铁矿由某厂研制出来的，在磁-浮选生产中取得了很好的效果，并与开路磁系 CYT 永磁复力式磁选机相互搭配，对鞍山式赤铁矿的选别具有实际意义。

4.4.3.1 设备结构及其特性

图4-28 中的磁系由内外叠加磁系组成闭合磁路，转环内充填网状介质切割磁力线旋转构成磁滤选别系统，转环由不导磁材料等分成 20 格，另有给矿管、清洗管和冲洗精矿管道，以及精矿、尾矿槽等部件所组成。

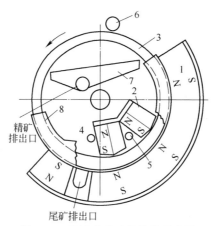

图 4-28 磁滤式磁选机结构示意图

1—外磁系；2—内磁系；3—转笼；4—给矿管；5—清洗水管；
6—冲水管；7—精矿槽；8—尾矿槽

该机的磁系吸收萨拉高梯度磁选机的优点，采用垂直于磁力线的叠加网状磁介质构成高梯度。据计算，网丝的直径与被选物料粒度间的匹配关系为 2～4 倍，介质的排列大致有五种。如图4-29 所示，其中以第 1、第 2 类排列形式为最好，第 3、第 4 类形式次之，第 5 类最差。因为它相当于缩小了孔径，易引起堵塞，但实际上这几种情况可能同时存在。故该机给矿必须尽可能除去强磁性物料。

该机系由永磁块叠加，N、S 相间排列组装成半圆形磁系，对极表面磁场强度为 240～320kA/m，其余部分是 160kA/m。但是在介质内部的磁场强度和磁场梯度都很高，因而有足够大的磁场力来捕集弱磁性细物料。

4.4.3.2 分选原理及分选过程

磁滤式强磁选机是利用铁矿物的密度比脉石大、磁性又较脉石强的特点，在转环内壁

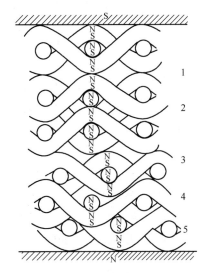

图 4-29 同种筛网不同排列的几种情况

1—规律松散排列；2—规律紧密排列；3—错位 1/3 松散排列；

4—错位 1/3 紧密排列；5—错位 1/2 紧密排列

有磁力和重力的联合作用，使矿粒的运动规律和分选原理基本类似卧式离心机，也属曲面流膜选矿，如图 4-30 所示。

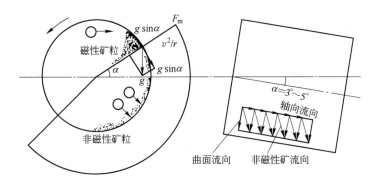

图 4-30 矿粒运动规律和受力分析示意图

在选别过程中，磁性矿粒受到磁力、重力、离心力的方向基本相同，这就明显地比在圆筒外选矿需要的磁力小，而获得的回收率高。但当矿粒超过水平线运动时，矿粒的重力与磁力成 α 角，一般 α 为 35°时就开始卸精矿，磁性矿粒在圆环内壁保持平衡（吸住磁性矿粒），只需满足以下条件：

$$F_{\mathrm{m}} + \frac{v^2}{R} \geq g\left(\frac{g\sin\alpha}{\tan\varphi} - \cos\alpha\right) \tag{4-4}$$

式中　　F_{m}——磁力；

$\dfrac{v^2}{R}$——离心力；

g——重力加速度；

φ——摩擦角；

α——脱落角。

由于沿磁力线方向网丝介质或交点处磁力最强，网孔中间隙磁力最弱，磁性强的矿粒优先被网丝捕获，非磁性矿粒经网孔隙流至尾矿，而磁性较弱或粒度更细的矿粒，则根据捕获面积的剩余，或捕收，或流入尾矿。因此，选矿的回收率除了取决于矿石磁性、磁场强度和梯度，以及清洗水流速外，磁介质的表面大小与被捕收矿粒表面积之比值有着重要关系，一般这个比值大则回收率高，反之则小。

4.4.3.3　特点及应用

(1) 磁滤机是一种永磁场高梯度强磁选机。在对极间内的介质上形成高磁场高梯度，捕获面积大，计算结果表明：用24目的网介质，充填率只有8.8%，而同体积 $\phi 10mm$ 的钢球充填率约为63%。又出于在选别过程中发生频繁的磁搅动，因而精矿质量和回收率一般比圆筒磁选机高15%～20%。实践证明，该机对弱磁性矿物，特别是扫选作业具有重要意义。

(2) 磁系由永磁块叠加而成复力式磁系。它具有极数多、梯度大、重力与离心力方向一致等特点，因而选别结果好，并有质量轻、投资少、节省电、易工业化等优点。

(3) 该机对多金属和含有稀有金属矿床类型矿石中选别红铁矿效果很好。如对多金属共生的细粒红铁矿采用磁选-浮选联合流程，选出含铁50%、回收率90%的铁精矿，浮选的负荷约减去一半。对含萤石型稀土矿分别进行对原矿和浮选尾矿选别，前者获得含铁55.7%、回收率92.4%的铁精矿，后者获得含铁59.6%、回收率86.9%的铁精矿。由此可知，该机对选细粒赤铁矿、红铁矿具有较高的技术指标和经济效益。

4.5　超导磁选设备

4.5.1　概述

超导磁选机是把超导电技术上的超导磁体移植到强磁选机上，以代替常规磁体，从而产生很高的磁场强度。超导电技术是固体物理中一个很活跃的分支，其发展历史仅有六十多年，而作为一门新技术应用于各个领域是20世纪60年代以后的事情。目前超导电最大量最有效的应用是超导磁体。使用超导磁体制造高梯度磁分离装置，是20世纪70年代发展起来的一个很有前途的领域。随着超导电技术在磁选机中的应用和推广，必将引起磁选的巨大变革。

超导磁体磁选机的技术性能，是传统磁体磁选机无法比拟的。其主要优点为：

(1) 磁场强度高：永久磁铁两极的磁场，可达320～560kA/m。常规电磁体可以通过增加电流，突破这一限度。但由于铜、铁的电阻和磁滞而产生热耗需要进行冷却，要获得更高的磁场也受到了限制，通常可达720～1600kA/m。而利用超导磁体所产生的磁场强度，每米可由几百到上千千安。

(2) 能量消耗低：一个每米上千千安的常规磁体，磁体本身供电量可达1600kW，几乎相当于一座十万人口的城市照明用电。此外，还需约4500L/min的冷却水。如磁场再提高，电耗和冷却水还要剧增。对超导磁体来说，一个每米上千千安的超导磁体，只需几百瓦的功率就够了，既不损耗多少能量，也不需要庞大的供水设备。

（3）超导磁体质量轻、体积小：由于超导体的电流密度（$10^5 A/cm^2$）比普通铜线的电流密度（$10^2 A/cm^2$）高很多倍，所以超导磁体不仅磁场强度高，而且十分轻便。一个4000kA/m的常规磁体其质量可达20t，而超导磁体仅只有几千克，轻重悬殊几千倍。

此外，超导磁体的稳定性好，均匀度高，还具有可以获得常规磁体无法达到的高磁场梯度等优点。

4.5.2 超导体的基本概念

20世纪初（1911年），莱顿大学物理学家奥湼斯（H. K. Onnes）在实验中测量低温下水银的电阻时发现：在4.15K时，电阻突然全部消失。这种奇异的现象，引起人们极大的注意。到1913年证明这一偶然的发现是确实有的。人们把这种电阻突然消失的零电阻现象，称为超导电性，把具有超导电性的物体称为超导体；把物体所处的这种状态称为超导态。超导体和正常金属导体的电阻和温度的关系如图4-31所示。

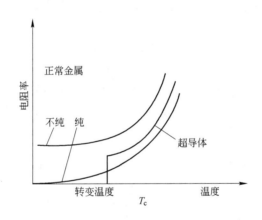

图4-31 超导体的电阻在转变点完全消失

超导电状态不能存在于临界温度 T_c 以上。超导体达到转变温度 T_c 后，电阻突然转变为零，此时便进入超导态；而一般金属则不然，它们和温度的关系没有突变发生，是呈圆滑曲线。处于超导状态的超导体，具有以下基本特性。

4.5.2.1 理想导电性（零电阻特性）

理想导电性，只是对直流而言，在交流（电磁波）的情况下，超导体就不再具有零电阻（即完全导电性），而出现了交流损耗。一般说来频率越高，超导体的交流损耗也就越大。超导体是否具有直流电阻，到目前为止，还没有任何证据。但是，近年来根据超导重力仪的观测表明，超导体即使有电阻，其电阻率也是异常的小，其值小于 $10^{-25}\Omega/cm$；和良导体铜在4.2K时的电阻率 $10^{-9}\Omega/cm$ 相比，它们的电阻率相差 10^{16} 倍。因此，我们可以认为超导体处于超导态时的直流电阻为零。

超导体处于超导态时对直流没有电阻，就没有热损耗，因而一旦回路中激起电流后，电流就持续不变，成为永不衰减的持久电流。图4-32为外磁场撤销后的持久电流。

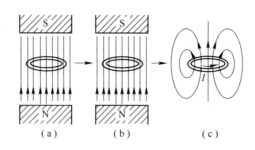

图 4-32   持久电流实验

（a）$T>T_c$ 在超导圆环上施加磁场；（b）$T<T_c$ 环转变为超导态；

（c）突然撤去外磁场，超导圆环内产生持续电流

4.5.2.2   完全抗磁性

完全抗磁性常称迈斯纳效应，这一特性是荷兰物理学家迈斯纳（Meissner）和奥森菲尔德（Ocenfeld）于 1933 年发现的，故称为迈斯纳效应。

超导体进入超导态的完全抗磁效应，可用一个超导体做成的实心小球来说明；如图 4-33 所示。当小球处于正常状态时（$T>T_c$），将其放入磁场，这时磁力线均匀穿过小球，如图 4-33（a）所示。降低温度，当 $T<T_c$ 时，小球进入了超导状态，这时磁力线完全被排出，球内磁场变为零，如图 4-33（c）所示。当球进入超导态时所产生的完全抗磁性，是由于所产生的抗磁电流所致，如图 4-33（b）中的虚线所示。这个抗磁电流起着屏蔽磁场的作用，使磁场不能进入超导体内部，抗磁电流的磁场方向与外磁场方向相反，大小相等。这种电流在磁场中持续存在下去，是一种永久电流。

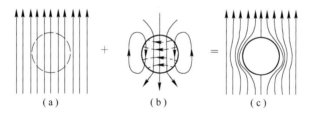

图 4-33   完全抗磁效应示意图

（a）磁力线均匀穿过小球；（b）完全抗磁性；（c）$T<T_c$ 球内磁场为零

4.5.2.3   超导体的临界参数

超导态的存在是有特定条件的，只有在这种特定条件下，超导体才能由正常态转变为超导态。这些特定条件我们称之为临界参数，主要有临界温度 T_c、临界磁场 H_c 和临界电流 I_c，三者互为因果。

临界温度（T_c）：各种超导材料有各自的临界温度。只有当其温度降低到临界温度时，即 $T<T_c$，才能由正常态转变为超导态。例如铌（Nb）的临界温度为 $T_c=9.2K$，铌-钛合金的临界温度为 $T_c=18.2K$，钒三镓（V_3Ga）的临界温度为 $T_c=16.8K$。其临界温度越高，使用价值越大。1973 年国外发现临界温度最高的超导材料是铌三锗（Nb_3Ge），其 $T_c=23.4K$。我国在超导材料的研制上，已跨入了国际领先地位。低温超导体一般需要工作在

液氮温区甚至更低的温度，常见的低温超导体有铝（Al）、铌（Nb）、铌三锡（Nb₃Sn）、氮化铌（NbN）等。随着铜氧化物超导体和铁基超导体的发现，超导转变温度在液氮温区的高温超导体受到了广泛的关注。

临界磁场强度（H_c）：超导态可以用一个超过一定值的外磁场来破坏，使其变为正常态，这一定值的外磁场称为临界磁场 H_c。对一定物质来说临界磁场的大小只和温度有关，温度越低，临界磁场越高。图4-34 示出了两者之间的关系。

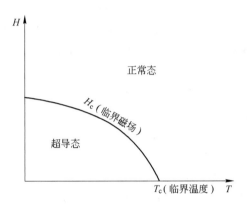

图4-34 超导体临界磁场和温度的关系

临界电流（I_c）：不仅外加磁场能够破坏超导态，而且通过超导体的电流达到一定值时也能破坏超导态，这时的电流称为临界电流 I_c。这是由于当电流超过一定值时，电流产生的磁场达到了 H_c 的缘故。

由于上述原因，超导态只存在于图4-35 所示的曲面以内。曲面外为正常态，曲面则为临界面。

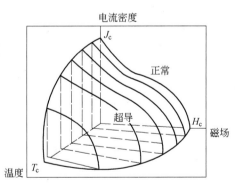

图4-35 超导态和正常态的分布界面

超导电性的物理本质，在 1957 年由三位美国物理学家巴丁（Bardeen）、库柏（Cooper）和施里弗（Schrieffer）从量子力学的观点出发成功地阐明了超导电现象。这一理论取三人名字的首字母缩写，称为 BCS 微观理论，其要点是：当超导体处于超导态时，电子运动由杂乱到有序。伴随着这一现象而有能量的降低，电子双双组成了电子对，称为库柏电子对。电子对的总动量为零。它们和晶格实际上没有能量交换，不被晶格振动而散射。电流的流动不会发生变化，没有电荷的加速运动，因此没有电阻，这就是产生超导电性的原因。1962 年英国年轻的研究生约瑟夫逊（Josephson）根据这一理论预言：两块超导体之间夹一层绝缘薄膜，由于量子力学的隧道效应，电子对能通过这个绝缘层。这一预言第二年就被证实，从而充分证明了这一微观理论的正确性。

*4.5.3　超导材料

目前已发现了几十种超导元素、几千种超导合金和化合物，但是能产生强磁场和能承载强电流的实用超导材料并不多。因为作为强磁场超导磁体的超导材料必须具备以下几个条件：尽可能高的临界温度 T_c，尽可能高的临界磁场强度 H_c 和临界电流值 I_c，以及易加工成带材和线材，同时成本不应很高。经过几十年的探索，已发现的超导材料可分为两大类。

4.5.3.1　超导元素

目前已发现的超导元素，周期表中（见表 4-19）黑框内的为超导元素，元素名称下面的数字为该元素的临界温度 T_c。由表 4-19 中可以看到，铁、钴、镍等强磁性金属和铜等金属良导体都不是超导元素，而一些导电性差的金属，如铌、锆、钛等都是超导元素。在超导元素中，以铌的临界温度最高（9.2K）。

表 4-19 中的超导元素可分为过渡元素（Be、Ti、Zr、Hf、V、Nb、Ta、Pa、Mo、W、Tc、Re、Ru、Os）和非过渡元素（Zn、Cd、Hg、Al、Ga、In、Tl、Sn、Pb）两大类。前者质硬称为硬超导体，后者质软称为软超导体。单质超导金属受加工影响并具有磁滞效应，不宜用作超导材料。而超导元素形成的合金和化合物，多半是超导体。

表 4-19　超导元素在元素周期表中的分布

注：1. 黑框内为超导元素，元素名称下面的数字为该元素的临界温度 T_c（K）；

　　2. 元素名称后面加 * 的是人造元素。

4.5.3.2 超导合金和超导化合物

超导合金和超导化合物目前已广泛使用。一些超导合金和超导化合物的临界参数列于表4-20中。

表4-20 一些超导合金和超导化合物临界参数值

材料名称	临界磁场 H_c（T在4.2K时）	临界温度 T_c/K	临界电流 I_c（在4.2K，5T时）/A·cm^{-2}
铌-锆（Nb-Zr）	7~9	9~10	0.7×10^5
铌-钛（Nb-Ti）	9~12	8~10	1.5×10^5
V_3Ga	>22	14.5	4×10^5（在3T时）
NbN	>21	17~19	
V_3Si	23.5	17.0	
Nb_3Sn	22.5	18.3	
$Nb_{3.76}(Al_{0.76}Ge_{0.27})$	41	20.7	

一般说来，合金系超导材料比化合物系超导材料的 H_c、I_c 低，但塑性好，易于加工。到目前为止，所有超导材料都必须在很低的温度下工作，这就限制了它的应用范围。因此，如何提高超导体的临界温度，特别是能使其在液氮温区，甚至在室温下工作，则是一个十分重要的课题。

*4.5.4 低温过程的实现

低温是获得超导电性的前提。物理学上的低温通常是指液态空气温度，即81K，也就是-192℃以下。-273℃是绝对零度，称为低温极限。根据热力学第三定律，绝对零度是不可能达到的，也就是不可能使物体没有热运动；因为物体冷到零度，就没有运动了。但随着科学技术的发展，可以无限趋向-273℃，目前已经得到的最低温度为 3×10^{-7}K。

为了实现低温，必须液化气体。在 1atm(101325Pa) 下液化的空气、氢气和氦气的温度分别为-192℃、-253℃和-269℃。冷却液化的基本原理是基于热力学第一定律和第二定律。实现的方法有几种，下面以焦耳-汤姆逊效应（Joule-Thomson effect）为例做简略说明。

该效应是非理想气体节流膨胀时的冷却效应，即高压气体使其突然通过节流阀（一个小孔或几个小孔的塞子）使其压力降低，就变为低温液态气体。要使气体转换降温，必须使气体冷却至某一温度以下，否则不但不能降温，反而温度会增加。这一冷却温度，称为转换温度。每种气体都有自己的转换温度。在 150atm(15MPa) 下，氢气和氦气的转换温度分别为190K和40K，空气和其他气体的转换温度均高于室温，因此液化空气不需要预冷剂。液化氢气用液态空气作预冷剂，液化氦气要用液态氢气作预冷剂，可见要得到液氦就先要有液态空气和液氢。

下面是液化氦气的一个例子，如图4-36所示。氦气经压气机加压，然后通过冷却器，冷却器中有冷水循环，使高压氦气降到室温。从冷却器流出后，经螺形管，该管有内外两层，高压气体经内层到节流阀，突然膨胀发生焦耳-汤姆逊效应，温度显著降低，低温氦气，再经螺形管外层向上流动，返回到压气机。在螺形管中形成一个温度梯度，下面很冷，上面与室温相近。当高压氮气第二次进入螺形管向下流动时，由于管内的温度梯度，其温度逐渐下降，到节流阀时，温度已较低，直到这里的温度达到氮气液化温度（77K），氮气就在此液化并流入下面的容器。

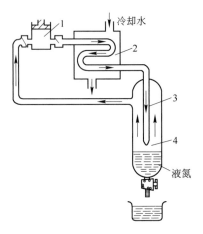

图 4-36　氮的液化示意图
1—压气机；2—冷却器；3—螺形管；4—节流阀

得到液化氮后，再妥善保存，否则就会很快蒸发掉，保存的办法是置于专门制造的杜瓦容器中，这种容器保温原理和保温瓶相似，在此省略。

*4.5.5　超导磁选机

超导磁选机和常规磁选机的主要区别是用超导磁体代替了传统磁体，它具有磁场强度高、能量消耗低、质量轻、体积小、单位机重处理量大等优点，所以超导磁选机在技术上是一种先进设备。其缺点是超导磁选机需要稀贵的超导材料和专门的制冷设备，所以其制造成本高。但是随着超导材料和制冷技术的发展，超导磁选机必定会进一步改进，广泛应用于磁选。

自 1970 年美国班尼斯特（Bannister）超导磁选机问世以来，经过多年的研制，现在已经出现了几种不同类型的超导磁选机，用于试验室或半工业试验。以下仅介绍几种。

4.5.5.1　班尼斯特（Bannister）超导磁选机

班尼斯特超导磁选机是 1970 年取得美国专利的超导磁选机，其磁路结构与鼓式磁选机相似，如图 4-37 所示。其核心部分是扇形超导磁极板，扇形板内装有 216 个用铌三锡（Nb_3Sn）超导带绕成的饼状线圈，以交替方式连接成一个磁体，从而造成磁场梯度。液氮由压缩机经管子给入，已气化氮气再通入压缩机液化。线圈有两根引线和电源连接，供线圈励磁之用。磁极外面套分选鼓。当某一部分转到磁极板所在位置时，磁性矿物被吸在鼓壁上，非磁性部分落下。当转鼓离开磁极时，磁性矿物被冲走，从而达到分选的目的。磁场强度可达 2800kA/m。其主要技术指标为：

磁极板两侧矿浆通过宽度：2.45mm

磁极板面积：2.33m²

超导线圈匝数：216 匝

矿浆给入速度：1.5m/s

估计精矿产量（回收率60%）：27t/h

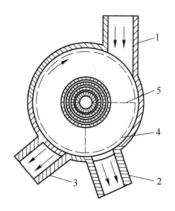

图4-37 班尼斯特超导磁选机的结构示意图

1—给矿；2—尾矿；3—精矿；4—分选鼓；5—超导磁体

4.5.5.2 螺线管堆超导磁选机

螺线管堆超导磁选机是由德国科·舒纳特（K. Schcnert）等人设计的。它由数个螺线管组成，无充填介质，其结构如图4-38所示。

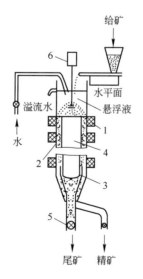

图4-38 螺线管堆超导磁选机的结构示意图

1—超导线圈；2—分选区；3—分隔板；4—分选区限制器；

5—阀门；6—搅拌器

该机沿轴向排列由10个短而厚的螺线管组成，彼此间有一定的间隔，间距等于其长度。激磁电流的方向要使线圈磁场的极性相反，线圈产生一个径向对称的不均匀磁场和方向向外的径向磁力。磁力在线圈附近最强，在轴线处为零。电流密度为30000A/cm，磁场强度为 1200 ~ 2000kA/m(1.5 ~ 2.5T)。环状分选器直径 110mm，长为 700mm。

分选过程是：入选物料通过磁选机轴向流入一个具有环状断面的空心圆柱状容器（分选器），磁性较强的矿粒在容器壁附近富集。在容器末端，矿浆被一分流板分成两部分，靠近外部的为精矿，里面为尾矿。

对菱铁矿和石英混合物料的分选表明：分选粒度 0.1 ~ 0.2mm，回收率 87% ~ 97%，处理量 650 ~ 3000kg/h。影响分选效果的主要因素有给料中磁性矿物的含量、颗粒的大小和分布、悬浮体的浓度及平均流速、分选器横断面面积比等。其主要问题是分选区外壁有磁性矿粒沉积，影响分选效果。可采用振动分选槽的方法来消除。

该机具有较大的分选空间，增大了处理能力。其线圈用铌-钛合金超导线绕制。如采用铌三锡超导材料，将能产生高出 4 倍的磁力，能处理磁性更弱的物料。这种磁选机，在美国已有实验室型的商品生产。

4.5.5.3 科恩-古德（Cohen-Good）超导磁选机

科恩-古德超导磁选机由英国人科恩-古德设计，目前已有 MK-1、MK-2、MK-3 和 MK-4 四个型号。对多种物料作了试验，取得良好效果，已接近工业试验。下面就 MK-1 作简略介绍。

该机主要由磁体和内外分选管组成，如图 4-39 和图 4-40 所示。磁体由 4 个超导线圈组成，以圆柱对称形装配如图 4-41 所示。线圈用铜基 61 股单丝、直径 0.6mm 的铌-钛合金线绕制；每个线圈 1850 匝，绕制后压制成型。为了约束导线间的巨大磁力，整个磁体用玻璃丝加固，并用环氧树脂在真空中浸渍，以得到高机械强度和通电良好的刚体结构。磁体高 300mm，内径 140mm，外径 195mm。

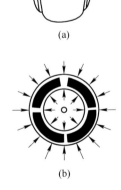

(a)

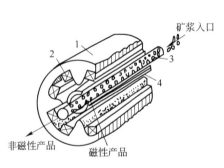

(b)

图 4-39　MK-1 型超导磁选机外形　　　图 4-40　四极头超导磁选机磁体的结构示意图

1—磁体；2—超导线圈；3—内管；4—外管　　（a）四极头线圈简要几何图形；（b）横断面图

由于四极头的环形排列，形成了圆柱状的对称磁场。圆柱体轴线上的磁场强度为零。

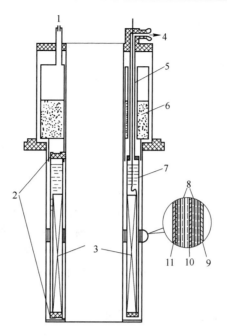

图 4-41　磁体结构剖面图

1—液氦进出口；2—支撑隔板；3—超导磁体；4—液氮进出口；5—电流引入线；6—液氮；7—液氦；
8—铝化塑料薄膜做的超级绝热材料；9—低温容器外壁；10—80K 的热屏蔽板；11—液氦储槽壁

磁力方向从磁体轴心向外散射，从低温容器外部向内集中。

磁体密封在低温容器中，低温容器主要由内外杜瓦瓶、液氦槽等组成，如图 4-41 所示。其作用是将超导磁体冷却到临界温度以下，保证超导态不被破坏。超导线圈浸在 4.2K 的液氦中，磁体和低温容器外壁之间的狭窄空间要有良好的热绝缘。液氮（77K）制冷容器放在低温容器上部，保证外面热量不进入液氦槽中，气化的氦气和氮气可分别从上面的排气口排出。MK-1 型超导磁选机没有氮气和氦气回收装置，蒸发的制冷剂都跑掉了，因此每充一次液氮和液氦，只能进行 6～7h 的试验。

分选管由内、外两层管组成。内分选管壁开了许多小孔，便于磁性矿粒在磁力作用下通过小孔进入外分选管，外分选管的作用是运输磁性矿物。

分选过程是：首先使磁体冷却到临界温度以下，然后接通超导线圈可调的直流电源。正常运行后，线圈用超导环路闭合开关构成回路，切断电源，电流在回路中持续流动，产生所需的磁场。然后将矿浆给入分选管，磁性矿粒在磁力作用下通过内分选管壁上的小孔进入外分选管，被水流带到磁场外面成为精矿。非磁性部分从内分选管末端排出，成为尾矿。

该磁选机用于铬铁矿，钨、锰铁矿和赤铁矿的分选。对铬铁矿和石英的混合试料进行分离试验时，当给矿中铬铁矿含量为 25% 时，可获得 98.6% 的铬精矿，回收率为 86.2%。该设备对于 30μm 以上的磁性矿粒回收效果好，回收更细的矿粒，需要更高的磁场。

─────── **本 章 小 结** ───────

现在对于强磁性矿物的磁性及其与磁场的相互作用已有较完整的理论。但是，由于弱磁性矿物的磁性要比强磁性矿物的磁性小 1~3 个数量级，它们的磁化强度与磁化它们的磁场强度成正比，其磁化系数是一个常数，在目前的条件下达不到饱和值，选矿的难度也较大。为了有效地分选弱磁性矿物，常常需要采用很强的磁场强度和大的磁场力，比选强磁性矿物的弱磁场磁选机高 1~2 个数量级。

为了产生很高的磁场强度和磁场力，目前所有的强磁选机都毫无例外地采用闭合磁系，有的在两原磁极之间，放置导磁系数大的感应介质。在这种磁系中，空气隙小、磁力线通过空气的路程短，磁路中的磁阻小、漏磁损失也较小，因而在分选空间能获得较大的磁场强度和磁场力。闭合磁系的磁路中磁阻小，它的磁通通过空气隙中的磁路短，大部分通过两极间的感应铁磁介质闭合。在两磁极对之间常放置具有特殊形状的磁介质，如有带齿的圆盘和圆辊，带齿的平板、圆球、细丝以及各种形状的格网等。这些磁介质在磁极对之间磁化，聚集磁通，因而磁路中的磁阻小。磁场梯度和磁场强度大、漏磁小、磁源利用较为充分，导致工作空间的磁场力和分选面积增大，适合制造分选弱磁性矿物的磁选设备。强磁场磁选机必须具有一个高的磁场强度和高的磁场梯度，为了满足这一要求，必定选择一个合理的磁路形式。

强磁场磁选设备的种类较多，本章就目前在生产上有应用的设备都一一作了详细介绍。强磁场磁选设备的介绍是按照设备构造和分类、磁系结构、磁场特性、选分过程及其应用情况来阐述的。干式强磁选机是最早的工业型强磁选机，迄今干式圆盘磁选机和感应辊式磁选机仍然广泛应用于分选黑钨矿、锰矿、海滨砂矿、锡矿、玻璃砂矿和磷酸锰矿等，并取得较好较稳定的指标。湿式强磁选机的类型很多，特别是 20 世纪 60 年代以来，为了解决细粒弱磁性矿物分选或除杂等问题，湿式强磁选机成了国内外磁选领域中的重要研究课题，在种类繁多的湿式强磁选机中，常用的有琼斯式、斯隆式、萨拉等强磁选机。20 世纪 70 年代后期研制的高梯度磁选机，对微细低品位弱磁性矿物分离、非金属矿物的提纯又有新的突破，而且应用范围已超出了选矿领域，高梯度技术得到广泛的应用和重视。

复习思考题

4-1　闭合磁系中单层磁介质与多层磁介质的磁场各有什么特点？

4-2　为什么说钢球作磁介质磁能利用少？

4-3　细丝钢毛组成的磁场为什么梯度很高？

4-4　钢毛与被选矿粒之间的匹配关系是指什么？

4-5　磁路中的漏磁与哪些因素有关？

4-6　试比较干式圆盘和感应辊式磁选机构造上的异同。

4-7　SHP 型强磁选机结构特点是什么，为什么说它的介质比球介质好？

4-8　高梯度磁选机有哪些种类，它的特点是什么？

4-9　SLon 立环脉动高梯度磁选机的结构与工作原理是什么？

5 电选的基本理论

5.1 电选的方式和基本条件

电选是利用自然界各种矿物和物料电性质的差异而使之分选的方法。例如，常见矿物中的磁铁矿、钛铁矿、锡石、自然金等，其导电性都比较好；石英、锆英石、长石、方解石、白钨矿以及硅酸盐类矿物，则导电性很差，从而可以利用它们电性质的不同，用电选分开。

图 5-1 所示为鼓筒式高压电选机简图。转鼓接地，鼓筒旁边为通以高压直流负电的尖削电极，此电极对着鼓面放电而产生电晕电场。矿物经给矿斗落到鼓面而进入电晕电场时，由于空间带有电荷，此时不论导体和非导体矿物均能获得负电荷（如果电极为正电，则矿粒带正电荷）。但由于两者电性质不同，导体矿粒获得的电荷立即传走（经鼓筒至接地线），并受到鼓筒转动所产生的离心力及重力分力的作用，在鼓筒的前方落下；非导体矿粒则不同，由于其导电性很差，所获电荷不能立即传走，甚至较长时间也不能传走，吸附于鼓筒面上而被带到后方，然后用毛刷强制刷下而落到矿斗中，两者的轨迹显然不同，故能使之分开。

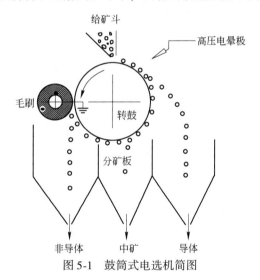

图 5-1 鼓筒式电选机简图

从上述情况可知，实现电选，首先是涉及矿物电性质和高压电场的问题，还与机械力的作用有关。

对导体矿粒而言 $\qquad \Sigma f_{机} > f_{电}$

对非导体矿粒而言 $\qquad f_{电} > \Sigma f_{机}$

本章的重点是研究和讨论矿物的电性质和如何产生适合的高压电场，能使各种矿物分开。

电选在工业上的应用始于 1908 年，此后有相当长一段时期并无多大进展，但在 20 世纪 70 年代后，有了新的发展。电选的研究也日益引起人们的重视，电选理论从一般的定性研究转向定量的研究。在设备方面除继续研制新型电选机外，特别重视研制适于处理细粒的有效新设备，并对原有各种电选设备不断地进行改进，以提高效率和处理能力。目前电选机的单台生产能力已达到 30 ~ 50t/h，比过去有了很大的提高。

综合国内外各种资料，目前主要有下列方面的应用：

（1）有色、黑色和稀有金属矿的精选。例如，白钨与锡石的分离，磁铁矿、赤铁矿、铬铁矿、锰矿的分选，钽铌矿、钛铁矿、金红石、独居石的分选，黄金的分选等。

（2）非金属矿物的分选。例如，石英、长石的分选，石墨、金刚石、磷灰石、煤和石棉等的分选。

（3）超纯铁精矿的生产。例如，采用电选生产高质量的铁精矿，含 Fe 大于 66%，含 SiO_2 小于 3%，这对降低焦比，节约能源和降低成本，具有优越性。

（4）各种物料的分级，可按物料的形状和粒度进行分级。

（5）碎散金属粉末、细粒与其他绝缘材料的分选。

（6）塑料中除去非铁质的金属物质。

（7）城市固体废物中回收铜、铝等有用金属。

（8）粮食及其他谷物选种以除去不纯杂物。

（9）茶叶的分选。

电选之所以能大规模在各个领域里广泛地采用，电晕电选的发明起了很重要的作用。这是因为它比以前的静电选矿效率高，而目前大多数生产上和实验室型的电选机，其使用的电场则又以电晕和静电场相结合的复合电场最为广泛。由于电选法具有生产成本低，电耗小，设备构造简单，易于操作维护，分选效果好等一系列优点，引起了人们极大的重视。

国内在生产中采用电选是在 1964 年，此后逐步用在钨矿中分选白钨锡石，随后并用于钛铁矿和钽铌矿的精选。但总的来说，其应用范围也不十分广泛，有待深入研究的问题也很多，还需进一步发展，才能满足充分利用我国矿产资源的需要。

5.2 矿物的电性质

矿物的电性是电选分离的依据。其电性指标有很多种，在此仅对电导率、介电常数、比导电度和整流性分别进行介绍。

5.2.1 电导率

矿物的电导率表示矿物的导电能力。它是电阻率的倒数，用 γ 表示电导率，则其数学表达式为：

$$\gamma = \frac{1}{\rho} = \frac{L}{RS} \tag{5-1}$$

式中　ρ——电阻率，$\Omega \cdot cm$；

　　　R——电阻，Ω；

　　　S——导体的截面积，cm^2；

　　　L——导体的长度，cm。

矿物的电导率取决于矿物的组成、结构、表面状态和温度等。按电导率的大小，弗斯（R. M. Fuoss）将矿物分成 3 个导电级别。

（1）导体矿物：$\gamma > 10^{-4}\Omega^{-1} \cdot cm^{-1}$，这种矿物自然界很少，只有自然铜、石墨等极少数矿物。

（2）半导体矿物：$\gamma = 10^{-2} \sim 10^{-10}\Omega^{-1} \cdot cm^{-1}$，属于这类矿物的很多，有硫化矿物和金属氧化物，含铁锰的硅酸盐矿物，岩盐、煤和一些沉积岩等。

（3）非导体矿物：$\gamma < 10^{-10}\Omega^{-1} \cdot cm^{-1}$，属于这类的有硅酸盐和碳酸盐矿物。

非导体又称之为绝缘体或电介质。劳弗尔（J. E. Lawver）认为，从电选角度看，为了更好地区分导体和非导体，可用放电时间来表示；一般放电时间快的称为导体，放电时间慢的称为非导体。例如，经过测定石英的放电时间为 10^6 s，磁铁矿的放电时间为 10^{-3} s。这两种矿物放电时间差别很大，这是有效分选的前提，一些矿物的电导率列于表5-1。

表 5-1 矿物的电导率和介电常数

矿物名称	电导率 $\gamma/\Omega^{-1} \cdot cm^{-1}$	介电常数 ε	矿物名称	电导率 $\gamma/\Omega^{-1} \cdot cm^{-1}$	介电常数 ε
金刚石	$10^{-5} \sim 10^{-10}$；$10^{-12} \sim 10^{-14}$	5.7	辉钴矿	10^2；10；1；$10^{-1} \sim 10^{-2}$	33.7 ~ 81.0
钠长石	$10^{-8} \sim 10^{-14}$	6.0	刚玉	$10^{-6} \sim 10^{-9}$	6.2
辉锑矿	10^{-6}；$10^{-7} \sim 10^{-14}$	11.2	赤铜矿	10^2；10；$10^{-6} \sim 10^{-9}$	5.4
磷灰石	$10^{-12} \sim 10^{-14}$	5.8	白钨矿	$10^{-13} \sim 10^{-15}$	3.5
辉银矿	$1 \sim 10^{-5}$	>81	磁铁矿	$10^6 \sim 10^3$；$10^1 \sim 10^{-5}$	33.7 ~ 81.0
毒砂	$10 \sim 1$	>81	菱镁矿	$10^{-8} \sim 10^{-11}$	4.4
重晶石	$10^{-12} \sim 10^{-15}$	6.2 ~ 7.9	白铁矿	$1 \sim 10^{-1}$；$10^{-3} \sim 10^{-4}$	33.7 ~ 81.0
绿柱石	$10^{-8} \sim 10^{-13}$	3.9 ~ 7.7	微斜长石	$10^{-10} \sim 10^{-14}$	5.6
黑云母	$10^{-11} \sim 10^{-14}$	10.3	辉钼矿	$10^{-1} \sim 10^{-5}$	>81
铝土矿	$10^{-9} \sim 10^{-11}$	10.9	独居石	$10^{-11} \sim 10^{-14}$	3.0 ~ 6.6
斑铜矿	$10^3 \sim 1$	>81	白云母	$10^{-14} \sim 10^{-16}$	6.2 ~ 8.0
蛭石	$10^{-8} \sim 10^{-11}$	9.5 ~ 13.5	霞石	$10^{-10} \sim 10^{-15}$	6.2
辉铋矿	$10^{-2} \sim 10^{-6}$	>81	黄铁矿	$10^4 \sim 10^{-1}$	33.7 ~ 81.0
黑钨矿	10^{-2}	12.5	磁黄铁矿	$10^6 \sim 10^5$；$10^4 \sim 10^2$	>81
石盐	$10^{-12} \sim 10^{-11}$	5.6 ~ 6.4	软锰矿	$10^4 \sim 10^2$；10^{-2}	>81
锆石	$10^{-10} \sim 10^{-12}$；$10^{-15} \sim 10^{-18}$	3.6 ~ 5.2	黄绿石	$10^{-11} \sim 10^{-14}$	4.2 ~ 4.8
方铅矿	$10^6 \sim 10^4$	>81	铂	$10^6 \sim 10^5$；$10 \sim 1$	>81
赤铁矿	$10^{-1} \sim 10^{-7}$	25	硬锰矿	$10^{-4} \sim 10^{-6}$	—
石膏	$10^{-7} \sim 10^{-12}$	6.3 ~ 7.9	金红石	$10^4 \sim 10^1$	89 ~ 173
石榴石	$10^{-11} \sim 10^{-13}$	3.5 ~ 4.0	霓石	$10^{-7} \sim 10^{-11}$	7.2
石墨	$10^6 \sim 10^{-3}$	>81	硫黄	$10^{-14} \sim 10^{-18}$	4.1
白云石	$10^{-5} \sim 10^{-10}$	6.3 ~ 8.2	银	10^{-6}；10^1	>81
金	10^6；10^{10}	>81	钾盐	$10^{-11} \sim 10^{-14}$	6.0
钛铁矿	$10^4 \sim 10^2$	33.7 ~ 81	菱铁矿	$10^1 \sim 10^{-3}$	5.2
方解石	$10^{-10} \sim 10^{-14}$	7.5 ~ 8.7	黄锡矿	$10^{-3} \sim 10^{-6}$	—
锡石	$10^2 \sim 10^{-2}$；$10^{-6} \sim 10^{-8}$	24	辉铋矿	$10^{-10} \sim 10^{-16}$	11.2
石英	$10^{-13} \sim 10^{-16}$	4.5 ~ 6.0	闪锌矿	10^2；$10^{-3} \sim 10^{-5}$；10^{-8}	5.0 ~ 6.0
铜蓝	$10^4 \sim 10^3$；10^2；10^1	>81	萤石	$10^{-13} \sim 10^{-17}$	6.2 ~ 8.5
榍石	$10^{-9} \sim 10^{-11}$	4.0 ~ 6.6	金云母	$10^{-15} \sim 10^{-17}$	7.0
滑石	$10^{-12} \sim 10^{-15}$	5.8	黄铜矿	10^2；10；1 ~ 10^{-3}	>81
黝铜矿	$10^{-1} \sim 10^{-2}$；$10^{-5} \sim 10^{-6}$	约81	铬铁矿	$10^{-14} \sim 10^{-16}$	11.0
电气石	$10^{-10} \sim 10^{-15}$	5.6			

5.2.2　介电常数

电荷间在真空中的相互作用力与其在电介质中相互作用力的比值，称为该电介质的介电常数。以 ε 表示介电常数，则：

$$\varepsilon = \frac{F_0}{F_\varepsilon} \tag{5-2}$$

式中　F_0——在真空中电荷间的相互作用力；

　　　F_ε——在电介质中电荷间的相互作用力。

导体的介电常数 $\varepsilon \approx \infty$，真空的介电常数 $\varepsilon = 1$（空气的 $\varepsilon \approx 1$）。也就是说，非导体的介电常数近似等于 1，半导体的介电常数介于两者之间。

一些矿物的电导率和介电常数的测定数据见表 5-1。应当指出，表 5-1 中所列数据仅作参考。因为矿物的电导率和介电常数在很大程度上受到其中杂质含量、水分、温度和生成条件等因素的影响。例如水分可使矿物表面电性的差异减小，半导体矿物的导电性一般也随温度的升高而增强。

5.2.3　比导电度

电选中，矿粒的导电性也常用比导电度（有的书称为相对导电系数）来表示。比导电度愈小，其导电性愈好。

矿物颗粒的导电性，也就是电子流入或流出矿粒的难易程度，除了同颗粒本身的电阻有关外，还与颗粒和电极的接触界面电阻有关，其导电性又与高压电场的电位差有关。当电场的电位差足够大时，电子便能流入或流出，此时非导体矿粒便表现为导体。

使矿物成为导体的电位差可用图 5-2 所示的装置进行测定。高压电极 3 通以高压正电或负电，被测矿粒由给矿斗 1 给在转动的圆鼓 2 上面。矿粒进入电场首先被极化，导电性好的矿粒依高压电极 3 的极性，获得或失去电子而带负电或正电，被高压电极吸引，运动轨迹向高压电极一侧发生偏转。导电性差的矿粒，则在重力和离心力的作用下，按普通轨迹落下。如果提高电极电压至一定程度，导电性差的矿粒，也能成为导体而起跳，其运动轨迹也会向高压电极一侧偏转。使矿粒下落轨迹发生偏转所需的电位差，列于表 5-2 中。因为石墨的导电性最好，所需电位差最低（2800V），所以以它作为标准，其他矿物的电位差与此标准相比，其比值称为比导电度。两种矿物的比导电度相差越大越易分离，根据比导电度可大致确定电选时采用的电压高低。

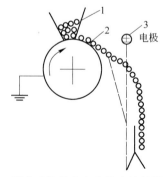

图 5-2　测定矿物导电度和整流性的设备简图

1—给矿斗；2—接地电极（转筒）；3—高压电极

表 5-2 矿物的比导电度和整流性

矿物名称	比导电度	电位/V	整流性	矿物名称	比导电度	电位/V	整流性
石墨	1.0	2800	全整流	褐铁矿	3.06	8580	全整流
石墨	1.28	3588	全整流	水矾土	3.06	8580	负整流
硫	3.90	10920	正整流	方解石	3.90	10922	正整流
砷	2.34	6522	全整流	白云石	2.95	8268	正整流
锑	2.78	7800	全整流	菱苦土矿	3.06	8580	正整流
铋	1.67	4680	全整流	菱锌矿	4.45	12480	负整流
银	2.34	6552	全整流	霞石	5.29	14800	正整流
铁	2.78	7800	全整流	微斜长石	2.67	7488	全整流
辉锑矿	2.45	6864	全整流	曹灰长石	2.23	6240	负整流
辉钼矿	2.51	7020	全整流	灰曹长石	1.78	4992	全整流
方铅矿	2.45	6864	全整流	顽火辉石	2.78	7800	负整流
辉钼矿	2.34	6552	负整流	辉石	2.17	6084	负整流
闪锌矿	3.00	8580	全整流	角闪石	2.51	7020	负整流
红砷镍矿	2.78	7800	全整流	霞石	2.23	6240	全整流
磁硫铁矿	2.34	6552	全整流	石榴石	6.48	18000	全整流
斑铜矿	1.67	4680	全整流	蔷薇辉石	5.85	16380	正整流
黄铜矿	1.67	4680	全整流	铁铝石榴石	4.45	12480	全整流
黄铁矿	2.78	7800	全整流	橄榄石	3.28	9204	正整流
砷钴矿	2.28	6396	全整流	锆英石	4.18	11700	负整流
白铁矿	1.95	5460	全整流	黄玉	4.45	12480	正整流
石英	3.17	8892	负整流	蓝晶石	3.28	9204	全整流
石英	3.45	9672	负整流	斧石	3.68	10296	负整流
石英	3.63	10140	负整流	异极石	3.23	9048	全整流
石英	4.80	13416	负整流	电气石	2.56	7176	负整流
石英	5.30	14820	负整流	白云石	1.06	2964	正整流
刚玉	4.90	13728	全整流	鳞云母	1.78	4992	全整流
赤铁矿	2.23	6240	全整流	黑云母	1.73	4836	全整流
钛铁矿	2.51	7020	全整流	蛇纹石	2.17	6084	正整流
磁铁矿	2.78	7800	全整流	滑石	2.34	6552	全整流
锌铁矿	2.90	8112	全整流	高岭土	2.39	6708	负整流
铬铁矿	2.01	5016	全整流	白色黏土岩	1.28	3588	全整流
金红石	2.62	7332	全整流	独居石	2.34	6552	全整流
软锰矿	1.67	4680	全整流	磷灰石	4.18	11700	正整流
水锰矿	2.01	5616	全整流	重晶石	2.06	5772	全整流
硬石膏	2.78	7800	正整流	金红石	2.67	7488	全整流
石膏	2.73	7644	正整流	金红石	3.03	8892	全整流
冰晶石	1.95	5460	正整流	锆英石	3.96	11076	正整流
萤石	1.84	5148	全整流	沥青炭	1.45	4056	正整流
岩盐	1.45	4056	全整流	炼焦沥青炭	2.23	6240	正整流
钨锰铁矿	2.62	7332	全整流	无烟炭	1.28	3588	全整流
钨酸钙矿	3.06	8580	全整流	菱铁矿	2.56	7176	全整流
钼铅矿	4.18	11700	全整流	菱锰矿	3.06	8580	全整流

5.2.4 矿物的整流性

在测定矿物的比导电度时发现，有些矿物只有当高压电极的极性为正时，且电压达到一定数值时才起导体的作用，如电极为负时则为非导体。而另一些矿物，只有当高压电极的极性为负时，且电压达到一定数值才导电，如为正则不导电。还有些矿物则不论高压电极的极性为正或为负，只要电压达到一定数值，都可以起导体的作用，而开始导电，矿物所表现的这些电性我们称整流性。由此规定如下：

（1）当高压电极的极性为正时，并且电压达到一定数值时，矿物在电场中获负电荷，开始起导体作用。当电极为负时，则为非导体，这种矿物称之为负整流性矿物，如石英、辉石等。

（2）当高压电极极性为负时，并且电压达到一定数值时，矿物在电场中获得正电荷而起导体作用。当极性为正时，则为非导体，这种矿物称之为正整流矿物，如方解石、白云石、石膏等。

（3）不论高压电极的极性为正或负，当电压达一定数值时，矿粒均能获得电荷（正负电荷均可）而成为导体的矿物称为全整流矿物，如磁铁矿、锡石、石墨、钛铁矿、白钨矿等。

各种矿物的整流性和比导电度可参阅表 5-2。利用表 5-2 可确定电选时电压的高低、电极的特性。在实际中，高压电极的极性一般都采用负电进行分选，很少采用正电，因为采用正电对高压电源的绝缘度要求更高，而且效果也并不太好。

5.3　矿物在电场中带电的方法

使物体（矿粒）带电的方法很多，在电选中常用的有传导接触带电、感应带电、电晕带电、摩擦带电等几种，下面分别介绍。

5.3.1 传导（接触）带电

传导带电是使矿粒和带电电极直接接触，由于电荷的传导作用，导电性好的矿粒，获得与电极极性相同的电荷，被电极排斥；而导电性差的矿粒只能极化，在靠近电极一端产生符号相反的束缚电荷，另一端产生与电极相同的电荷，而受到电极吸引。利用矿粒的这一电性差异在电极上表现不同的行为，可达到分离的目的。

在较早的鼓筒式电选机中，就是利用接触传导的方法实现带电的。也可用图 5-3 所示的情况来说明。如果两种导电性不同的矿粒，置于负极板上，导体矿粒由于电导率高，获得与负电极符号相同的电荷，受到排斥作用。非导体矿粒，由于界面电阻大，电极的电荷不能传导至矿粒，在电场的作用下，仅受到极化作用，被电极吸引。利用矿粒与带电电极接触时这种行为的差别，可将它们分开。现代电选机中，传导带电是使矿粒带电的重要方法，但实际上明显的良导体的矿粒是很少的，所遇到的绝大多数都是半导体的混合物或半导体与非导体的混合物。它们的电性相差不大，利用直接传导带电分选，效果是不太好的，必须采用与其他带电方法相结合的办法进行分选，最常采用的是与电晕带电相结合的办法。

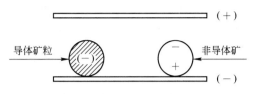

图 5-3 传导带电简单原理图

5.3.2 感应带电

感应带电与传导带电的不同点是矿粒不同带电极直接接触，而是在电场中受到带电极的感应，使矿粒带电。如图 5-4 所示，感应后靠近负电极一端，产生正电荷；靠近正电极一端产生负电荷，导体矿粒产生的正负电荷均可移走；非导体矿粒则不然，只是在电场中极化，正负电荷中心产生偏移，而正负电荷却不能移走。

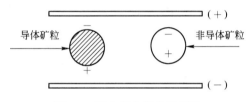

图 5-4 感应带电简单原理图

这种带电的方法，在电选中具有很重要的意义。在强电场作用下导体矿粒极化后，如果将其中的一种电荷移走，它就依据同电性相斥、异电性相吸的原理，使矿粒轨迹发生较大的偏移，就能将导体矿粒与非导体矿粒分开。在电选中，此种带电方法有一定的应用。

5.3.3 电晕带电

电晕带电是在电晕电场中进行的。所谓电晕场，是一个不均匀电场，其中一个电极的曲率半径远比另一个电极的曲率半径小得多。曲率半径小的为电晕极，大的为接地极，实际电选中电晕极与接地极直径比为 1/1750～1/1000。这种电极所组成的电场称电晕场，当提高两电极间的电位差到某一数值时，如果电晕电极接的是高压负极，电晕极发射出大量的电子，这些电子以很高的速度运动。当和气体分子碰撞时，气体分子电离。经过不断的碰撞和电离，电场中气体的离子数大大增加，气体被电离的正离子飞向负极，负离子和电子飞向正极。电晕放电时，空气电离和发光是在电晕极附近很薄的一层内，这一层称为电晕区，电晕区以外称为放电外区。在电晕区内，空气正离子向电晕极运动，电性被中和，电子和空气负离子向接地极运动，并充满了电晕放电外区，使整个电晕区以外的空间，形成了单一符号的体电荷，这种放电称为电晕放电。电晕放电时有"嗞嗞"的响声，并出现浅蓝色的光。如再提高电压，气体电离范围就扩大，并产生火花放电（空气被击穿），此时电极周围的正负离子运动混乱，对分选不利。

矿粒在电晕电场中带电情况及与接地极接触后的情况如图 5-5 所示。矿粒在电晕电场中，不论导体和非导体均能获得负电荷，但导体矿粒介电常数大，获得电荷比非导体矿粒多。而导体矿粒由于其导电性好，电荷吸附于表面后，能在表面自由移动，非导体表面的电荷则不能自由移动。当矿粒一旦与接地极接触后（见图 5-5(b)），导体表面所吸附的电荷，迅速（常为 1/1000s ~ 1/40s）传走，同时还能荷上与接地极符号相同的电荷与接地极互相有斥力发生，非导体则不然，由于其导电性差或不导电，表面吸附的电荷传不走，或要比导体大 100 ~ 1000 倍的时间才能传走一部分，与接地极互相吸引。在分选中经常要采用毛刷强制排矿才能将非导体排出，有时刷下的矿粒还有残余电荷，当电压较高时尤为显著。目前，大多数电选机都利用电晕带电的原理进行分选。

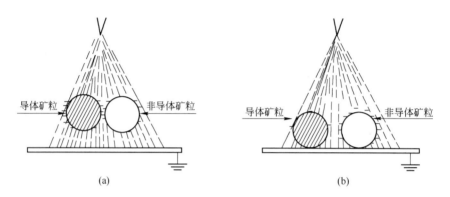

图 5-5　矿粒在电晕电场中荷电及与接地极接触后的情况
（a）矿粒在电晕电场中荷电；（b）荷电后与接地极接触后的情况

5.3.4　摩擦带电

摩擦带电是物体间电子逸出功的差异而引起的。当物体相互摩擦时，温度就会升高，增强了物体内部分子和原子的热运动，其中的电子获得了能量，使电子从逸出功小的物体流向逸出功大的物体。由于电子的转移，使两物体分别带上了性质不同的电荷。因此，根据物理学的原理，摩擦带电是一种普遍现象。只要两种性质不同的物体互相摩擦，就会分别荷有电量相等、符号相反的电荷。在电选中，可利用性质不同的矿粒互相摩擦带电，也可利用矿粒和给料槽表面互相摩擦带电；然后使其通过电场，由于受到电场力的作用而被分离。

摩擦带电取决于物料的性质。实践证明，此两种不同的非导体颗粒互相摩擦后分开时，所获得的摩擦电荷比两种不同的导体摩擦后所获得的电荷要多。两种不同的非导体矿粒与同一接地金属电极摩擦分开后，它们分别带上不等的异号电荷，如图 5-6 所示。

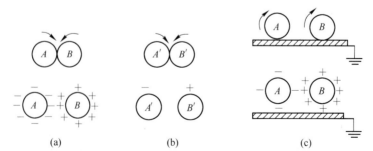

图 5-6　不同性质的矿粒摩擦带电示意图
（a）两个不同的非导体矿物颗粒互相摩擦；（b）两个不同的导体矿物颗粒互相摩擦；
（c）两个不同的非导体矿物颗粒与同一金属电极摩擦

由上述可见，摩擦电荷与矿物的电导率有关，而且摩擦带电只对非导体矿物起作用，因为它们能获得较多的摩擦电荷。对导体矿物来说所带的摩擦电荷很少，几乎可忽略不计，故摩擦带电方法主要用于非导体矿物的分选。导体和非导体摩擦后之所以荷电悬殊，是由于导体的导电性好，导体摩擦后的电荷很快被中和了；非导体则不然，摩擦电荷不易被中和，因此，在摩擦过程中能积累较多的电荷。

图 5-7 所示为利用摩擦带电的电选过程示意图。这是利用两种不同的非导体矿粒与接地的金属给料槽互相摩擦带电后，再给入两个回转带电电极而分选的。两种不同的非导体矿粒和给料槽摩擦后，由于所荷电荷差异，进入回转电极的电场后，沿着不同的轨迹运动而被分开。

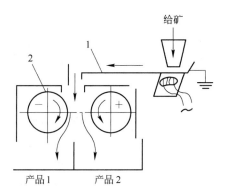

图 5-7 利用摩擦带电的电选过程示意图
1—加热振动给料槽；2—回转带电电极

5.3.5 其他带电方法

采用加压、加热或用射线照射等办法，也能使矿粒获得电荷。例如，一些缺少对称中心的晶体，像石英当受到机械压力时，在其薄片的两相反表面出现电荷，这种电荷称为压电荷，这种石英也称为压电石英。又如对电气石、异极矿、方硼酸矿等，某些缺少对称中心的矿物进行加热时，则在 Z 轴的一端出现正电荷，另一端出现负电荷，这种电荷称为热电荷。

在现代电选中，多用传导带电、感应带电和电晕带电，摩擦带电也有采用的。但现代电选机中往往同时采用两种或两种以上的带电方法，这种在复合电场中带电分选，确实具有很大的优越性。按矿粒运动方向而言，一些电选机采用电晕极与静电极（偏向电极）混装，电晕极在前、静电极在后，换句话说电晕极略近鼓面，静电极略远鼓面，这种带电分选过程如图 5-8 所示。

假设导体矿粒在电晕电场中带电，当其偏移电晕电场一段距离后，由于其导电性好，所获负电荷几乎由接地极传走，同时受到强大高压静电场作用被感应而吸向静电极，如图 5-8（a）所示。对非导体矿粒，此时与导体情况完全不同。经过电晕极下面时，也获得负电荷。此电荷既不能经接地极传走，也不能沿表面流动，所以非导体矿粒总是带负电，此矿粒可视为一负电荷。静电极也带负电，故和静电极相斥而黏附于接地极上，如图 5-8（b）所示。

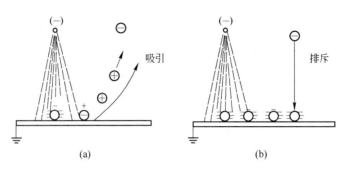

图 5-8 矿粒在复合电场作用下的带电分选情况
（a）导体矿粒；（b）非导体矿粒

美国卡普科（Carpco）电选机的电晕极和静电极的结构与上述的类似。其强大的高压静电场对吸出导体发挥了更大的作用，并使电晕电流有所减弱，作用范围也有所减小，防止了非导体矿粒混进导体矿粒中去。

5.4　电选分离的条件

目前世界各国使用的电选机中，鼓筒式的占绝大多数，而且鼓筒式电选机的理论研究得较多和深入。所以本节以鼓筒式电选机受力后的分离条件为例，作一些理论分析。

5.4.1　矿粒在电场中所受的电力

矿粒进入电场时，由于以各种方式带电后，受以下三种电力作用。

5.4.1.1　库仑力

一个荷电的矿粒，在电场（均匀或不均匀）中某一点，便受到如下的库仑力：

$$f_1 = qE \tag{5-3}$$

式中　f_1——所受的库仑力；

　　　q——矿粒所带的电荷量；

　　　E——矿粒所在处的电场强度。

在电晕电场中矿粒吸附离子所获得的电荷由式（5-4）确定：

$$Q_t = \left(1 + 2\frac{\varepsilon - 1}{\varepsilon + 2}\right)Er^2M \tag{5-4}$$

式中　Q_t——矿粒在电晕电场中经 t 时间获得的电荷；

　　　ε——矿粒的介电常数；

　　　r——矿粒半径；

　　　M——参数，$M = \dfrac{\pi Knet}{1 + \pi Knet}$；

　　　K——离子的迁移率（某种离子在一定的溶剂中），当电位梯度为每米一伏特时的迁移速率称为此种离子的淌度；

　　　e——电子的电荷，$e = 1.601 \times 10^{-19}$C 或 4.77×10^{-10} 绝对静电单位电荷；

n——电场中离子的浓度，$n = 1.7 \times 10^8$ 个$/\mathrm{cm}^3$。

由式（5-4）看出，矿粒获得电荷 Q_t 主要与电场强度 E、矿粒半径 r、介电常数 ε 有关。E 和 r 越大，矿粒经过电晕场时所获得的电量越多。

据研究，矿粒在电晕场中获得最大电量 Q_{max}，并不需要很长时间，其测定结果见表 5-3。

表 5-3 矿粒荷电达到 Q_{max} 与时间的关系

矿粒荷电时间/s	达到 Q_{max} 的占比/%	矿粒荷电时间/s	达到 Q_{max} 的占比/%
1×10^{-3}	9.1	1×10^{-1}	90.0
5×10^{-3}	33.3	5×10^{-1}	98.0
1×10^{-2}	50.0	1	99.0
5×10^{-2}	84.0		

实际上矿粒在分选时并不需要达到 Q_{max}，从而所需时间更短，故式（5-4）简化为：

$$Q_{max} = \left(1 + 2\frac{\varepsilon - 1}{\varepsilon + 2}\right)Er^2 \qquad (5-5)$$

当矿粒为导体时，介电常数大于 30 甚至大于 80，则式（5-5）又可简化为：

$$Q_{max} \approx 3Er^2 \qquad (5-6)$$

若矿粒为非导体，介电常数 ε 为 4 ~ 8 时，则有：

$$Q_{max} \approx 2Er^2 \qquad (5-7)$$

从式（5-7）看出，要使矿粒荷电量 Q_t 迅速达到 Q_{max}，关键在于电场强度 E 和矿粒半径 r 要大；它们越大，Q_t 越易达到 Q_{max}。通常分选的矿粒小于 1cm。因此电场强度起着非常重要的作用。这就是电选机从原来的 10 ~ 20kV 发展到现在 40 ~ 60kV 的一个重要原因。

另外，从式（5-7）看出，电场强度 E 已定，同一种矿物粒度不同，荷电量也不一样，这也是利用电晕电场分级的重要依据。

实际上矿粒在圆筒表面上，不仅吸附离子而获得电荷，同时又放出电荷给圆筒。剩余电荷同矿粒的放电和荷电的速度比值有关。速度比又取决于矿粒的界面电阻，因此作用在矿粒上的库仑力应为：

$$f_1 = Q_R E \qquad (5-8)$$

式中 Q_R——矿粒上的剩余电荷。

$$Q_R = Q_t f(R) \qquad (5-9)$$

$f(R)$ 为界面电阻的函数，对导体矿粒 $Q_R \approx 0 (R \to 0)$，对非导体矿粒 $(R \to \infty)$ Q_R 也就很大。

根据式（5-9），式（5-8）也可写为：

$$f_1 = Q_t f(R) E = \left(1 + 2\frac{\varepsilon - 1}{\varepsilon + 2}\right)E^2 r^2 Q f(R) \qquad (5-10)$$

库仑力对非导体矿粒有作用，是促使矿粒吸附在圆筒表面的力。

5.4.1.2 不均匀电场引起的作用力

不均匀电场引起的作用力又称为有质动力。如矿粒为球形，由式（5-11）确定：

$$f_2 = r^3 \frac{\varepsilon - 1}{\varepsilon + 2} E \frac{\mathrm{d}E}{\mathrm{d}x} \tag{5-11}$$

式中　$\dfrac{\mathrm{d}E}{\mathrm{d}x}$——电场梯度（或用 $\mathrm{grad}E$ 表示）；

　　　r——矿粒半径。

必须指出，f_2 的作用力是指向电场梯度最高的地方。在各种电选机中，愈靠近电晕电极，电场梯度 $\mathrm{grad}E$ 越高，愈靠近鼓面 $\mathrm{grad}E$ 越低。对入选的矿粒来说 r 是很小的，因此 r^3 就更小。所以 f_2 也是很小，它比库仑力要小百倍以上，故 f_2 的作用力小到可忽略不计。由此说明，电选在均匀电场中也能进行，这是与磁选不同之处。

5.4.1.3　界面吸力

界面吸力又称为镜面吸力或镜像力。这种力是对非导体矿粒而言的，因为导体矿粒放电快，剩余电荷少，所以其界面吸力近于零。非导体矿粒吸附的大量负电荷不能传走，可视为一个点电荷，与金属鼓筒表面相应位置发生感应，产生等量的异号电荷，互相吸引（见图5-9），此力即为镜面吸力。虽然这种电荷比较微弱，但往往由于库仑力，以及强大的电场联合作用结果，使矿粒在离开电场后仍能被吸在接地电极上。此力可用 f_3 表示：

$$f_3 = \frac{Q_R^2}{r^2} \tag{5-12}$$

即

$$f_3 = \left(1 + 2\frac{\varepsilon - 1}{\varepsilon + 2}\right)^2 E^2 r^2 f^2(R) \tag{5-13}$$

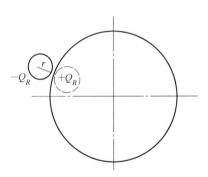

图 5-9　作用在矿粒上的镜面吸力

在分选细粒时，电压越高，此力表现越明显。当用毛刷强制排下时，还能见到剩余电荷 Q_R 的互相排开现象。

从以上三种电力看出，库仑力和界面吸力主要取决于矿粒的剩余电荷 Q_R，而剩余电荷 Q_R 又受制于界面电阻 R_0。对导体矿粒来说，界面电阻近于零，剩余电荷很少，所以作用在导体上的库仑力和界面吸力也接近于零。对非导体来说，界面吸力和库仑力较大，对半导体说则介于两者之间。不均匀电场引起的有质动力，根据计算即使在极不均匀电场中也是很小的，特别当矿物粒度很小时（1mm），比库仑力小数百倍，因此可以忽略不计。

5.4.2 作用在矿粒上的机械力

5.4.2.1 重力

$$f_4 = mg$$

式中　f_4——矿粒的重力；

　　　m——矿粒的质量；

　　　g——重力加速度。

矿粒在分选中所受重力 f_4，在圆鼓的径向和切线方向的分力是变化的。如图 5-10 所示，在 AB 两点间的电场区内，重力 f_4 从 A 点开始起着使矿粒沿筒体表面移动或脱离的作用。f_4 在 E 点是一沿切线向下的力，在 AB 范围内其他各点，仅是其分力起作用。

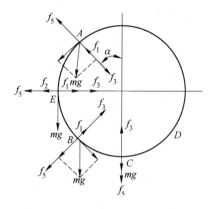

图 5-10　电选中矿粒的受力情况

5.4.2.2 矿粒上的离心力

$$f_5 = m\frac{v^2}{R}$$

式中　f_5——作用在矿粒上的离心力；

　　　v——矿粒在圆筒表面的运动速度；

　　　R——圆筒半径。

5.4.3 电选分离的条件

矿粒进入电场后，受到上述五种力。电力和机械力的大小决定了矿粒的运动轨迹。为了保证不同电性矿粒的分离，应当满足下面的条件，如图 5-10 所示。

（1）对于导体矿粒，要在分选带 AB 分出，必须满足：

$$f_1 + f_3 + mg\cos\alpha < f_2 + f_5$$

式中　α——矿粒在圆筒表面所在的位置，（°）。

（2）对于半导体矿粒，要想在 BC 带分出，必须满足：

$$f_1 + f_3 + mg\cos\alpha < f_2 + f_5$$

（3）对于非导体矿粒，要想在 CD 带分出，必须满足：

$$f_3 > mg\cos\alpha + f_5$$

—————— **本 章 小 结** ——————

电选是利用自然界各种矿物和物料电性质的差异而使之分选的方法。实现电选，首先是涉及矿物电性质和高压电场问题，还与机械力的作用有关，即：

对导体矿粒而言　　　　　　　$\sum f_{机} > f_{电}$

对非导体矿粒而言　　　　　　$f_{电} > \sum f_{机}$

本章的重点是研究和讨论矿物的电性质和如何产生适合的高压电场，能使各种矿物分开。

矿物的电性是电选分离的依据。其电性指标有很多种，与电选有关的主要是电导率、介电常数、比导电度和整流性。

矿物的电导率表示矿物的导电能力。电荷间在真空中的相互作用力与其在电介质中相互作用力的比值，称为该电介质的介电常数。使矿物成为导体的电位差可进行测定。因为石墨的导电性最好，所需电位差最低（2800V），所以以它作为标准，其他矿物的电位差与此标准相比，其比值称为比导电度。两种矿物的比导电度相差越大越易分离。根据比导电度可大致确定电选时采用的电压高低。在测定矿物的比导电度时发现，有些矿物只有当高压电极的极性为正时，且电压达到一定数值时才起导体的作用，如电极为负时则为非导体。而另一些矿物，只有当高压电极的极性为负时，且电压达到一定数值才导电，如为正则不导电。还有些矿物则不论高压电极的极性为正或为负，只要电压达到一定数值，都可以起导体的作用，而开始导电，矿物所表现的这些电性称为整流性。

使物体（矿粒）带电的方法很多，在电选中常用的有传导接触带电、感应带电、电晕带电、摩擦带电等几种。

传导带电是使矿粒和带电电极直接接触，由于电荷的传导作用，导电性好的矿粒，获得与电极极性相同的电荷，被电极排斥。感应带电是矿粒不同带电极直接接触，而是在电场中受到带电极的感应，使矿粒带电。电晕带电是在电晕电场中进行的。所谓电晕场，是一个不均匀电场，其中一个电极的曲率半径远比另一个电极的曲率半径小得多。摩擦带电是由物体间电子逸出功的差异而引起的。当物体相互摩擦时，温度就会升高，增强了物体内部分子和原子的热运动，其中的电子获得了能量，使电子从逸出功小的物体流向逸出功大的物体。

矿粒进入电场时，以各种方式带电后，受到以下三种电力：库仑力、不均匀电场引起的作用力和界面吸力。作用在矿粒上的机械力主要有：重力和矿粒上的离心力。

矿粒进入电场后，受到上述五种力。电力和机械力的大小决定了矿粒的运动轨迹。为了保证不同电性矿粒的分离，应当满足下面的条件。

（1）对于导体矿粒，要在分选带 AB 分出，必须满足：

$$f_1 + f_3 + mg\cos\alpha < f_2 + f_5$$

式中　α——矿粒在圆筒表面所在的位置，（°）。

（2）对于半导体矿粒，要想在 BC 带分出，必须满足：

$$f_1 + f_3 + mg\cos\alpha < f_2 + f_5$$

（3）对于非导体矿粒，要想在 CD 带分出，必须满足：

$$f_3 > mg\cos\alpha + f_5$$

复习思考题

5-1 简述电选法的发展和应用情况。

5-2 与电选有关的矿物电性有哪几种？说明其基本概念。

5-3 矿物的带电方法有几种，其荷电原理是什么？

5-4 矿物在鼓筒形电选机电场中受到哪些力，其作用情况如何？

5-5 电选机的电场有哪几种，其电极结构和配置类型怎样？

6 电选设备

目前电选机的种类很多，其分类原则也各不相同，但主要是按以下四个原则来分的。

（1）按矿物带电方法分为接触传导电选机、电晕带电电选机和摩擦带电电选机。

（2）按电场特征分为静电选矿机、电晕电选机和复合电场电选机。

（3）按结构特征分为鼓式电选机、室式电选机、振动槽式电选机、圆盘式电选机，溜槽式（滑板式）和摇床式电选机等。

（4）按分选粒度分为粗粒电选机和细粒电选机。

由于在生产中所使用的大多数为鼓筒式电选机（直径小的也称辊式），本书重点介绍鼓筒式电选机。

6.1 鼓筒式电选机

6.1.1 ϕ120mm×1500mm 双辊电选机

对辊电选机是我国 20 世纪 60 年代的产品，为复合电场电选机，曾在生产上发挥了较大的作用，主要用于钨-锡分离、锆英石-金红石分离，以及钛铁矿-锆英石-独居石的分离上。该机构造如图 6-1 所示，由主机、加热器和高压静电发生器三部分组成。

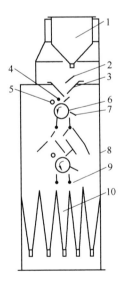

图 6-1 ϕ120mm×1500mm 双辊电选机构造示意图

1—加热给矿装置；2—溜矿板；3—给矿漏斗；4—电晕电极；5—偏向电极；
6—辊筒；7—刷子；8—机架；9—分矿导板；10—产品漏斗

6.1.1.1 主机部分

主机部分主要由加热给矿装置1、辊筒（上下两个）6、电晕电极4、偏向电极5和分矿导板9等部分组成。

加热给矿装置1由给矿和圆辊组成，圆辊由电动机传动。设有加热和给料装置，加热后的原料给到圆辊上部，借助圆辊的旋转将加热原料均匀地给到电选机上，给料量借助闸板改变给料口大小来调节。

辊筒6为接地电极，直径为120mm，长度为1500mm。辊筒用钢管制成，表面镀硬铬，以便耐磨、光洁和防锈。上下两个转辊共用一台电动机经皮带轮传动，其速度由更换皮带轮调节。

电晕电极4和偏向电极5固定在电极支架上与辊筒平行，偏向极和电晕极与接地极辊筒之间的相对位置可进行调整。电晕极是直径 0.3~0.5mm 的镍铬丝，偏向极为直径40mm的铝管。电晕极和偏向极都和辊筒平行。机器工作时两极带有高压电，因此，由绝缘子和机壳绝缘。

刷子7用来刷下吸附在辊筒表面的非导体矿粒和粉尘。刷子采用工业毛毡压板刷子，用弹簧压在辊筒表面上。在机壳正面和侧面设有观察孔，可借助机内装设的日光灯观察内部分选情况。

分选产物的质量和数量除其他条件调节外，还可通过分矿导板9进行调节。每个辊筒可得三种产品，全机可得 4~5 种产品，如图6-2所示。

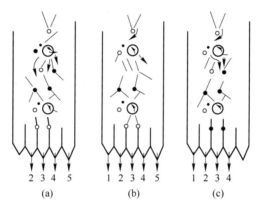

图6-2 分矿板调节示意图

（a）~（c）双辊电选机

1—精矿；2—次精矿；3—中矿1；4—中矿2；5—尾矿

6.1.1.2 高压直流发生器

由普通单相交流电先升压，再用二极管半波整流，并加以滤波电容，将正极接地，负极用高压电缆供给电选机的电极。最高电压为22kV。

6.1.1.3 加热器

加热器设在给矿斗内，有效容积为 $0.3m^3$，加热元件是用 18 根直径为 1in（25.4mm）的钢管，内衬以直径为20mm的瓷管绝缘，瓷管里面安装18号镍铬电阻丝。加热面积为 $0.3m^2$，在加热器的底部，沿电选机长度方向，每隔100mm钻有直径7mm的圆孔，已加热的原矿经过这些圆孔均匀地给入电选机。

该电选机的分选过程是：当高压电源（负电）供给电晕极和静电极后，由于电晕极直径很小，当电压升高到一定程度时，电晕极就会放出大量电子。这些电子将空气分子电离，正离子飞向负极，负离子飞向接地极，靠近辊筒一边的空间都带有负电荷。矿粒随转鼓进入电场后，导体和非导体都获得负电荷。导体的电荷通过转鼓很快被传走，同时又受到静场的感应作用，靠近转鼓的一面感生负电，又被传走，只剩下正电荷。由于异性相吸，被吸向转向电极，加之重力和离心力的作用，致使导体矿粒从辊筒前方落下，成为精矿。非导体矿粒由于界面电阻大，所获负电荷难以传走，被吸附在鼓面上，带到转鼓后方被刷子强刷下成为尾矿。导电性介于导体与非导体之间的矿物落入中矿。

该电选机的优点为：设备构造简单，分选效果好，处理量大，运转可靠，操作简便。其缺点为电压低，辊筒直径小，电场作用区窄等。该机的技术性能见表6-1。

表 6-1　ϕ120mm×1500mm 电选机的技术特性

辊筒数	2 个	高压发生器最大功率	275W
辊径和长度	1200mm×1500mm	加热器有效容积	0.3m³
辊筒转速	400r/min, 500r/min	处理量	0.3~0.5t/h
电晕极	每辊 1 根，ϕ0.5mm	处理粒度	<3mm
偏极	每辊 1 根，ϕ40mm	机器外形尺寸	2090mm×1020mm×2855mm
电源电压	0~22kW	机重	2t
加热器功率	13kW		

6.1.2　YD 型电选机

YD 型电选机，为长沙矿冶所设计，目前有四种型号，为 YD-1 型、YD-2 型、YD-3 型和 YD-4 型，其技术性能见表6-2。

表 6-2　YD 型电选机的技术性能

项目		YD-1 型	YD-2 型	YD-3 型	YD-4 型
圆筒电极	数量/个	1	1	3	2
	直径/mm	125	300	300	300
	长度/mm	180	300	2000	2000
	转速/r·min⁻¹		20~260	45~274	30~300
电晕电极			ϕ0.3mm, 8 根	厚0.1~0.3mm, 7 片	0.1~0.3mm, 7 片
偏转电极			ϕ40mm, 1 根	ϕ45mm, 1 根	ϕ45mm, 1 根
工作电压/kV		0~60（负极性）	0~60（负极性）	0~60（负极性）	0~60（负极性）
处理能力/t·h⁻¹			0.06~0.3	1~5	3
轮廓尺寸 /mm	长		1265	3730	4280
	宽		1255	1920	3000
	高		1450	3784	1900

YD 型电选机的特点是采用多根电晕电极带偏向电极的复合电场结构，放电区域较宽，

矿粒在电场中带电机会较大，电压高，圆筒直径大，有加热装置，强化了电选过程。YD-1型电选机构造与 $\phi 5120mm \times 1500mm$ 双辊电选机相似，只有电晕电极组合形式不同。YD-1型和 YD-2 型电选机主要用于实验室，YD-3 型和 YD-4 型为工业型电选机。

6.1.2.1 YD-2 型电选机

YD-2 型的鼓筒为 $\phi 300mm \times 300mm$ ，工作一般是间断性的，矿量不多，故矿仓采用漏斗型，物料预热在其他设备中进行。接矿槽采用抽屉式接矿箱，整个机体放置在试验台上。圆筒内加热装置为一完整的圆筒形电阻加热器。该设备成功地用于白钨与锡石，黑钨与磷钇矿的分离。本机结构新颖，配合紧凑，运转安全可靠，指标稳定。其构造示意如图6-3 所示。

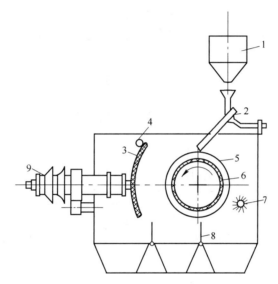

图 6-3　YD-2 型高压电选机构造示意图
1—锥形给矿斗；2—给矿槽；3—弧形电晕电极；4—偏转电极；5—接地金属鼓；
6—圆筒加热器；7—排矿毛刷；8—产品分隔板；9—高压绝缘瓷瓶

6.1.2.2 YD-3 型电选机

YD-3 型的规格为 $\phi 300mm \times 2000mm$ ，主要用于分选钛铁矿。该机由 3 个圆筒垂直排列，如图 6-4 所示，可分别同时进行粗选、精选，扫选作业。这样简化了电选过程，同时又降低物料在运输、加热作业中的能量消耗，提高了效率，降低了成本。

该机设备特点是采用与接地圆筒电极呈近似同心圆的弧形刀片电晕电极，由 7 片厚度为 $0.1 \sim 0.3mm$ 的刀片组成，形成较宽的电晕电场（约为圆筒周长的 $1/4$），入选物料的荷电和分选得到强化。刀片结构的弧形电极强度较镍铬丝电极的大，可以避免丝状电极因断裂而造成高压电断路的事故。圆筒内装有 12 根氧化镁充填 Ni-Co 丝加热元件，保持筒面温度 $80℃$ 左右。矿仓内装有电热元件，采用水银接触温度计控制温度。

经过多次连续生产考核，证明该设备不仅能选别原生钛铁矿，得到符合国家标准的钛精矿（TiO_2 含量大于 48%），而且分选性能稳定，机械性能良好，操作安全简便，对回收颗粒状钛铁矿是有效的设备。

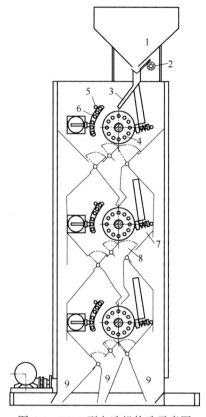

图 6-4 YD-3 型电选机构造示意图

1—矿仓；2—给矿闸门；3—给矿板；4—圆筒电极；5—加热器；

6—偏转电极；7—电晕电极；8—排矿毛刷；9—产品分离隔板

6.1.2.3 YD-4 型电选机

$\phi300mm\times2000mm$ 型电选机与 YD-3 型电选机相同，但有两个并列排列的圆筒（见图 6-5），因此，处理量大，结构紧凑。选别粗粒嵌布铁矿，一次作业，即可将品位为 63% ~ 64% 的铁精矿，提高到品位为 66.8% 的优质铁精矿，作业回收率达到 91.8%。这一结果

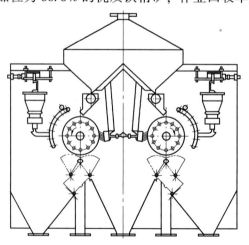

图 6-5 YD-4 型电选机结构示意图

证明，YD-4 型电选机对提供金属化球团原料，贯彻精料方针是一种有效的设备。在实现火电站煤灰的综合利用，减少煤灰对环境的污染，也将是一种较为理想的设备。通过粉煤灰开路电选试验证明，YD-4 型电选机可从火电站煤灰中，回收大量的工业或民用精煤，使灰中含碳低于国家标准（含碳量小于8%），可供生产煤灰水泥和制造煤灰砖。

6.1.3 卡普科高压电选机

卡普科高压电选机（Carpco. High Tension Separator）为美国卡普科（Carpco）公司制造的一种新型高压电选机，全机有 6 个辊筒分两列配置。每列 3 个，第一个辊筒分出三种产品，可送到第二个和第三个辊筒再选，这样产品可进行多次分选，流程灵活。两组鼓筒并列，采用共用高压电源。其构造图如图 6-6 所示，特点如下：

（1）电极结构为电晕极和静电极相结合的复合电场电极。入选角度，电极和鼓筒的距离均可调节，电晕极为特殊结构的束状放电电极，提高了分选效果。高压电源可用正电或负电，电压最高可达 40kV。

（2）鼓筒直径有 150mm、200mm、250mm、300mm、350mm 等多种，可根据需要更换，用直流马达传动，可以无级变速。

（3）处理量大。据报道，每厘米鼓筒长度上每小时处理量可达 18kg。目前加拿大、瑞典都采用这种电选机，以提供高级铁精矿。

此机缺点是中矿循环量比较大，循环负荷为 20%~40%。

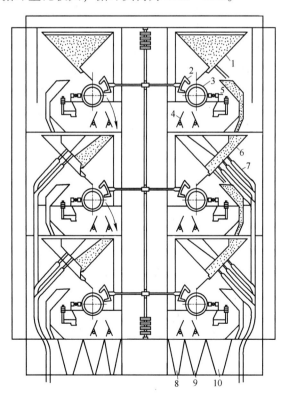

图 6-6 卡普科工业型高压电选机

1—给矿斗；2—电极（两个）；3—鼓筒；4—分矿板；5—排矿刷；6—给矿板；
7—接矿槽；8—导体矿斗；9—中矿斗；10—非导体矿斗

6.2　其他类型电选机

其他形式的电选机种类很多，现介绍以下几种。

6.2.1　电场摇床

电场摇床就是在与普通摇床相似的床面上加一高压直流电场，此高压直流电场为布满床面的条状金属电极所产生。它与床面的空间距离为 25～75mm，且与床面平行。高压电周期瞬时的加于电极，可采用静电极，也可用电晕极，电极电压为 4～8kV/m。床面为接地的金属床面，有的没有来复条，有的也有来复条。来复条形状与普通摇床略有不同。其构造如图 6-7 所示。

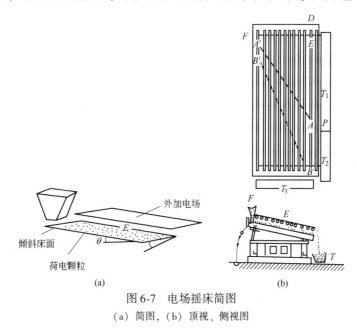

图 6-7　电场摇床简图
(a) 简图，(b) 顶视、侧视图

床面支承在 4 个支承点上，床面在交流电磁铁的作用下产生振动，振动频率为 120 次/s。

分选过程为干式作业。当矿粒给到床面后，由于高压电极的瞬时供电，矿流层发生松散，即导电性好的矿粒，立即从接地极获得正电荷；当电极带高压负电时，也会使矿粒感应产生正电荷，立即跳出床面而吸向电极。供电停止，矿粒又落到床面，由于床面的倾斜和振动，使导体矿粒按图 6-7(b) 中的 $A'A$ 斜线落列接矿槽 T_1 中。而非导体矿粒与床面接触紧密，加上本身质量和惯性，沿床面纵向向前运动。虽然非导体矿粒的极化能产生微弱黏附力，但比床面振动而使其前进的力要微小得多，同时高压电的供给又是间断的，因此使非导体矿粒一直向前运动而至床面的末端从 T_3 处排出，至于中矿则沿 $B'B$ 线由 T_2 排出。

摇床电选机在美国和印度都有应用，主要用于从石英、绿廉石等脉石中分选锆英石，还用来提纯金红石和钛铁矿等。

6.2.2　回旋电选机

回旋电选机为意大利卡利亚里大学所研制。其结构近于椭圆的闭合环形管道，管的切面为矩形，如图 6-8 所示。管道处安有电晕电极 4，5 为接地电极。其矿粒带电是在 BC 这一部分进行。从热风管道连接口 1 处给入热风，物料给入口 3 处给入物料，物料与气流沿管子上升。由于矿粒电性不同，导体矿粒吸附的电荷立即通过接地电极 5 传走，并随气流前进，从导体矿排出口 9 排出。非导体矿由于不能立即传走电荷，黏附在管壁上，由于气流推动而由非导体矿排出口 8 处排出。介于中间者，循环再选。根据矿物带电和电荷转变所需时间 t 的不同，电极的尺寸（BC 和 DC 长度）也可改变。

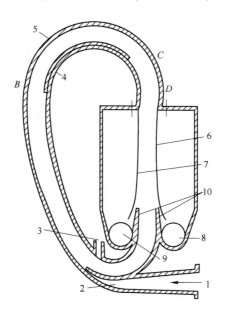

图 6-8　回旋电选机的构造示意图

1—热风管道连接口；2—调节活门；3—物料给入口；4—电晕电极；5—接地电极；
6—接地极；7—静电极；8—非导体矿排出口；9—导体矿排出口；10—分矿板

如果利用此种电选机选别摩擦带电的矿物，就不需要安装电晕电极 4 和接地电极 5，在该处衬以矿粒能与之摩擦带电的其他材料，只是在接地极 6、静电极 7 处安装静电极（电极 6 接地），以分选不同电荷的矿物。此机采用的电压较高，最高达 100kV。

资料报道表明，当分选粒度小于 0.6 ~ 0mm 的磁铁矿时，其分选效果较好，见表 6-3。对选 0.5 ~ 0mm 重晶石矿和黄铁矿烧渣，分选效果也较好。

表 6-3　0.6 ~ 0mm 的磁铁矿分选指标　　　　　　　　（%）

产品名称	产率	品位（Fe）	回收率
导体（精矿）	73.05	64.73	90.85
非导体（尾矿）	26.95	17.69	9.15
给矿	100.00	52.09	100.00

6.2.3　板网式电选机

板网式电选机接地板为一溜板，上面为一高压静电板，通一高压正电或负电，此电极断面为椭圆形，支撑于溜板之上，其构造简图如图 6-9 所示。给矿经给矿板（振动）溜下至接地溜板，进入电场作用区，矿粒被电极感应而荷电，导体矿粒被感应所荷电荷符号与带电极符号相反，从而吸向带电极。由于同时受到振动和重力分力的作用，故导体矿粒运动轨迹与非导体矿粒不同，从最前方排出。非导体矿粒虽也受到电场的作用，但只能极化，由于振动和矿流的流动作用，向下流动而和导体分开。在分选中由于细粒受电场力的影响较粗粒大，易混入导体矿粒中。另外，由于静电作用力小，粗的导体矿粒也可能混入到非导体产品中。

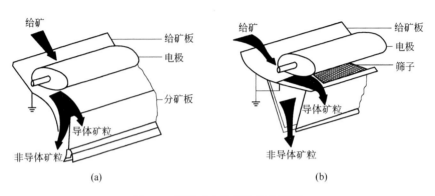

图 6-9　板网式电选机构造示意图
（a）板式；（b）筛网式

　　此种电选机主要用来从大量非导体产品中，分选出含量较少的导体矿物，在国外海滨砂矿采用的较多，主要从锆英石精矿中分出少量的金红石和钛铁矿。使用时为多台串联，构成一个或几个系列连续分选。图 6-10 所示为板网式电选机串联结构。

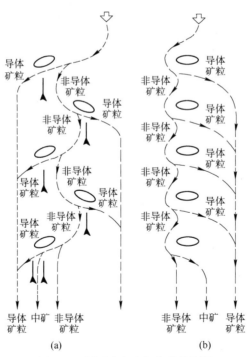

图 6-10　板网式电选机串联结构图
（a）板式；（b）筛网式

6.3　影响电选的因素

电选机目前大部分仍用于精选作业。所处理的物料，多为其他选矿法所得到的粗精矿，再用电选进一步得出合格精矿。电选机虽然结构简单，但在实际操作中影响因素较多，必需严格控制和调节，才能保证分选效果。另外，电选机所采用的电源多为高压，因此在操作维护上，需要按照操作规程，注意安全和设备维护。

6.3.1　电选的操作因素

电选机操作因素很多，现以复合电场电选机为例，概括为以下两个方面。

6.3.1.1　电选机工作参数的影响

A　电压大小

电压大小直接影响电场强度，同时也影响电晕放电电流的大小。电压高，电场强度大，电晕放电电流也大。表 6-4 为湖北某长石矿 $\phi370mm\times600mm$ 电选机，当极距为 60mm 时测得的电压与放电电流的关系。

表 6-4　$\phi370mm\times600mm$ 电选机电压与放电电流的关系

电压/kV	10	20	30	36	40	50
空转放电电流/mA	0.1	0.2	0.4		1.0	
带矿放电电流/mA		1.0	1.2	1.6	2.0	2.5

从表 6-4 中看到，电晕放电电流与电压成正比增加，电晕放电电流大，物料的体电荷必须增大，才能改进分选效果。但总的说来，为提高导体的质量，电压可高些；若要提高非导体的质量，电压宜小些。决定电压大小，还与被选物料的粒度有关。一般粒度大时，为使物料吸附在辊筒上，就需要提高电压；增大电场力，粒度小时电压可以小些。

B　电极的位置和距离

电晕电极的角度和距离的变化，影响到电晕电场充电区范围和电流的大小。电晕电极的作用主要是使矿粒充电，因而电晕电流的大小是决定分选效果的关键，图 6-11 和图 6-12 分别为电晕电极不同角度和不同距离对电场电流的变化曲线。

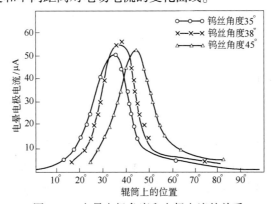

图 6-11　电晕电极角度和电场电流的关系

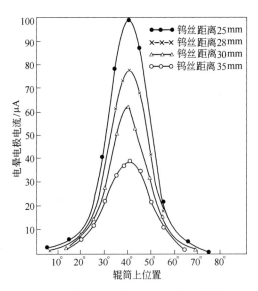

图 6-12　电晕电极角度和电场电流的关系

从图 6-11 和图 6-12 中可见，由于电晕电极角度的变化，最大电晕电流值的位置也发生改变。电晕电极和辊筒的距离减小，其电流值增大。电晕电流值的变化，直接影响分选效果。因此应通过试验，确定适宜的位置。一般电晕电极距辊筒的距离为 20~45mm，同辊筒的角度以 15°~25°之间为好。

偏向电极主要是产生静电场，它同转鼓电极相对位置的变化，能改变静电场的强度和梯度。它同转鼓的距离越小，静电场强度越大，当其距离太小会引起火花短路，因此确定它的位置时应以不引起短路为原则。一般偏向电极距辊筒距离为 20~45mm，它的角度在30°~90°范围之内。

偏向电极与电晕电极相对位置的变化对电场也有影响，常需在生产中根据原料性质通过试验确定。

C　辊筒转速

辊筒转速大小决定矿粒在电场区的停留时间和矿粒的离心力。物料在电场中经过时间要保证约 0.1s，就能使物料获得足够电荷。但转速也不能过低，过低会影响处理能力。一般大转速产量能提高，但矿粒的离心力也随着增大，这时会使矿粒所受的机械合力比静电吸引力大，非导体矿粒易混进导体矿粒部分，质量将下降。

辊筒转速与粒度的性质有关，一般粒度大时转速应小些，粒度小时转速应大些。原料中大部分为非导体矿粒时，为了提高非导体产品的质量，选用转速应稍大些。若原料大部分为导体矿粒，又为了提高导体产品质量，则转速可稍小些。

D　分离隔板位置

分离隔板位置直接影响产品的质量和数量。通常前分离隔板比较突出；后分离隔板不明显，因为非导体矿粒是由毛刷排出的。当要求导体纯净时，前分离隔板向前倾角可大些；若要求回收率高，则必须将前分离隔板向后倾。通常根据观察和经验，调整分离隔板位置。

6.3.1.2 物料性质的影响

物料性质主要是指所处理物料的水分含量、粒度组成和物料表面特性等。

物料水分会降低矿粒间的电导率的差异，而且会使导体和非导体矿粒互相黏结，严重恶化分选过程。通常辊筒电选机的给料水分不宜超过1%，细粒比粗粒要求更严格，水分过高要加温干燥。

加温干燥，不仅降低水分，还促使其电性发生变化。加温因矿石不同而异，不能统一规定温度；也不能加温太高，加温太高会破坏矿粒内部结构使电导率改变，反而造成恶果。如钽铌矿与石榴子石的分选，当温度升到300℃时，非导体石榴子石的导电性反而增加了，给分选造成了困难。干燥温度一般为100~250℃。

电选室内相对温度的变化，会引起矿粒表面水分的变化，因此，应注意室内空气温度对电选的影响。

用药剂处理分选物料，会改变矿粒表面电性。因此必要时，可采用具有一定选择性的药剂进行处理，以扩大分选物料间的电性差异。

矿粒在电选机中所受的离心力和重力，均和颗粒半径的立方成正比，因此物料粒度不均匀性对电选极为敏感。转辊转速一定，矿物颗粒愈大，需要相应增大电力（吸附力），来克服由于粒度加大而增大的离心力。但电力的加大是有一定限度的。因此目前被选物料粒度上限规定为3mm。但分选物料过细，由于互相黏附，也影响分选指标，因此分选粒度下限是0.05mm，最好分选粒级范围一般为365~175μm(40~80目)。

6.3.2 电选机的保护和操作安全

电选机是在高压下工作的，设备的安全操作和维护是极为重要的。生产中安装和使用电选机时，必须做到以下几点：

(1) 电选机必须安装在比较干燥的地方，并且要通风良好。因为高压设备在运转中会产生气态氮氧化物，对操作人员和设备有有害作用。

(2) 电选机所有接近电源的金属部件都必须接地，接地电阻要小于60Ω并设置专门接地干线。高压装置应采用电气闭锁系统和信号系统作特殊防护。

(3) 电选机前要铺设5mm左右的绝缘橡胶垫，操作人员操作时必须站在绝缘橡胶垫上。

(4) 电选机与高压发生器配置距离应适当靠近，以便缩短高压电缆线路的长度，这可减少故障，保证安全。

(5) 高压电断开时，高压电极上尚有残余电荷，必须用特制的接地放电器放电后，才能触摸。

(6) 整套设备要按照一定的操作和维护规程，严格操作，并定期进行检查和维护。

──────── 本 章 小 结 ────────

目前电选机的种类很多，其分类原则也各不相同，但主要是按以下四个原则来分的：
(1) 按矿物带电方法分；(2) 按电场特征分；(3) 按结构特征分；(4) 按分选粒度分。

鼓筒式电选机设备的种类较多，在生产上常用的设备有 φ120mm×1500mm 双辊电选机、YD 型电选机、卡普科高压电选机。

其他形式的电选机种类很多，主要有：电场摇床、回旋电选机、板网式电选机等。

电选机在目前大部分仍用于精选作业。所处理的物料，多为其他选矿法所得到的粗精矿，再用电选进一步得出合格精矿。电选机虽然结构简单，但在实际操作中影响因素较多，必需严格控制和调节，才能保证分选效果。另外，电选机所采用的电源多为高压，因此在操作维护上，需要按照操作规程，注意安全和设备维护。

电选机操作因素很多，现以复合电场电选机为例，概括为以下两个方面：

（1）电选机工作参数的影响：电压大小、电极的位置和距离、辊筒转速、分离隔板位置。

（2）物料性质的影响：物料的水分含量、粒度组成和物料表面特性等。

电选机是在高压下工作的，设备的安全操作和维护是极为重要的。生产中安装和使用电选机时，必须要达到要求。

复习思考题

6-1　简述电选法的发展和应用情况。

6-2　与电选有关的矿物电性有哪几种？说明其基本概念。

6-3　矿物的带电方法有几种，其荷电原理是什么？

6-4　矿物在鼓筒形电选机电场中受到哪些力，其作用情况如何？

6-5　电选机的电场有哪几种，其电极结构和配置类型怎样？

6-6　国内外常用的电选机有哪些？

6-7　以鼓筒形为例，说明提高电选效率在电场强度、鼓筒直径等方面应当如何改进？

7 磁电选矿的实践应用

7.1 强磁性铁矿石选别实例

7.1.1 铁矿石的工业类型

7.1.1.1 铁矿石的划分标准

钢铁工业是国民经济的基础工业，铁矿石是钢铁工业的主要原料。根据铁矿物的不同，有工业价值的铁矿石主要有：磁铁矿、赤铁矿、褐铁矿、菱铁矿和混合型铁矿石（如赤铁矿-磁铁矿混合矿石、含钛磁铁矿石、含铜磁铁矿石以及含稀土元素铁矿石等）。这些铁矿石的质量优劣（如含铁量、含杂质及其他有害成分、浸染粒度、氧化程度以及可选性等），直接影响选矿指标。因此，根据矿石性质（特别是可选性）的具体条件不同，对入选的铁矿石管理，首先必须明确对铁矿石的如下划分标准。

（1）根据矿石中含铁量分类，可将矿石划分为贫矿和富矿。

富矿：品位较高，可以直接进行冶炼。富矿又可分为高炉富矿和平炉富矿，前者用于炼铁，后者用于炼钢。

贫矿：必须经过选矿提高品位后，才能进行冶炼。

近年来为了提高高炉的入炉品位，或为了其他专门用途，对含铁量不到60%或65%的富矿，也要经选矿处理。

（2）根据矿石中脉石成分的不同分类，铁矿石可划分为以下四种。

酸性矿石：$w(CaO+MgO)/w(SiO_2+Al_2O_3)<0.5$；

半自熔性矿石：$w(CaO+MgO)/w(SiO_2+Al_2O_3)=0.5 \sim 0.8$；

自熔性矿石：$w(CaO+MgO)/w(SiO_2+Al_2O_3)=0.8 \sim 1.2$；

碱性矿石：$w(CaO+MgO)/w(SiO_2+Al_2O_3)>1.2$。

对于自熔性矿石，由于冶炼时可不搭配熔剂，故矿石中含铁量可低一些。酸性矿石冶炼时需配碱性熔剂，或与碱性矿石搭配使用。碱性矿石冶炼时需配酸性熔剂或酸性矿石搭配使用。半自熔性矿石冶炼时需配部分碱性熔剂或与碱性矿石搭配使用。

（3）根据氧化程度不同分类，即按$w(FeO)/w(TFe)$的比值不同，铁矿石可分为以下三种。

磁铁矿石：$w(FeO)/w(TFe)>36\%$；

氧化矿石：$w(FeO)/w(TFe)<28\%$；

混合矿石：$w(FeO)/w(TFe)=28\% \sim 36\%$。

应当指出的是，当铁矿石中具有含铁的脉石矿物时，特别是含有二价铁的脉石矿物，将会影响$w(FeO)/w(TFe)$的比值，这就会使该比值不能确切反映出铁矿石的氧化程度。

（4）根据矿石中所含应回收的有价成分分类　铁矿石可划分为以下两种。

单一铁矿石：有价回收成分仅为铁元素；它又可分为单一磁铁矿石，单一红矿（氧化矿）石和混合矿石。

复合铁矿石：除铁外，还含有其他应回收的有价成分。

7.1.1.2　铁矿石的工业类型

我国的铁矿资源丰富，总储量名列世界前茅，为我国钢铁工业的发展提供了优越的条件。

我国铁矿资源的特点是：矿石类型多、分布广、储量大，但贫矿多而富矿少。按原矿品位45%划分贫矿和富矿，贫矿约占86%，富矿约占14%，另外，弱磁性铁矿石多，而磁铁矿石少，特别是复合型铁矿石多，单一铁矿石少。根据上述的特点，我国有85%以上的铁矿石需要选矿处理后才能更好地利用，而且还要采用较复杂的选矿流程才能获得较高的选矿指标和有价成分的综合利用。

根据地质成因及工业类型不同，我国铁矿资源主要可划分以下几大类型。

A　鞍山式铁矿床

鞍山式铁矿床属于沉积变质类型，是我国主要的铁矿资源，它占我国已探明铁矿石储量的1/3左右。它主要分布在鞍山-本溪地区、冀东一带，此外山西、山东、江西、河南等地也有分布。

此类矿石矿物组成比较简单，为单一铁矿石，有用矿物为磁铁矿、假象赤铁矿、赤铁矿和少量褐铁矿。脉石矿物主要为石英，其次为角闪石、黑云母或辉石等硅酸盐矿物。脉石以石英为主时，称为含铁石英岩或称为石英质磁铁矿；以角闪石为主时，称为含铁角闪片岩。这类矿石绝大多数为高硅贫铁矿石，一般含铁20%～40%，含二氧化硅为40%～50%。局部地段因热液变质作用，有含铁高于45%的富矿，这类矿石含S、P及其他杂质较低。

鞍山式铁矿石除富矿多为块状构造外，其他品位较低的矿石绝大多数是条带状或条纹状构造。矿石浸染粒度细，结晶粒度通常为0.04～0.2mm，有些结晶粒度多数为0.015～0.045mm，需磨至-0.043mm的占95%以上才能单体分离。

根据所含磁铁矿和红铁矿比例不同又分为磁铁矿石、红铁矿石和混合矿石。红铁矿和混合矿比较难选，又加之原矿含铁品位较低和结晶粒度较细，很难达到较高的选矿指标。例如，要获得精矿品位高于65%，回收率在75%以上，必须采用较复杂的联合选矿流程才行。

B　攀枝花式铁矿床

攀枝花式铁矿床为钒钛磁铁矿，其成因多种多样，有岩浆型铁矿、火山岩型铁矿、沉积型铁矿、沉积变质型铁矿、接触交代和热液型铁矿等矿床。在上述矿床中，以岩浆型钒钛磁铁矿床规模最大。至于火山岩型、沉积型及沉积变质型规模最小，产地也不多，主要分布在西南攀西（攀枝花-西昌）地区，此外河北省承德等地也有分布。

西南攀-西一带是我国钒钛磁铁矿主要集中分布的地区，其储量巨大，是很有发展前途的巨大矿床。矿石中含有铁、钛、钒、钴、镍、铬、镓、铜、钨及铂族元素等十几种有用成分可供综合利用，其中以钒、钛、钴等金属储量相当可观。

矿石中金属矿物以磁铁矿、钛铁矿、钛铁晶石为主，其次为磁黄铁矿、黄铜矿、铬铁矿、镍黄铁矿、假象赤铁矿和褐铁矿，脉石矿物主要有拉长石、异剥辉石、角闪石等。矿石中钛铁矿、磁铁矿、钛铁晶石紧密共生，有的呈固融体存在，原矿含铁 20% ~53%。

矿石结构为致密块状、致密-稀疏浸染状及条状，共有五种类型，星散浸染状、稀疏浸染状、中等浸染状、稠密浸染状及块状铁矿石。钛铁矿多在磁铁矿中呈格状浸染，粒度在 0.05~1mm 之间，磁铁矿呈他形晶粒状，粒度在 0.5~2mm 之间。

C　白云鄂博式铁矿床

白云鄂博式铁矿床主要分布在内蒙古地区，湖南等地也有少量产出。内蒙古白云鄂博铁矿属于气成高温热液矿床，为一复合型多金属矿床。其中主要铁矿物为赤铁矿、磁铁矿、假象赤铁矿及少量的镜铁矿、褐铁矿、菱铁矿等，主要的铌矿物为铌铁矿、烧绿石、易解石、铌钙石、钛铁金红石等，主要的稀土矿物为独居石、氟碳铈矿、磷镧镨矿、氟碳钙矿等，其他还有铁钍矿、锆英石、重晶石、萤石、磷灰石、重金属硫化物等。脉石矿物主要为石英、玉髓、方解石、白云石、云母、钠长石、钠闪石等。因此，基本上可以说白云鄂博主、东矿区为一多金属复合矿体。

该矿含铁品位为 20% ~50%，铁矿矿物种类繁多，组成复杂，浸染粒度较细，矿物彼此共生紧密，因此，属于世界难选矿石之一。

D　大冶式铁矿床

大冶式铁矿床属于接触交代矽卡岩含铜铁矿床，主要分布在湖北大冶和河北邯郸等地。这类矿石的特点是除含磁铁矿、赤铁矿外，还伴生有以铜为主的有色金属矿物，如黄铜矿、黄铁矿、辉钴矿等，因此也有人称之为高硫型磁铁矿。大冶铁矿石分为原生矿和氧化矿两大类，根据这两类矿石含铜的高低又分为高铜矿石和低铜矿石两种。前者矿石含铜高于 0.3%，后者矿石含铜低于 0.3%。原生矿石中金属矿物主要为磁铁矿，此外，尚有少量的赤铁矿、黄铁矿、磁黄铁矿、黄铜矿、辉铜矿和铜兰等。氧化矿中主要金属矿物为假象赤铁矿、磁铁矿、褐铁矿、孔雀石、赤铜矿、黄铜矿、黄铁矿、辉钴矿等。原生矿和氧化矿的脉石矿物为石英、绿泥石、绢云母、方解石、白云石等。矿石多呈块状、稠密浸染状和细粒浸染状构造，浸染粒度不均匀，细粒浸染居多。

E　宣龙-宁乡式铁矿床

宣龙-宁乡式铁矿床属于沉积成因的鲕状赤铁矿。宣龙铁矿床同宁乡铁矿床的类型、矿物组成、矿石结构以及构造等差别都不大，宁乡铁矿床含磷及碳酸盐类矿物较高，而宣龙铁矿床鲕粒较大，含磷较低。它们的共同特点是鲕状构造，也有肾状和豆状构造。鲕状以赤铁矿为核心，也有以石英、绿泥石为核心的，由赤铁矿、石英、绿泥石互相包裹组成同心圆状构造。鲕粒直径大者有 1~2mm，小者只有几微米。

宣龙-宁乡式铁矿石的红铁矿储量比较大，仅次于鞍山式红铁矿的储量。这类矿床主要分布在河北、湖北、湖南、云南、贵州、广西等地，其中宁乡式储量较大。这类矿石的矿物组成较复杂，铁矿物以赤铁矿为主，菱铁矿次之，并有少量的褐铁矿。脉石矿物以石英、绿泥石为主，并有少量的玉髓、黏土等。矿石含铁 25% ~50%。

鲕状赤铁矿由于结构和构造都比较复杂，矿物种类繁多，一般含磷又较高，属于难选矿石。

　　F　镜铁山式铁矿床

　　镜铁山式铁矿床属于沉积变质矿床，矿床成因与鞍山式铁矿床相同，但该类型矿床的矿物组成和矿石结构又有某些特点。该矿床主要分布在西北甘肃境内。

　　这类矿床属于铁质碧玉型铁矿床。矿石中主要金属矿物为镜铁矿、菱铁矿，少量的是赤铁矿和褐铁矿；矿体深部偶尔有少量的磁铁矿。其他共生有用矿物为重晶石。脉石矿物主要为碧玉、铁白云石，少量为石英、方解石、白云石、绢云母等。

　　矿石含铁 30% ~ 40%，含二氧化硅 20%，含硫 0.1% ~ 2.8%，矿石呈条带状构造，条带由镜铁矿、菱铁矿、重晶石和碧玉组成。矿石的浸染粒度较细，结晶颗粒一般为 0.02 ~ 0.5mm，需磨矿到 $-74\mu m$ 的占 95% 以上才能达到单体分离。

　　G　大宝山式铁矿床

　　大宝山式铁矿床属于铁帽型中温热液类型（或风化淋滤及残余型矿床），如广东大宝山铁矿床，此矿床上部为铁帽，下部铁矿石中含有色金属矿物，如铜、铝、锌、铋及稀有金属（这类矿床有的下部不含有色金属，如江西铁坑）。铁帽中主要金属矿物为褐铁矿、水赤铁矿、水针铁矿，脉石矿物以石英为主，其次为黏土、云母、石榴石等。矿石呈松土状及蜂窝状构造，也有致密状和脉状构造。松土状和蜂窝状构造的矿石，易于粉碎和泥化；致密状和脉状构造的矿石比较坚硬，不易粉碎泥化。大宝山式红矿因含大量褐铁矿，而且矿物组成又比较复杂，也属于难选红铁矿。

　　H　其他类型铁矿床

　　我国铁矿床的工业类型，除上述几大类型外，尚有南山式和大西沟式等几种，其矿床成因、矿物组成和粒度嵌布等各有特点。由于矿石的磁性，有用矿物的浸染粒度以及矿石中有用矿物的种类、数量和产出形态等不同，处理各类铁矿石所采用的选矿方法、选别流程和选别设备也是不同的。对于磁铁矿石，无论粗粒嵌布，还是细粒嵌布，均采用经济而有效的弱磁场磁选机进行选别。对于弱磁性铁矿石，粗粒嵌布的多采用重选法。细粒嵌布的可采用磁化焙烧-弱磁场磁选法、浮选法、弱磁场磁选-浮选法、强磁场磁选-重选法等。对于含有色金属矿物和稀有金属矿物的铁矿石，则采用磁选法配合其他选矿方法（重选、浮选、电选）组成联合流程来选分。

　　但是，无论采用哪种选矿方法和选别流程，都应在选别过程中充分注意到矿产资源的综合利用，尽量回收矿石中的各种伴生的有价成分，特别是应积极采用先进技术和先进的工艺，努力提高劳动生产率和各项技术经济指标，认真贯彻精料方针，在提高精矿质量的基础上，努力提高金属回收率。

7.1.2　铁矿石的工业要求和产品质量

7.1.2.1　铁矿石的工业要求

　　对铁矿石的工业要求和标准，各国都是不大相同的，随着科学技术的发展也会有所变化。目前，我国需要经过选矿后才能冶炼的矿石和不需要选矿进入冶炼的矿石的一般工业要求见表 7-1。

表7-1 铁矿石一般工业要求

矿石类型		全铁含量 TFe/% ≥		有害杂质平均允许含量/% ≤								粒度/mm
		边界品位	工业品位	S	P	Cu	Pb	Zn	Sn	As	SiO₂	
（炼铁用）高炉富矿	磁铁矿 赤铁矿 镜铁矿	45	50	0.3	0.25	0.2	0.1	0.2	0.08	0.07		
	褐铁矿 针铁矿	40	45									
	菱铁矿	35	40									
（炼钢用）平炉富矿	磁铁矿 赤铁矿 镜铁矿	50	55	0.15	0.15	0.04	0.0	0.0	0.04	0.04	12	≥20
	褐铁矿 针铁矿	45	50									
贫矿	磁铁矿	20	25									
	赤铁矿	25	30									
	镜铁矿	20	25									
	菱铁矿	18	25									
	褐铁矿 针铁矿	20~25	25~30									

我国铁矿石的工业类型多，而且复合铁矿石占的比例比较大。在选分铁矿石时，应本着综合利用的原则，充分注意回收除铁以外的其他有价成分。铁矿石中综合回收伴生金属的最低品位可参考表7-2。

表7-2 铁矿石中综合回收伴生金属最低品位参考指标

元素	Co	Cu	Zn	Mo	Pb	Ni	Sn	P	TiO₂	V₂O₅	Ga	Ge
含量/%	≥0.02	≥0.2	≥0.5	≥0.02	≥0.2	≥0.2	≥0.1	≥0.8	≥5	≥0.2	≥0.001	≥0.001

7.1.2.2 产品质量标准

精矿质量标准一般由国家（或部）规定，在确定选矿厂指标时，要认真贯彻精料方针，在提高精矿品位的同时，努力提高金属回收率。

7.1.3 铁矿石选别实例

7.1.3.1 鞍山式磁铁矿的选别实例

鞍山式磁铁矿是我国重要的铁矿资源，对于磁铁矿石，磁选则是最有效最经济的选矿方法。

　　鞍山式磁铁矿属于沉积变质矿床，是一种细粒浸染的铁矿石，矿石的自然类型主要为含铁石英岩，由石英（或角闪石）和磁铁矿（有时为假象赤铁矿）组成。铁矿石分为贫矿和富矿两种，而以条带状构造的贫矿为主。在我国的磁选生产实践中，在处理磁铁矿石的选矿厂，大部分都采用阶段磨矿、阶段选别流程。为了满足钢铁工业对铁矿石质量日益增长的要求，生产优质精矿和超纯精矿，国内外进行了大量的试验研究工作。例如，有的选矿厂增加选别次数；有的选矿厂对磁选精矿进行反复选，把夹杂在磁选精矿中的连生体和单体石英分离出来；也有的选矿厂增设击振细筛与磨矿构成回路，把筛上产品送磨矿机再磨，筛下产品送去磁选，降低了精矿中的含硅量，从而可以得到优质的铁精矿。

　　对于磁铁矿-赤铁矿混合型铁矿石的选别工艺，近年来有较大的进展，特别是应用强磁场磁选机处理赤铁矿石，可以直接选分出大量合格的最终尾矿；有的采用磁选-重选联合流程选别，也取得了较好的选矿指标。

　　某厂处理的矿石是典型的鞍山式贫磁铁矿石，矿石中铁矿物以磁铁矿为主，含少量的假象赤铁矿、褐铁矿。脉石矿物以石英为主，其次为辉石、角闪石、云母、长石等。矿石呈条带状构造，条带由铁矿物层和脉石矿物层组成，磁铁矿在矿石中的嵌布粒度一般为0.2~0.3mm，有用矿物在矿石中的连生状态比较简单。脉石矿物中石英的粒度一般在0.2~0.5mm，而其中辉石的粒度比较细。矿石和岩石的松散系数均在1.5左右。矿石的普氏硬度为8~12，属于中硬矿石。磁铁矿的密度为3200kg/m³，岩石密度为2700kg/m³。原矿品位一般为26%~27%。

　　处理这类矿石，该厂采用阶段磨矿、阶段选别流程如图7-1所示。在这种流程中，首先把矿石粗磨到-74μm占30%~40%，使脉石矿物层与铁矿物层基本解离，粗磨产品经一次粗选，分出部分最终尾矿和需要再磨再选的粗精矿。粗精矿经过再磨后，-74μm占的65%~70%，此时大部分铁矿物和脉石矿物达到单体分离。细磨后的粗精矿经二次磁

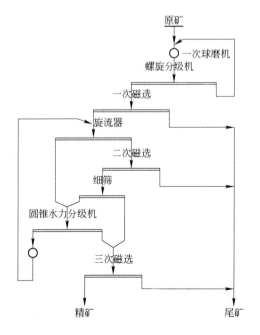

图 7-1　阶段磨矿、阶段选别流程

选,再次甩出部分合格尾矿。二次磁选精矿给入细筛,筛上产品进入圆锥水力分级机,进行再次分级,细粒级产物与细筛的筛下产物合并,进行第三次磁选,抛弃部分尾矿,并获得最终精矿。水力分级机的粗粒级产物进入二次球磨机,进行再磨矿。二次球磨机与水力旋流器、圆锥水力分级机构成闭路循环。

用此流程处理该类磁铁矿石获得的选矿指标是:原矿品位 26.87%,精矿品位 68.59%,金属回收率 76.45%。

应该指出的是,该选矿厂的细破碎产品经磁滚筒干选后再给入球磨机,这样可以在矿石入磨矿前及早抛弃混入围岩,既可节能,又提高了入选品位。但在生产中干选作业及其与整个流程衔接方面尚存在些问题。

另外,处理磁铁矿石的磁选厂,目前几乎全部在流程中增加了细筛作业。这是基于二次磁选精矿中,细粒级产品远高于粗粒级品位。增设细筛后,各选矿厂的精矿品位均大幅度提高。据鞍钢大孤山选矿厂、本钢南芬选矿厂、歪头山选矿厂、首钢大石河选矿厂、水厂选矿厂等统计,采用细筛作业,可使精矿品位提高 2%~4%。但各选矿厂均存在着细筛筛分效率低,造成二次磨矿机负荷过重等问题。水厂选矿厂为解决这个问题,采用圆锥水力分级机对细筛筛上产品再分级,以便提高分级效率,减轻球磨机负荷。虽然圆锥水力分级机尚存在着分级效率不高的缺点,但对整个流程仍有积极作用。

某厂所处理的矿石也是鞍山式磁铁矿,矿石中主要金属矿物为磁铁矿、假象赤铁矿、赤铁矿,其次是褐铁矿及少量的碳酸盐矿物等。主要脉石矿物为石英,其次是阳起石、绿泥石、云母、白云石等。矿石构造以条带状和块状为主。磁铁矿大部分为自晶形、半自晶形,一部分为粗粒变晶,尚有少部分细粒被脉石所包裹。矿物的结晶粒度很不均匀,磁铁矿粒度以 0.147~0.043mm 含量最多,粗者可达 0.711mm,细者可达 0.005mm 以下,小于 15μm 以下的占 4.76%,并部分呈包裹体存在。铁矿物平均粒度为 0.05mm。矿石中石英颗粒都在 1mm 以下,以 0.25~0.125mm 及 0.125~0.062mm 居多,平均为 0.078mm。

矿石硬度 $f=10~18$,密度为 3.3g/cm³。

矿石的化学组成分析结果见表 7-3。

表 7-3 矿石的化学组成分析结果

化学成分	$w(Fe_{总})$	$w(FeO)$	$w(SiO_2)$	$w(Al_2O_3)$	$w(CaO)$	$w(MgO)$	$w(MnO)$	$w(P)$	$w(S)$	$w(烧减)$
含量(质量分数)/%	30.26	15.89	46.32	3.24	3.33	2.75	0.12	0.053	0.092	0.86

该厂磁选车间投产后,采用两段闭路磨矿之间设置阶段选别的单一磁选流程。矿石经两段磨矿后粒度为 -74μm 的占 80%,精矿品位为 61%~63%。

为了提高最终精矿品位,该厂对原流程进行改革,在阶段磨选后又增加了细筛再磨作业,阶段磨选、细筛再磨工艺流程开始投产,其工艺流程如图 7-2 所示。从流程图 7-2 中可以看出,原矿经过阶段磨矿、阶段选别后,又经过三段细筛、一段磨矿及三段磁选作业后,得到最终精矿和尾矿。其年度生产技术指标列于表 7-4 中。

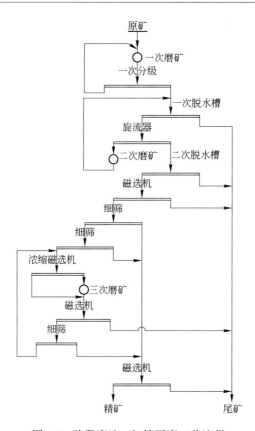

图 7-2　阶段磨选、细筛再磨工艺流程

表 7-4　阶段磨选、细筛再磨的年度生产技术指标

原矿品位/%	精矿品位/%	尾矿品位/%	回收率/%	选矿比/倍	电耗/kW·h·t⁻¹	磨机能力/t·h⁻¹
30.01	64.85	11.80	74.35	2.91	28.89	54.32
30.65	65.21	10.53	78.21	2.72	29.90	55.51
30.17	65.10	11.20	75.91	2.84	32.90	52.46
30.23	65.26	11.11	76.21	2.83	31.32	51.71
30.06	65.33	11.91	73.96	2.94	29.60	52.70
30.33	65.20	11.22	76.10	2.79	28.51	49.35

　　磁选车间增加细筛再磨作业后，精矿品位提高了3%左右，这在选矿技术上是一项重大进步。但增加细筛再磨作业后，工艺流程比较复杂，作业段数多，给操作、管理和维修带来了很多困难。由于增加了磨选和输送设备，随之增加了电能和各种材料的消耗，使选矿成本升高。特别是该流程没有充分利用矿石结晶粒度不均匀特性，第一、二段磨矿之间的选别作业只抛弃最终尾矿而不能获得最终精矿，使已达到单体解离的铁矿物造成过磨，影响了金属回收率的提高，又增加了二次磨矿机的负荷，浪费了设备能力。为了解决上述存在的问题，使生产成本降低，该厂工程技术人员提出改革现有的工艺流程，采用阶段磨矿、磁重联合工艺流程代替单一磁选、细筛再磨工艺流程的方案，如图7-3所示。

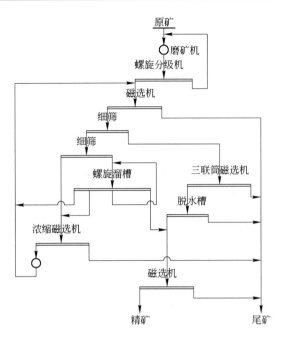

图 7-3　阶段磨矿、磁重联选工艺流程

新工艺流程共进行了两期工业试验。试验结果的是：当原矿品位为 30.24% 时，精矿品位为 65.79%，尾矿品位为 10.37%，金属回收率为 78.00%，生产技术指标较好。阶段磨矿、磁重联选工艺流程充分利用矿石结晶粒度不均匀的特性，在阶段磨矿后利用磁、重两种选别方法，可以分选出最终精矿和尾矿，减少了二次磨矿量，因此也减少了不必要的过磨和金属流失，有利于提高金属回收率。新工艺流程和阶段磨选、细筛再磨工艺流程相比，流程结构更趋于合理，设备数量减少，可省去再磨机和部分输送设备，对生产操作、技术管理和维修都是有利的。另外，在新工艺流程中还可以看到，采用阶段磨矿，磁重联合选别方法，细筛分级后实行粗、细粒级别分选，螺旋溜槽和三联筒磁选机分别回收粗、细精矿。一般磁选机提前抛弃绝大部分粗粒尾矿，中矿经过二次磨矿后，返回原回路是该流程几个突出特点。

经过两年多的工业试验结果表明，这种流程可以达到节能、增收、提高经济效益的目的。

目前，该厂磁选车间将采用阶段磨矿、磁重联选新工艺，代替现行的单一磁选、细筛再磨工艺流程。

7.1.3.2　攀枝花式铁矿石的磁选实例

攀枝花式铁矿石是一种含钒钛磁铁矿石，下面介绍处理这类矿石的性质和选别工艺流程。

A　矿石性质

某选矿厂处理的矿石中的铁矿物主要是钛磁铁矿和钛铁矿，其次是赤铁矿、褐铁矿、针铁矿和磁铁矿，硫化矿物主要是磁黄铁矿、黄铜矿和墨铜矿。脉石矿物主要有蚀变斜长石及绿泥石，其他还有方解石及磷灰石也常见，并有少量的角闪石、辉石、绢云母等。原矿的化学分析和矿物组成见表 7-5 和表 7-6。

表 7-5　原矿的化学分析结果

成分	$w(TFe)$	$w(FeO)$	$w(Fe_2O_3)$	$w(TiO_2)$	$w(V_2O_5)$	$w(Cr_2O_3)$	$w(Ga_2O_3)$	$w(SiO_2)$	$w(Al_2O_3)$
含量（质量分数）/%	30.55	22.82	18.32	10.42	0.30	0.029	0.0021	16.26	7.90
成分	$w(CaO)$	$w(MgO)$	$w(MnO)$	$w(S)$	$w(Co)$	$w(Ni)$	$w(Cu)$	w(烧减)	
含量（质量分数）/%	6.8	6.35	0.294	0.64	0.016	0.014	0.015	1.98	

表 7-6　原矿的矿物组成

矿物名称	钛磁铁矿	钛铁矿	硫化矿	钛普通辉石①	斜长石②
含量（质量分数）/%	43～44	7.5～8.5	1～2	28～29	18～19

①包括橄榄石等；

②包括绿泥石等。

矿石中的钛磁铁矿包括磁铁矿、钛铁晶石、镁铝尖晶石和少量钛铁矿片晶所组成的复合矿物相，粒度较粗，累计金属分布 80%～90% 的在 589μm（28～29 目）范围，易破碎解离。从铁的分布来看，79.3%～83.51% 赋存在钛铁矿中，是回收铁矿物的主要对象，其他赋存在钛铁矿和硅酸盐矿物以及硫化矿物中。

钛铁矿常与钛磁铁矿紧密共生，颗粒较大，80% 以上的在 500μ（35 目）左右，容易分选。从钛的分布来看，32.03%～38% 赋存在粒状钛铁矿中，是回收钛的主要对象；有 56%～62.74% 赋存在钛磁铁矿中，其他赋存在普通辉石中。钛磁铁矿中有钒，钒不是单独存在的；钴也是没有单独存在的，它主要呈类质同象赋存于黄铁矿中。

矿石硬度 9～13，真密度 3.8g/cm³，假密度 2.3g/cm³。

废石硬度 9～12，岩石密度 2.7g/cm³。

B　选别流程

该选矿厂目前主要回收的有用矿物为钛磁铁矿和钛铁矿，其选铁流程如图 7-4 所示。钛铁矿属于弱磁性矿物，关于选钛工艺流程实例在后面章节中论述。

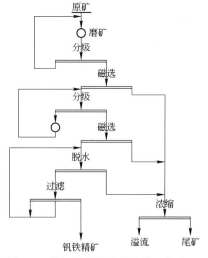

图 7-4　某钒钛磁铁矿的选铁工艺流程

原矿经过第一段磨矿后−74μm 的占 36% ~ 40%，进行一段弱磁场磁选机选别，抛弃部分最终尾矿；磁选精矿进行第二段磨矿，其磨矿细度−74μm 占 65% ~ 70%；再进行第二段弱磁场磁选机选别，可得到含铁 62.01%、V_2O_5 0.756%、TiO_2 7.61% 的铁精矿，精矿水分 8.88%，实际回收率 72.87%。

7.1.3.3　大冶式含铜磁铁矿的选别实例

大冶式铁矿石是一种含铜铁矿石，这种矿石分为原生矿和氧化矿两类，矿石的特征是含铜。原生矿中的金属矿物以磁铁矿为主，尚有少量的赤铁矿（假象赤铁矿）、黄铁矿、磁黄铁矿、黄铜矿、辉铜矿和铜蓝。氧化矿中主要金属矿物为假象赤铁矿，其次为褐铁矿和菱铁矿。伴生矿物有黄铜矿、黄铁矿、磁黄铁矿，还有少量的辉铜矿、孔雀石、赤铜矿、蓝铜矿和硅孔雀石，铜的含量具有工业价值。在原生矿中，硫和钴的含量较高，也具有工业价值。

脉石矿物为石英、绿泥石、绢云母、高岭土、方解右、白云石和普通角闪石等。

原生矿石硬度为 12 ~ 14，密度为 4g/cm，氧化矿石硬度为 8 ~ 10，密度为 3.6g/cm。

原生矿石具有致密状构造，由磁铁矿细粒和微细粒组成，颗粒间被非金属矿物充填。磁铁矿颗粒和集合体的大小在 0.2 ~ 0.001mm 之间。

在氧化矿石中，金属矿物和非金属矿物的单体分离度为：假象赤铁矿在 0.7 ~ 0.01mm 之间，赤铜矿 0 ~ 0.01mm 和孔雀石 0.1 ~ 0.01mm，石英在 0.4 ~ 0.01mm 之间，大多数金属矿物和非金属矿物为 0.5 ~ 0.01mm。

大冶铁矿原生带矿石，其中含有磁铁矿、赤铁矿、菱铁矿等共生组合的混合矿石，且量较大，这种矿石的矿物组成及含铁量见表 7-7。

表 7-7　混合铁矿中的主要矿物组成及含铁量

矿物名称	磁铁矿、假象赤铁矿	赤铁矿、褐铁矿	菱铁矿	白云石	绿泥石（粒）	绿泥石（片）
含铁量（质量分数）/%	69.44	70.00	40.30	9.32	23.00	19.99

矿物名称	角闪石	绿帘石	透辉石	石榴石（深）	金云母	石榴石（浅）
含铁量（质量分数）/%	14.60	11.47	1.91	14.48	2.4	4.94

大冶铁矿选矿厂根据上述的矿石性质，对原生矿和混合矿采用分别处理的选别流程，如图 7-5 所示。原矿石经过两段连续磨矿后，第一段磨矿粒度−0.074mm 的占 40% ~ 50%，第二段磨矿粒度的占 75%，首先进行优先浮选铜和硫，经过两次精选后得出铜硫混合精矿。然后再进行铜硫分离浮选，如图 7-6 所示。最后把优先浮选的尾矿进行磁选。优先浮选的尾矿按原生矿和混合矿，分别进入各自的选别流程进行磁选，从中选出铁精矿。该厂选矿生产指标为：原生矿石中的原矿含铁 44.25%，硫 2.499%，铜 0.499%，钴 0.021%；混合矿的原矿含铁 42.6%，硫 0.488%，铜 0.302%，钴 0.021%。综合铁精矿品位 61.03%（弱磁铁精矿 66.31%，强磁铁精矿 41.74%），理论回收率 82.86%，铜精矿品位

17.85%，回收率 74.88%；钴精矿含铜 0.422%，硫 40.67%，钴 0.234%，钴回收率 39.50%，硫回收率 44.49%。

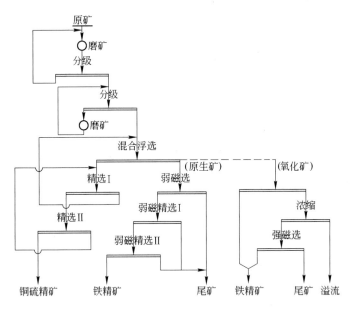

图 7-5　含铜铁矿石浮-磁选别流程

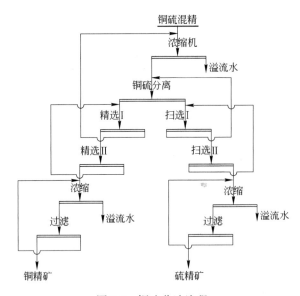

图 7-6　铜硫分选流程

7.1.3.4　含稀土元素铁矿石的磁选实例

白云鄂博矿是我国独特的大型多金属矿床，白云鄂博式铁矿石是含稀土元素铁矿石。矿石性质非常复杂，根据矿物成分可分为磁铁矿型和假象赤铁矿型高品位矿石、钠辉石型和钠闪石型高品位和低品位矿石。矿石中除含铁矿物外，还有一定数量的萤石和稀土矿物。矿床中大部分为中贫赤铁矿石，主要矿物组成见表 7-8。

表 7-8 白云鄂博式铁矿石主要矿物组成

矿物名称	赤铁矿	磁铁矿	萤石	钠角闪石	钠辉石	金云母	氟磷铈矿	独居石	白云石（方解石）	黄铁矿	重晶石	石英
含量（质量分数）/%	31	19.3	16.5	6.03	2.44	0.86	3.8	1.2	9.4	2.46	1.01	6.0

该矿石不仅矿物组成复杂，而且不同地段的有价元素含量也变化不一，此外各矿物间紧密共生，浸染粒度微细。例如：铁矿物粒度一般为 0.074~0.02mm，稀土、铌矿物粒度更细。

某选矿厂所处理的矿石为白云鄂博式铁矿石，由于该矿石性质复杂，国家有关科研单位和该厂对这类矿石的选矿方法和选别流程进行了大量的试验研究工作。早期主要研究回收铁的流程，后来开展回收萤石、稀土的研究，20 世纪以来，大力进行综合回收铌、钡、磷的研究。目前现场生产工艺流程有：氧化矿联合选别流程、氧化矿焙烧磁选流程和磁铁矿磁选流程。无论采用哪种生产工艺流程，处理这类矿石必须充分注意回收矿石中的有用成分。但是，由于矿石成分复杂，嵌布粒度很细，各种矿物致密共生，可选性相近，原设计存在问题，该厂自投产以来，流程不断变化，生产指标不够理想。到目前为止，处理这类矿石较为适宜的工艺流程仍在探索和研究中。对中、贫氧化矿，用磁选法先回收磁铁矿，矿石中的赤铁矿、稀土矿物、含钛矿物、含铌矿物、含氟矿物主要富集于磁选的尾矿中，再用浮选和其他选矿方法对他们进行回收比较合适。图 7-7 为该厂第三系列生产流程，原矿经过三段连续磨矿后，磨矿细度-74μm 的占 90% 以上，先进行弱磁选别得到铁精矿，含铁 59%~61%，含氟小于 3%，铁回收率 48%~50%。弱磁选尾矿经过浓缩后进行反浮选，先选出萤石，之后进行稀土粗选和稀土精选，得到稀土精矿，含 TR_2O_3 大于 14%。

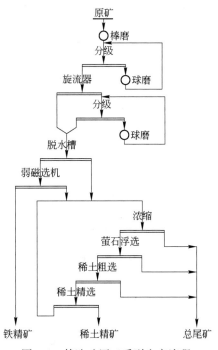

图 7-7 某选矿厂三系列生产流程

7.2　弱磁性铁矿石的磁化焙烧

磁化焙烧是利用一定条件在高温下将弱磁性矿物（赤铁矿、褐铁矿、菱铁矿和黄铁矿等）转变成强磁性矿物（如磁铁矿或 γ-赤铁矿）的工艺过程。经过磁化焙烧工艺后的铁矿石，称为人工磁铁矿，用弱磁选机选别很有效。其特点是：选别流程简单，分选效果好。

焙烧磁选法，在我国目前处理弱磁性贫铁矿石的工业生产中，占有一定的地位。我国在焙烧磁选实践中，对强化焙烧磁选工艺、焙烧设备的设计和改进、处理复杂铁矿石的磁化焙烧和粉矿石的焙烧工艺方面，做了很多试验研究工作，在技术上有独到的一面。

目前，在弱磁性铁矿石的选矿方面，国内外多用重选、浮选、强磁选和焙烧磁选；也有用重-磁-浮、磁-浮、重-浮等联合流程的。但总的看来，焙烧磁选法是比较成熟的工艺。

7.2.1　弱磁性铁矿石磁化焙烧的原理

7.2.1.1　磁化焙烧的目的

铁矿石磁化焙烧的主要目的是将弱磁性铁矿石，转变为强磁性铁矿石。除了提高矿石的磁性外，还可获得如下效果：

（1）排除矿石中的气体和结晶水。如褐铁矿（或含水赤铁矿）与菱铁矿，经焙烧后逸去了水和二氧化碳，相应地增加了矿石的孔隙率，提高了矿石的品位。这不但对分选有利，同时对高炉冶炼也有好处。

（2）从矿石中排除有害元素。如矿石中含有硫和砷等有害杂质，焙烧时硫、砷变为气体从矿石中排出。

（3）使矿石结构疏松，性质变脆。这有利于破碎和磨矿，降低破碎和磨矿成本，提高作业效率。

7.2.1.2　弱磁性铁矿石磁化焙烧的原理

由于所焙烧的矿石性质不同，其化学反应也不相同，故焙烧原理也不一样。根据其化学反应可分为还原焙烧、中性焙烧和氧化焙烧。

（1）还原焙烧。还原焙烧是在还原气氛中进行的，造成还原气氛的还原剂通常为 C、CO 和 H_2，这种焙烧适用于赤铁矿（Fe_2O_3）和褐铁矿（$2Fe_2O_3 \cdot 3H_2O$）。对赤铁矿而言，使矿石升温在 $550 \sim 600℃$，将赤铁矿还原成磁铁矿，其反应如下：

$$3Fe_2O_3 + C \xrightarrow{570℃} 2Fe_3O_4 + CO \uparrow$$

$$3Fe_2O_3 + CO \xrightarrow{570℃} 2Fe_3O_4 + CO_2 \uparrow$$

$$3Fe_2O_3 + H_2 \xrightarrow{570℃} 2Fe_3O_4 + H_2O \uparrow$$

褐铁矿在加热过程中，首先排除结晶水，变为不含水的赤铁矿，再按上述还原反应进行。

（2）中性焙烧。这种焙烧用于焙烧菱铁矿，为了保持中性气氛，焙烧时不通入空气或通入少量空气，加热到 300~400℃ 时，菱铁矿则按下式反应：

不通入空气：$3FeCO_3 \xrightarrow{300~400℃} Fe_3O_4 + 2CO_2\uparrow + CO\uparrow$

通入少量空气时：$2FeCO_3 + \dfrac{1}{2}O_2 \xrightarrow{300~400℃} Fe_2O_3 + 2CO_2\uparrow$

$$3Fe_2O_3 + CO \xrightarrow{300~400℃} 2Fe_3O_4 + CO_2\uparrow$$

（3）氧化焙烧。这种焙烧是专门对黄铁矿而言的，如黄铁矿在氧化气氛（保持氧化气氛要通入大量空气）中短时间焙烧时，首先被氧化成磁黄铁矿，其反应如下：

$$7FeS_2 + 6O_2 = Fe_7S_8 + 6SO_2\uparrow$$

延长焙烧时间，磁黄铁矿按下列反应转变成磁铁矿：

$$3Fe_7S_8 + 38O_2 = 7Fe_3O_4 + 24SO_2\uparrow$$

这种方法多用于从稀有金属精矿中用焙烧磁选的方法分离出硫铁矿。

以上三种焙烧方法，是按照不同矿物为了提高其磁性所采用的方法。实际上矿石的铁矿物组成往往不是单一的铁矿物，而是同时含有几种铁矿物。如我国四川綦江铁矿、云南王家滩铁矿，其铁矿物组成基本上是赤、菱混合矿，赤铁矿约 60%、菱铁矿约 40%。另外，如我国某铁矿，其铁矿物组成见表 7-9。

表 7-9 某矿区铁矿物组成（质量分数） （%）

矿物种类	矿物含量		
	矿样 I	矿样 II	矿样 III
镜铁矿	45.0	43.5	45.5
褐铁矿	21.0	16.2	20.5
菱铁矿	34.0	40.3	34.0
总计	100.0	100.0	100.0

上述矿石只用中性焙烧效果不好，如果在中性焙烧的基础上，加还原剂再进行还原焙烧，能够获得良好的效果。原来綦江铁矿的焙烧磁选工艺就是采用这种办法。

决定矿石焙烧方法时，必须根据矿石性质，通过试验研究确定。我国的焙烧磁选厂，多采用还原焙烧，以下重点介绍还原焙烧。

7.2.1.3 还原焙烧产品的质量检查

还原焙烧矿的质量，一般用还原度来表示。和磁性率的计算公式一样，它表示还原焙烧矿中 FeO 含量占全铁含量的百分数，以下式表示：

$$R = \frac{w(\mathrm{FeO})}{w(\mathrm{TFe})} \times 100\%$$

式中　　R——还原度，%；

$w(\mathrm{FeO})$——还原焙烧矿中 FeO 的含量（质量分数），%；

$w(\mathrm{TFe})$——还原焙烧矿中全铁的含量（质量分数），%。

在理想情况下矿石中的 Fe_2O_3 全部还原为 Fe_3O_4 时，还原焙烧的效果最好，还原焙烧矿的磁性也最强。由于 Fe_3O_4 系一个分子的 FeO 与一个分子的 Fe_2O_3 结合而成，即 FeO·Fe_2O_3。当全部还原时，矿石中的 Fe_2O_3 与 FeO 的数量相等，即两者结合为 Fe_3O_4 外，各无余量，此时还原度为：

$$R = \frac{55.84 + 16}{55.84 \times 3} \times 100\% = 42.8\%$$

这种值是衡量焙烧矿质量的标准。如 R>42.8% 时，说明焙烧矿发生过还原，有一部分磁铁矿已变成 FeO。当 R<42.8% 时，说明焙烧矿还原不够，还有一部分赤铁矿未还原成磁铁矿。实际上由于焙烧过程的不均匀性和焙烧因素的波动，很难达到此标准值。根据鞍钢烧结总厂的经验，一般还原度以 42%~52% 作为焙烧合格矿。因为此时焙烧矿的磁性较好，磁选回收率也较高。

应当特别指出的是：R 并不能确切地表示出焙烧矿的还原度。因为矿石在焙烧炉中还原时，炉内温度会有波动，局部区域也会有温度偏高现象，大块矿表层可能发生过还原，内部也可能还原不够，而这些大块只有少量赤铁矿转变为磁铁矿。从矿块整体来看，它的还原度可能在 42.8% 左右，实际上还原不均匀，磁性并不好。

用还原度表示焙烧矿的质量显然是有缺点的，但是它简单易行，有一定实用价值，现在有些厂还用此法检查焙烧产品质量。近年来鞍钢烧结总厂用磁化率来表示，其办法是：从焙烧产品中取代表性试样，用一定数量作化学分析，主要分析全铁含量。另取一定量试样用磁性分析仪进行磁性成分含量分析，得到磁性产品作化学分析，算出磁性铁含量，再进一步计算出磁性率（即磁化率 $= \frac{w(\mathrm{MFe})}{w(\mathrm{TFe})} \times 100\%$，$w(\mathrm{MFe})$ 为磁性铁含量，$w(\mathrm{TFe})$ 为全铁含量）。很显然，此法能准确反映出焙烧矿的质量。

7.2.2　赤铁矿的还原焙烧

7.2.2.1　还原焙烧过程

这里我们以竖炉为例，其主要还原过程如图 7-8 所示。

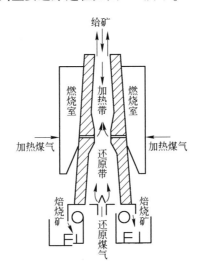

图 7-8　竖炉还原过程示意图

矿石经给矿漏斗给到上部预热带，在预热带预热到一定温度（这一带废气温度一般为150~200℃），靠自重下落进入到加热带，加热至 700~800℃ 后进入还原带；在还原带内，矿石与下部进入的还原煤气接触而被还原；还原后由排矿辊卸出，在水中冷却后送选矿工序处理。

整个焙烧过程由加热、还原和冷却三个环节组成，这三个环节是互相联系，又互相影响的，其中关键的一环是还原。加热是为矿石进行还原创造必要的条件，而冷却是为了保持还原的效果。

还原过程是一个多相反应过程，即固相（铁矿石）和气相（还原气体中的 H_2、CO）发生反应，其过程分为三个阶段：

（1）扩散和吸附。由于还原气体的对流或分子扩散作用，还原气体分子吸附于矿石表面。

（2）化学反应。被吸附的还原气体分子与矿石中铁氧化物相互作用，进行还原反应。

（3）气体产物的脱附。反应生成的气体产物脱离矿石表面，沿着和矿石运行相反的方向扩散到气相中去。

这三个阶段的进行和矿石的特性、还原剂的特性及温度有着密切的关系，下面将分别讨论这些关系。

7.2.2.2　矿石特性对还原焙烧的影响

矿石特性主要是指矿石（铁矿物）的物质组成，矿石的粒度组成和脉石矿物的成分，现分叙如下：

（1）矿石（铁矿）的物质组成对还原焙烧的影响。这里所说的矿石的物质组成，主要是指矿物的种类和结构状态等，进行还原焙烧的铁矿物主要有赤铁矿、褐铁矿和菱铁矿等。含赤铁矿的矿石，由于其结构不同，还原性能也有很大的差别。例如，石英质磁铁矿，有些呈层状结构，在加热过程中赤铁矿和石英，由于膨胀变化不同而出现裂缝。这有利于还原剂分子的扩散，提高矿石的还原速度和焙烧矿的质量。

矿石结构呈致密块状、鲕状和结核状的，还原性能较差。

对褐铁矿来说，由于褐铁矿分子中含有 10% ~ 15% 或更多的结晶水，当温度到达 100℃ 时，结晶水开始挥发，从而增加了矿石的气孔率，有利于提高还原速度。

菱铁矿加热到 350℃ 之后，开始分解出大量的 CO 和 CO_2 气体，这样一方面增加了矿石的气孔率，另一方面分解出的 CO 又增加了反应中还原剂的浓度，有利于还原过程的进行。

（2）矿石的粒度组成对还原焙烧的影响。矿石的粒度愈大，比表面积也就愈小，与还原剂接触表面就少，还原过程就比较慢。生产中常有矿块表层和内部还原不均匀的现象，矿块粒度愈大这种现象就愈严重。

矿块的还原不均匀性又和还原温度、还原时间有着密切的关系。矿块粒度愈大、还原温度愈高，还原时间愈长，这种不均匀性愈显著，见表 7-10。

表 7-10　不同温度、不同还原时间各级别矿块的还原度

还原温度/℃	还原时间/h	粒度/mm			
		100	75	50	30
450	4	46.02	53.27	55.00	80.02
450	3	42.92	44.66	57.85	70.00
450	2	35.00	41.50	43.93	45.48

还原温度/℃	还原时间/h	粒度/mm			
		100	75	50	30
600	4	60.55	85.00	78.30	110.00
600	3	50.79	59.97	60.64	79.00
600	2	49.50	51.44	66.33	60.01

为了改善焙烧矿质量，应降低入炉矿块粒度上限，提高粒度下限（粒度过小，料层透气性差）。对竖炉来说，焙烧粒度范围为 75~20mm 是比较合适的。此外，竖炉装料时应防止矿石产生偏析，使矿石粒度沿炉体分布均匀，以便得到较好的焙烧质量。

（3）脉石矿物的成分对还原焙烧的影响。以石英为主要脉石的铁矿物，在焙烧过程中，石英在 570℃ 时转变为 β-石英，吸收一部分热量（2510J/mol），并有 2% 的线膨胀。在 870℃ 或更高温度下转变为体积更大的鳞石英，这有助于矿石在加热过程中的爆裂，加快还原速度，减少焙烧矿表层和内部还原的不均匀性。

此外，石英在 900℃ 时和氧化铁发生反应，生成低熔点（1205℃）的硅酸铁（Fe_2SiO_4）。它的磁性很弱，影响磁选回收率，因此焙烧温度不可过高。

7.2.2.3　温度对还原焙烧的影响

还原焙烧是在高温下进行的，温度的变化对还原焙烧起决定性作用。为了说明温度对还原焙烧的影响，下面我们研究铁氧系状态平衡图。图 7-9 表示温度对铁的氧化物转变过程的影响，称为铁氧系状态平衡图。

图 7-9 中横坐标是铁的氧化物中氧与铁的百分含量，纵坐标表示矿石的加热温度。赤铁矿的含氧量为 30%。当赤铁矿被加热还原时，在还原气氛下从 400℃ 开始分解出氧（从 B 点开始），分解出的氧被还原气体吸收。在温度到达 570℃ 时，赤铁矿在较短时间内即可完全被还原成磁铁矿（C 点）。从 B 点到 C 点的过程就是赤铁矿的还原过程。

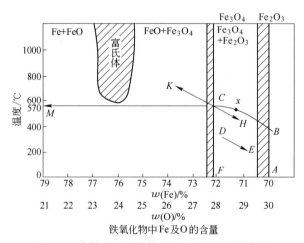

图 7-9　赤铁矿还原焙烧过程的 Fe-O 系平衡图

AB 线—赤铁矿加热过程；BC 线—赤铁矿还原过程；CF 线—磁铁矿在中性气氛中冷却；
CH 线—磁铁矿氧化冷却生成 α-Fe_2O_3；DE 线—磁铁矿在 400℃ 以下氧化冷却生成 γ-Fe_2O_3；
CK 线—过还原生成 FeO（富氏体）失去磁性；CM 线—过还原生成 Fe 保持磁性；x 点—还原不足

反应到 C 点后，为了保证焙烧矿的质量，应立即停止升温，在无氧的气氛中逐渐冷却到 F 点。此时焙烧矿中铁氧化物的存在状态是磁铁矿，矿石磁性最好。

如果矿石在还原气体中停留时间不足，则还原过程不能最后完成，如 BC 线上的 x 点。此时矿石中尚有一部分 Fe_2O_3 没有起还原反应。因此，这时的还原度低于 42.8%。为了使赤铁矿完全被还原成磁铁矿，矿石应该在还原气体中停留足够的时间。

反应进行到 C 点后，如温度再升高，反应沿着 CK 线继续进行。这时不仅引起燃料的过多消耗，降低焙烧炉的生产能力，而且当温度超过 570℃ 时，将产生过还原现象，生成弱磁性的 FeO。其反应为：

$$Fe_3O_4 + CO \Longrightarrow 3FeO + CO_2$$
$$Fe_3O_4 + H_2 \Longrightarrow 3FeO + H_2O$$

如果在 C 点将焙烧温度保持在 550~570℃ 时，反应将沿着 CM 线进行，这时一部分 Fe_3O_4 被还原成金属铁，这也是过还原现象。虽然金属铁是强磁性的，但这种现象也不希望产生。

如将还原过的焙烧矿从 C 点开始，在隔绝空气的情况下冷却到 400℃ 以下，即沿 CD 线冷却，则焙烧矿不会氧化而改变成分，都以 Fe_3O_4 的状态存在。从 D 点开始在空气中冷却，这时焙烧矿将沿 DE 线变化，则磁铁矿被氧化成强磁性的 $\gamma\text{-}Fe_2O_3$，其磁性接近磁铁矿，见表 7-11。

表 7-11 Fe_3O_4、$\gamma\text{-}Fe_2O_3$ 和 $\alpha\text{-}Fe_2O_3$ 的特性

分子式	晶体	晶格常数 A	磁性
Fe_3O_4	立方晶系	8.4	强磁性
$\gamma\text{-}Fe_2O_3$	立方晶系	8.4	强磁性
$\alpha\text{-}Fe_2O_3$	菱形晶系	5.42	弱磁性

还原成的磁铁矿，如在 400℃ 以上和空气接触冷却，这时将沿着 CH 线被氧化成弱磁性的 $\alpha\text{-}Fe_2O_3$，这就会使焙烧矿质量下降。

综上所述，还原焙烧温度必须严加控制。温度过高会形成富氏体（FeO 溶于 Fe_3O_4 中的低溶点混合物，又称为固溶体）和弱磁性的硅酸铁，对磁选不利，并造成焙烧矿中的炼块和炼炉现象。低温时，例如在 250~300℃ 时，虽然赤铁矿可以被还原成磁铁矿，也不会发生过还原，但还原反应速度很慢。这不仅影响炉子的生产能力，而且低温下生成的 Fe_3O_4 磁性也较弱。工业生产上不采用低温还原焙烧，生产上赤铁矿有效还原温度下限为 450℃，适宜的还原温度为 700~800℃。对于气孔率小、粒度大的难还原矿石，或采用固体还原剂时，一般要 850~950℃ 的还原温度。究竟用多高的还原温度，一般在保证焙烧矿质量的情况下，应适当提高还原温度。因为随着温度的提高，还原速度加快，炉子的生产能力也随之提高。

炉子采用多高的还原焙烧温度，采用什么方式冷却焙烧矿，要根据具体还原焙烧条件，通过试验确定。

7.2.2.4 还原剂成分对还原焙烧的影响

A 还原焙烧用的还原剂

还原焙烧中所用的还原剂主要是气体还原剂和固体还原剂。目前我国焙烧铁矿石主要

使用气体还原剂，常用的气体还原剂为煤气和天然气。

焙烧用的煤气有高炉煤气、炼焦煤气、混合煤气、发生炉煤气和水煤气。各种煤气的成分见表7-12。

表7-12　各种煤气的主要成分

煤气种类	煤气成分（体积分数）/%							Q_H /kcal·m^{-3}
	CO_2	C_nH_m	O_2	CO	H_2	CH_4	N_2	
炼焦煤气	3.0	2.8	0.4	8.80	58	26	1.1	4800
混合煤气	13.0	0.4	0.5	22.3	14.3	5.1	44.4	1552
高炉煤气	15.36	—	—	25.37	2.11	0.36	56.8	830
水煤气	8.0	—	0.6	37.0	50.0	0.4	4.0	2430

注：1kcal=4.184J。

我国某铁矿选厂所用的天然气成分见表7-13。

表7-13　某铁矿选厂采用的天然气成分

种类	成分含量（体积分数）/%							
	CH_4	N_2	C_2H_6	CO_2	H_2S	CO	H_2	O_2
天然气	97.8	1.27	0.58	0.28	0.28	—	0.07	—
裂化还原气	0.0	68.85	0.60	4.00	—	10.83	15.52	0

该矿用天然气预热矿石，用裂化气体作还原剂。裂化还原气体是经裂化处理而成，对裂化还原气的设计要求为 $\varphi(H_2+CO) \geqslant 26\%$。

使用混合煤气、炼焦煤气和水煤气时所得焙烧矿的选别结果，见表7-14。

表7-14　混合煤气、炼焦煤气和水煤气焙烧矿的选别指标　　　　　　（%）

煤气种类	原矿品位	精矿品位	尾矿品位	回收率
混合煤气	36.95	62.55	10.94	85.30
炼焦煤气	35.24	56.27	11.95	83.91
水煤气	33.02	63.20	8.04	86.40

从表7-14中看出，焙烧矿选别指标用水煤气最好，混合煤气稍差，炼焦煤气最差。其主要原因是水煤气作还原剂有下述优点：

（1）有效还原剂成分高。$CO+H_2$ 的含量高达87%，而炼焦煤气为66.8%，混合煤气为36.6%（见表7-12），因此，还原性能好。生产上使用这种煤气时，竖炉生产能力较使用焦炉煤气高。

（2）其中 CH_4 和高级碳氢化合物少，热损失低，因为在还原焙烧条件下 CH_4 等燃烧不完全而易损失掉。

（3）CO 含量高，还原反应放热较大，可减少加热煤气用量；但是，单一的 CO 还原速度较慢。如果还原煤气中有适量的 H_2 能显著提高还原速度，从这一点看水煤气和混合煤气较炼焦煤气好。但水煤气要建煤气发生站，基建投资高；在冶金企业中采用混合煤气，有利于整个企业的煤气平衡，技术经济上较为合理。当煤气中 CO 含量高时，要加强管理和安全措施。

B　还原剂在还原焙烧中对矿石的作用

在还原焙烧中，起还原作用的成分主要是 CO 和 H_2。其反应性质也不相同，以下分别简略说明两者的反应情况。

（1）CO 的还原性能。用 CO 作还原剂时，在 250~300℃时，赤铁矿就开始还原成磁铁矿，即：

$$3Fe_2O_3 + CO \xrightarrow{\hspace{1cm}} 2Fe_3O_4 + CO_2$$

此时反应速度慢。当温度高于 570℃时，反应速度进行得比较快。这时如果 CO 含量较高，还原时间过长，将发生下列反应：

$$Fe_3O_4 + CO \xrightarrow{\hspace{1cm}} 3FeO + CO_2$$
$$Fe_3O_4 + 4CO \xrightarrow{\hspace{1cm}} 3Fe + 4CO_2$$
$$FeO + CO \xrightarrow{\hspace{1cm}} Fe + CO_2$$

这组反应并不希望出现，因为它会造成焙烧炉中的炼炉和炼块现象，浪费了煤气，降低炉子的生产能力等一系列问题。但时间太短，还原也不完全。

在上述反应中生成的 CO_2，对还原不利，因 CO_2 对矿石表面吸附能力较 CO 强，CO_2 吸附到矿石表面会阻碍 CO 吸附，降低了还原速度。同时 CO_2 浓度的增加还导致新生成的 CO_2 向外扩散的困难，还原速度也就更慢。排除这种影响的方法是升高温度，提高气流速度，使生成的 CO_2 及时排出。

用 CO 作还原剂的还原反应是放热反应，可减少加热煤气用量，但是，单一的 CO 还原速度较慢。配合适量的 H_2 能显著提高还原速度。

（2）H_2 的还原性能。用 H_2 作为还原剂时，赤铁矿还原反应如下：

$$3Fe_2O_3 + H_2 \xrightarrow{\hspace{1cm}} 2Fe_3O_4 + H_2O$$

在 570℃以上，可发生下列反应：

$$Fe_3O_4 + H_2 \xrightarrow{\hspace{1cm}} 3FeO + H_2O$$
$$FeO + H_2 \xrightarrow{\hspace{1cm}} Fe + H_2O$$

这组反应也为过还原，应设法避免。值得提出的是，焙烧炉中的反应是很复杂的，这里仅说明了一些主要的变化，其他变化还很多。例如，在较高温度下炉中蒸气和 CO、C 等也会发生反应：

$$H_2O + CO \xrightarrow{\hspace{1cm}} H_2 + CO_2 \qquad 在 500℃ 左右进行$$
$$H_2O + C \xrightarrow{\hspace{1cm}} 2H_2 + CO_2 \qquad 在 500~1000℃ 进行$$
$$H_2O + C \xrightarrow{\hspace{1cm}} H_2 + CO \qquad 在 500~1000℃ 进行$$

反应结果，能使还原剂成分增加，有利于还原过程的进行。

7.2.3　还原焙烧炉

还原焙烧的炉型有很多种，我国广泛采用的为鞍山式竖炉，本节重点介绍鞍山式竖炉，其他简略介绍。

7.2.3.1　鞍山式竖炉

目前竖炉有效容积有 $50m^3$、$70m^3$ 和 $100m^3$ 的。$70m^3$ 的为改造炉型，它是在 $50m^3$ 竖

炉的基础上改造而成，其外形尺寸和 50m³ 的完全一样，只是加热带横向炉膛由宽 450mm 增加到 1044mm，炉内加热带增设了一层横穿梁（共 7 根），故称之谓 70m³ 梁式竖炉。

A　50m³ 竖炉

50m³ 竖炉为长方形，炉体轮廓尺寸高 9m、长 6m、宽 3m，炉子结构如图 7-10 所示。

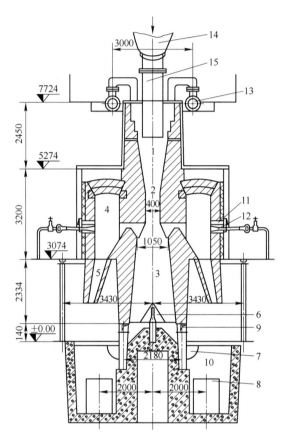

图 7-10　50m³ 竖炉结构图

1—预热带；2—加热带；3—还原带；4—燃烧室；5—灰斗；6—还原煤气喷出塔；
7—排矿辊；8—搬出机；9—水箱梁；10—冷却水池；11—窥视孔；12—加热煤气烧嘴；
13—废气排出管；14—矿槽；15—给料漏斗

沿炉体纵向自上而下分为三段（或三带）：

（1）预热带：由给料斗向下垂直至斜坡和加热带交点为预热带，此带高 2.7m。预热带炉膛耐火砖体的角度对于矿石的下降速度、预热温度有直接关系。矿石在此带利用上升废气的热量预热，此带平均温度为 150 ~ 200℃。

（2）加热带：这一带由炉体腰部最窄处（即导火孔中心线至上部平行区）到炉体砌砖的斜坡交点，其高度为 900 ~ 1000mm、宽 400mm。加热带的宽度对炉体寿命，焙烧矿的质量影响很大。在矿石粒度相同的情况下，加热带过宽温度就较低。特别在炉体中心部位的矿石加热温度低，还原质量差，但此时炉体寿命长。加热带过窄，可使矿石温度提高，但炉体砌砖磨损大，寿命短，炉子的产量也将降低。合适的宽度，对于块状矿石（75 ~

20mm 矿块）以 2400 ~ 500mm 为宜，对粉状矿石应适当窄些。

（3）还原带：这一带是从加热带导火孔向下，直至炉底，有效长度为 2.6m。为了使矿石在还原带充分和还原气体接触，还原带呈向下扩散状。

炉体下部两侧有两个长 6m 的冷却水箱梁，用来承受整个炉体的质量。为防止炉壁受热变形，水箱梁内保持有足够的水量。为防止水温过高，应该供给循环水。

在炉子中部两侧设有燃烧室，它的有效容积为 9.55m³。混合煤气和空气通过高压煤气喷嘴喷入燃烧室，在燃烧室内充分燃烧，起蓄热作用。温度一般为 1000 ~ 1100℃，依靠对流和辐射作用将热量从导火孔传给矿石。炉子下部还原带装有 6 个生铁铸成的还原煤气喷出塔（又称为小庙），是供给还原煤气用的。每个塔有三层檐，沿长度方向有 4 个孔，还原煤气由檐下喷出孔喷出，和被加热的下落矿石形成对流，把矿石还原。

炉子的最下部两侧装有 4 个排矿辊，用以排出还原好的矿石。排矿辊转速视矿石还原情况而调节。排矿辊下面有搬出机，用来搬出已还原的矿石。搬出机全长为 20.7m，宽 0.83m，速度为 5.3m/min。每个搬出机有 100 个斗子，电机功率为 4.5kW。

为了不使空气通过排矿辊处的排矿口进入还原带，采用水封装置。它是一个用混凝土筑成的水槽，其中有循环水。排出的矿石落入水封槽中冷却，避免在较高温度下和空气接触重新被氧化而失去磁性。

竖炉装有一台排烟机，以排出还原焙烧过程中产生的废气，排烟机通过废气管道直接和炉内相通。排烟机的抽风量 15000m³/h，风压 100 ~ 200mm 水柱（981 ~ 1962Pa），转数为 1300r/min，功率为 20kW。

50m³ 鞍山式竖炉的技术性能如下：

炉子的处理能力：15.1t/h

炉子的有效容积：50m³

燃烧室有效容积：9.55m³

处理的矿石粒度：75 ~ 20mm

矿石的加热温度：750 ~ 850℃

矿石的还原温度：550 ~ 570℃

燃烧室温度：1000 ~ 1200℃

加热用煤气：1500m³/h

还原用煤气量（标态）：800 ~ 1000m³/h

废气生成量：11700 ~ 14000m³/h

废气温度：75 ~ 100℃

抽烟机能力：15000m³/h

抽烟机负压：100 ~ 150mmH₂O 柱（981 ~ 1471Pa）

还原焙烧矿质量：还原度 42 ~ 52，合格率 80%

冲洗烟道耗水量：5m³/h

冷却水箱梁耗水量：16m³/h

水封槽循环水量：36m³/h

矿石的电消耗量：1.8 ~ 12.0kW·h/t

　　B　70m³ 改造炉型

　　50m³ 竖炉经改造后，不但容积增加为 70m³，而且炉子台时产量从原来的 13.3t 增加到 23.17t，焙烧矿质量合格率由 80% 提高到 85.97%，焙烧每吨矿石煤气热耗由 0.32Gcal（1.33GJ）降低到 0.271Gcal（1.13GJ），炉子单机作业率平均达到 71.13%，此炉每年可多为国家创造价值 15 万元。

　　新炉型炉内煤气分布比较均匀，并均匀地通过料层，炉内矿石下降速度也比较均匀。在加热带和还原带设置的横梁及附加瓦斯堡起缓冲和改善布料的作用，有利于矿石均匀下降和焙烧，克服了旧炉型中心部位矿石比边缘部位下落较快的缺点。废气中残留的可燃气体较少，煤气有效利用率高，较好地解决了过去煤气燃烧不完全的问题。由于上述原因，新炉型具有强化加热（70m³ 比 50m³ 炉温高 20℃），改善物料透气性，有利于气–固两相在移动床内的热交换等优点。

　　新炉型经长期运转后证明：技术先进、经济合理、炉料顺行、操作稳定，其焙烧效果优于 50m³ 竖炉。

　　在 70m³ 梁式竖炉的基础上，现在又设计出一种新的 70m³ 火道型梁式试验竖炉，它是以燃烧火道取代燃烧室的火道型梁式试验炉。这种炉在竖炉方面是一次成功的新尝试，在工业实践上是很有价值的。该炉燃烧稳定，炉料顺行，燃烧火道比燃烧室温度高 80 ~ 100℃；这就表明：燃烧火道散热损失和蓄热损失比燃烧室小，且燃烧所获温度也比燃烧室的高。但该炉工业试验未做标定，有待进一步研究。

　　C　竖炉的操作维护

　　竖炉的操作维护包括开停炉顺序、正常操作和事故处理。

　　a　烘炉、开炉和停炉

　　(1) 烘炉：新建和大修的焙烧炉，投产前要烘炉，其目的是排除炉体水分，提高炉子的耐温和耐压强度，增长炉子寿命。

　　烘炉前要认真检查煤气管道开闭器是否良好，如有漏气现象应立即处理。盖好炉顶盖，打开矩形管道盖，便于排出废气。炉底两侧排矿辊处，用板子堵死，防止进气。

　　开动排烟机，作煤气检查，点燃烘炉管，10min 后停排烟机。

　　烘炉时间温升曲线，按规定进行。烘炉开始时温度稍低，4 ~ 5d 后温度升至 500℃ 左右，保持恒温 3 ~ 4d，然后再升温到 670℃，恒温保持 2 ~ 3d。

　　(2) 开炉：认真检查排烟机、电气设备、煤气管道和开闭器。炉顶矿层储量应保持充满 2/3 容积，一切正常后作煤气喷发试验。

　　准备就绪后，开动排烟机 5min。以便抽出炉内残存空气，开始点火。起初给入少量煤气，以后逐渐增加。还原带矿石温度升到 300 ~ 350℃，水封温度达到 60℃ 以上时，逐步给入还原煤气。当矿石温度达到 600 ~ 700℃ 后，可开始搬出矿石。

　　(3) 停炉：停炉时首先关闭还原煤气，再关加热煤气，煤气停止 5min 后方可停排烟机。

　　停炉时间超过 24h 以上时，应将加热、还原煤气支管开闭器各关上一道，防止煤气漏入炉内。

　　b　正常操作

　　炉子生产时，要严格注意炉顶密封情况，炉顶废气管道应盖好，矿槽线应保持在 2/3

储矿量处。经常检查煤气流量、炉温和排烟机负压等热工参数变化情况，并根据入炉矿石颜色，粒度和品位等变化及时进行调整。

及时观察导火孔处矿石受热温度和下降情况，随时加以调整。正常时矿石呈粉红色，如呈黑色说明温度低，应加大煤气量，呈白炽色，则说明矿石温度过高，应及时"挠眼"以加速此处矿石的下降速度，同时减少煤气量。

操作中水封槽水位不宜过高或过低，水温保持在 60~70℃ 为宜。发现过还原时，适当提高台时产量；如果还原不足（现场称过生或欠烧），要降低台时产量，并调整煤气量。操作中按表 7-15 的煤气操作条件进行。

表 7-15 焙烧炉正常操作条件

煤气种类	煤气用量/m³·h⁻¹		热耗/kW·h⁻¹	煤气压力①/mmH₂O	燃烧室温度/℃
	加热	还原			
高炉煤气	1600	1400			1000~1200
水煤气	1100	700	0.138×10⁶	380	
炼焦煤气	650	600	0.322×10⁶	500	
发生炉煤气	1600	1300			
混合煤气	1300	1000	0.264×10⁶	400	

煤气种类	温度/℃		其他		
	加热	还原	水封温度/℃	负压/mmH₂O	废气中可燃烧成分含量/%
高炉煤气	800±50	500±50	65~70	100~120	
水煤气					2.05
炼焦煤气					5.2
发生炉煤气					
混合煤气					2.65

① 1mmH₂O=9.80665Pa。

c 事故处理

（1）一般事故：生产中突然停电，要立即关还原煤气，再关闭加热煤气，最后停排烟机。

煤气压力低于 200mmH₂O（1962Pa）时，应立即减少煤气用量，低于 150mmH₂O（1471Pa）时应立即停炉。

装炉不及时冒火严重或棚料时，立即关闭还原煤气，如处理需要时间长时，加热煤气也要关闭。

生产中发生其他突然事故时，应立即关闭还原煤气，待查明原因处理妥善后再给还原煤气。

（2）煤气爆炸：发生煤气爆炸的主要原因为：

1）入炉矿石中矿粉过多，或布料不均，造成局部粉矿集中，或排烟情况恶化，煤气分配不均，引起局部集中而产生爆炸；

2）由于排烟机转速降低或叶轮损坏，炉内压力增加，煤气大量集聚而引起爆炸；

3）装炉不及时，炉内进入大量冷空气，遇火引起爆炸；

4）矿石预热温度过低，在炉内遇到上升还原煤气，不能产生还原作用，引起煤气过量而发生爆炸。

发现以上情况，应减少煤气用量，并且及时妥善处理。

（3）上火：炉子在生产中，由于煤气的急剧变化，炉内的火焰由炉顶通过废气管道直到排烟机，这种现象称为上火。其主要原因为：

1）排烟机转数过大（负压过大），造成强烈抽风，将大量煤气抽入烟道内燃烧；

2）炉内布料不均，煤气沿矿石间孔隙处上升到烟道燃烧；

3）装料太少，不能充分利用废气预热，气流速度增大，大量煤气吸入烟道而产生上火；

4）煤气压力突然增加，流量过大；

5）由于炉子上部棚料，粉矿过多，排烟机状况恶化，搬出机搬出量过大，矿石欠烧，还原煤气未充分利用等都能引起上火。

（4）淌炉：焙烧矿不受排矿辊的控制而自动（自溜）排出炉外称为淌炉。淌炉的结果，造成焙烧矿过生。出现淌炉的原因为：

1）矿石粒度过小；

2）排矿辊位置过低或滑铁板缝隙过大；

3）有时水箱漏水也可能造成淌炉。

（5）炼炉：矿石在炉内加热温度过高，超过它的软化点而形成熔融状态，或因局部温度过高，造成矿石过还原，生成硅酸铁熔融体，这些熔融体黏附在炉壁上，影响炉料的正常运行，这种现象称为炼炉。其原因可能是：

1）矿石在加热带棚料（或大块矿石卡在加热带下不来），时间过久，熔融软化；

2）炉内炉壁上有障碍物，矿石下降困难，而长期处于高温状态，以致熔融软化。

上述事故的避免，关键要勤观察，及时调整。操作管理人员要做到认真负责，一丝不苟，发现苗头，及时处理，事故是完全可以防止的。此外，生产管理要实现自动化控制，这是从根本上防止事故的关键一环。

7.2.3.2　回转炉

回转炉又称为回转窑。这种炉国外应用得较多，主要用于中等粒度的矿石，一般粒度为 30～0mm。其构造如图 7-11 所示。

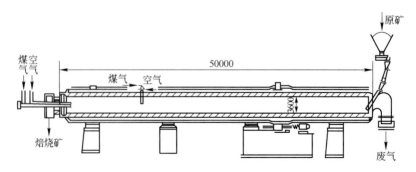

图 7-11　回转炉的构造示意图

炉体为圆筒形，炉身用钢板制成，其内壁用耐火砖作衬里。直径为3.6～4.0m，长度达50m或更长，炉身可沿长度方向分三带，即加热带、还原带和冷却带。矿石从炉子一端由圆盘给矿机给入溜槽，再沿溜槽进入炉子加热区。矿石在炉内是和热气流逆向移动的，在加热区矿石被加热到还原所需温度。为了加强搅拌，使气流和矿石充分接触，炉内装搅拌叶片。加热后的矿石，进入到还原带，与还原煤气反应还原成磁铁矿。之后，进入冷却带，与进入的煤气相遇，煤气受到预热，矿石被冷却。最后排出炉外的矿石，温度为50～70℃。矿石在炉内停留时间为2～4h。

炉内温度为550～600℃，处理1t矿石热耗为0.26～0.3Gcal(1.09～1.26GJ)。炉子充填系数为20%～30%。炉子的处理能力与给矿粒度和炉子规格有关，给矿粒度为30～0mm，规格为ϕ3.6m×50m时，处理能力为1000t/24h。这种炉子的缺点为：耗钢量大，设备费用高，处理每吨矿石所需要的建设费也比竖炉高；电能消耗，热量消耗都高；设备检修工作量大且周期短，作业率低。因此，目前我国应用不多。

7.2.3.3　斜坡炉磁化焙烧

斜坡炉磁化焙烧的工艺过程由给矿、加热、还原、排矿和除尘等部分组成，炉子结构和工艺过程，如图7-12所示。

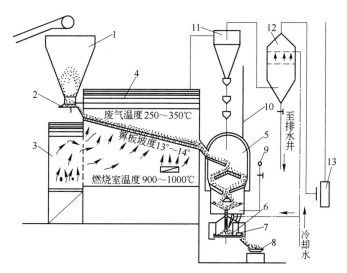

图7-12　斜坡炉工艺流程及结构示意图

1—料仓；2—给矿圆盘（ϕ800mm）；3—燃烧室；4—加热段；5—还原床；
6—排矿圆盘（ϕ1500mm）；7—密封罩；8—皮带机；9—还原煤气管；10—排废气烟囱；
11—渐开线式旋风除尘器；12—泡沫除尘器（ϕ165mm）；13—排烟机

粒度为15～0mm的粉矿从料仓经圆盘给矿机给料，由于炉内为负压（160～200mm H$_2$O，即1569～1961Pa），物料自动给入炉内，并保持100～150mm厚的料层，在上升气流的作用下，矿粉沿箅板向下移动。与此同时，矿粉被900～1000℃的热气流加热到650～750℃。加热后的矿石进入还原床，被压力为600～1000mmH$_2$O（5884～9807Pa）的高炉还原煤气还原。还原矿在隔绝空气的条件下喷水冷却到100℃以下，由圆盘排矿机迅速排出，经皮带送往磨矿工段。废气经旋风除尘器净化，进抽风机排入大气。

斜坡式焙烧炉内的矿粉在13°～14°的倾斜箅板上浮动过程中完成加热的。在现有生产条件下，不同粒级的物料运动状态不同，4mm 以下的细粒级矿粉在加热床内处于沸腾状态。整个床层在上升热气流作用下沿斜床面浮动下行，并得到加热，粗细粒矿粉在浮动过程中自然分层，因此，斜坡炉是兼有流态化床和固定床优点而介于两者之间的一种浮动床层。这种床层特点保证了矿粉的顺利走行，并在极短时间内完成加热与还原的任务。

焙烧矿的冷却采用了圆盘排矿和蒸气冷却的办法，在排矿过程中利用水冷产生的蒸气保护焙烧矿石不受氧化，保证了冷却效果。

实践证明，斜坡焙烧炉的优点为：生产连续，操作方便，指标稳定，设备费用和建设投资少，适用性强，吹损小，效率高；缺点主要为：热耗较高 [0.4Gcal/t(即 1.67GJ) 与国内 0.32Gcal/t(1.34GJ) 相比]，除尘尚存在问题，炉箅、炉体、管道和风机叶轮寿命较短。

斜坡炉处理宣龙式赤铁矿的磁选指标为：原矿品位 40% 左右，精矿品位 60% 左右，回收率 75% ~80%，处理量为 5 ~6t/(台·h)。

7.2.3.4　沸腾焙烧炉

用于处理赤铁矿磁化焙烧的沸腾炉焙烧也称流态化焙烧，焙烧粒度为 3 ~0mm(有时达 5 ~0mm)，这样可以解决竖炉不能解决的细粒级焙烧问题。但其优点是肯定的，特别是无介质干式自磨的成功，为沸腾焙烧创造了很好的条件。沸腾焙烧的结构有很多种，下面介绍我国曾作半工业性试验的炉子，其沸腾焙烧过程和炉子结构示意图如图 7-13 所示。

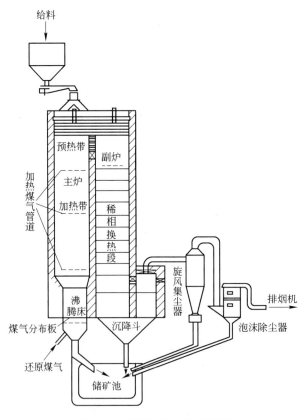

图 7-13　沸腾焙烧工艺示意图

A 焙烧物料的还原和气流的运行过程

矿粉经板式给矿机给入炉顶矿仓，再经给矿机进布料器以分散状态均匀加入主炉内，并靠自重下落。矿粉与加热段来的高温加热气流在稀相段（指固-气两相混合物中固体体积小于0.01%）内进行换热。矿粉加热至还原所需温度，进入浓相沸腾床中与还原煤气流接触，发生还原反应。沸腾炉的作用是一种两相作用过程，所谓两相，即指稀相加热，浓相还原。还原出的粗粒，在沸腾床下经星轮排料器排入矿池。主炉中上升气流（速度与最大颗粒有关，一般为1~2m/s）对给入的矿粉进行分级，其粗粒部分进入浓相沸腾床还原、细粒部分则被上升气流带入副炉，在副炉中与气流同向运行，即所谓半载流。载流气体保持还原气氛（其中$CO+H_2$的含量占4%左右）和还原所需温度（500℃以上），使细粒矿石在半载流过程中，完成还原焙烧。其中一部分由沉降斗排入矿浆池，另一部分由废烟气带走，经除尘器回收，无法回收的作为吹损。

冷却矿浆池的矿浆经砂泵送至选别车间进行处理，还原煤气经加热机送至沸腾床下。加热煤气在主炉部分分两段给入，副炉内有一备用加热煤气管道，如炉温低可以补充加热。

B 沸腾的基本概念

当上升气流穿过料层时，由于料层对气流的阻力而产生压力降，压力降的大小与固体颗粒的大小、形状、堆积状态、料层厚度等有关。当气流速度不大时，料层是稳定的，颗粒之间的接触关系不变。气流速度增加到一定程度后，气流流过料层的压力降等于单位面积上料层的质量时，料层的稳定性受到破坏，颗粒之间的接触关系发生变化，料层开始沸腾（也称为流态化），所有固体颗粒，全部由摩擦力支持，悬浮于上升气流中。

沸腾层的性质与液体沸腾的现象相似，其密度远小于固体的假密度。正常状态下，气体是以微小的气泡均匀地穿过料层，使全部矿粒产生强烈搅动。沸腾层内温度，固体颗粒粒度，基本上是均匀的。

料层开始沸腾时，所需要的最低气流速度，称为临界速度。若气流速度等于固体颗粒的自由沉落速度时，固体颗粒被气流带走，这时的气流速度称为极限速度。

C 沸腾炉的优缺点

沸腾炉与竖炉相比，其优缺点如下：

优点：沸腾焙烧处理物料细（3~0mm），气流与固体颗粒接触面大，传热效果好。沸腾层中物料温度和气流分布容易维持均匀。气流通过矿粒的扩散阻力小，有利于加速还原反应。温度波动小，矿石在炉内停留时间容易控制。焙烧质量高，能够实现自动化。

缺点：设备耗电量大。采用稀相换热体积较大，排烟温度高，热损失大，燃料消耗高；产量低，附属设施多。

7.2.4 焙烧磁选流程

鞍钢烧结总厂磁化焙烧所处理的矿石为鞍山式假象赤铁矿，脉石矿物主要为石英，磁化焙烧炉为竖炉。焙烧后的矿石经筛分，筛上粗粒级矿石经磁滑轮进行磁选。焙烧欠火磁性较弱的矿石，返回竖炉再进行焙烧，这样可减少竖炉对大块矿焙烧不均匀的现象，能提高焙烧产品的合格率，因此选别回收率也能提高。

　　焙烧矿与天然磁铁矿有共同的规律，即：比磁化系数随外磁场变化而变化，有磁滞和磁饱和现象。与天然磁铁矿不同的是：焙烧磁铁矿的剩磁和矫顽力大，而比磁化系数却比天然磁铁矿的小。焙烧磁铁矿的剩磁感 I_r 约为 22Gs/g，矫顽力 H_r 约为 167Oe。其差别的原因主要是焙烧矿焙烧不彻底和内部组织结构不均匀所致。其所用工艺流程如图 7-14所示。

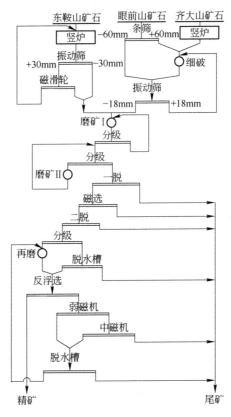

图 7-14　鞍钢烧结总厂焙烧–磁选流程

　　为了获得优质精矿，该厂对焙烧磁选精矿进行了反浮选–磁选流程试验。工业试验表明：采用阳离子反浮选是提高焙烧磁选精矿的有效途径。经反浮选后，对含铁为 60% ~ 61% 的焙烧磁选精矿，可以得到品位 65% 以上、作业回收率为 97% 以上的精矿。

7.2.5　弱磁性铁矿石的磁选

7.2.5.1　我国弱磁性铁矿石概况

　　根据铁矿物的不同，具有工业价值的铁矿石主要有：磁铁矿石、赤铁矿石、褐铁矿石、菱铁矿石、镜铁矿石、含铜、含钒、钛铁矿石和含稀土元素的铁矿石等。

　　在我国通常将弱磁性铁矿石（赤铁矿、褐铁矿、菱铁矿、镜铁矿等）统称为红铁矿石，简称"红矿"。

　　对于强磁性的磁铁矿，无论粗粒嵌布或细粒嵌布，均采用弱磁选法是经济有效的。对于红铁矿石，粗粒嵌布者多采用重选法，细粒嵌布者则可采用磁化焙烧–弱磁选、单一浮选、强磁选-浮选、强磁选-重选等，或多种选矿方法的联合应用。

近些年来，国内外对红铁矿石的强磁选法研究有新的进展，我国一些选矿厂的强磁选试验收到了实际效果。但是大量的事实表明，根据我国的弱磁选铁矿石的特点，在目前的技术条件下，工业上用湿式强磁选机处理弱磁性贫铁矿，多数情况下只能丢弃尾矿，得不到高品位的精矿，因此强磁选红铁矿石往往要与重选法、浮选法等组成联合流程。另外，无论哪种类型的弱磁性矿石，常含有含量不等的强磁性矿物，在强磁选之前必须采用弱磁作业，先将原矿中的强磁性矿物除去，才能避免强磁作业中的堵塞，使强磁生产正常进行。

7.2.5.2 几个生产实例

A 镜铁矿石磁选实例

我国酒泉钢铁公司处理的镜铁山式铁矿石的主要矿物有镜铁矿、褐铁矿和菱铁矿，主要脉石是重晶石、石英、碧玉和铁白云石等。有带状和块状两种构造，以带状为主，粗细不均匀嵌布。镜铁矿大部分呈小鳞片状，嵌布微细，易碎为单体小块。褐铁矿，菱铁矿石嵌布较粗，不易单体分离。

该矿对块矿部分用焙烧磁选处理，对粉矿（-14mm 或-10mm）部分，采用 SHP 型强磁机选别，可获得含铁 46% ~48%、回收率 70% ~79%的铁精矿。若要获得含铁品位大于 50%的铁精矿，采用单一磁选法是很困难的，经济上也不合理。采用跳汰丢尾，强磁选铁，强磁尾矿用浮选法回收重晶石联合流程，如图 7-15 所示。

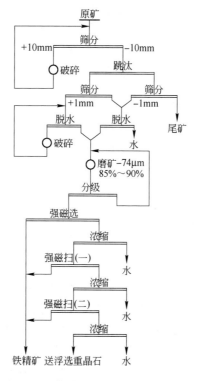

图 7-15 镜铁矿跳汰-强磁选别流程

用图 7-15 流程选别，在原矿含铁 30.09%、BaO 4.76% 的条件下，可获得含铁为 50.08%、回收率为 76.1% 的铁精矿；含氧化钡（BaO）为 62.35%、回收率为 61.08% 的重晶石精矿，总尾矿含铁为 12% 左右。

这个流程的特点是：跳汰抛弃尾矿产率约 20%，含铁约为 11%，含 BaO 约为 1.4%。这不仅减少了矿石的入磨量，而且也显著改善了强磁选的选择性，对综合回收重晶石非常有利；还有工艺流程简单，上马快，投资少，技术经济效益也很显著。

B　褐铁矿石的强磁选实例

江西某铁矿处理的矿石是褐铁矿床，主要金属矿物有褐铁矿、针铁矿、赤铁矿，其次是磁铁矿、镜铁矿等。褐铁矿又分有矽卡岩褐铁矿（简称"黄铁"）和高硅型褐铁矿（简称"黑矿"）两种类型。黑矿致密块状结构，黄矿呈松散块状。脉石矿物主要为石英，其次为高岭土、绢云母、黏土类的矿物等。石英与褐铁矿混杂共生，此两者占全矿矿石总量的 90% 以上，易泥化，整个矿床含铁品位约为 38%。

该矿原设计采用反浮选，后因药剂来源困难，又改用正浮选，又因正浮选循环负荷加大，影响处理量，而且指标达不到 50%，回收率较低，脱水困难增大。为了寻求更好的选别方法，进行了单一强磁和强磁-浮选联合流程试验。强磁-浮选流程得到了较好的效果，选别流程如图 7-16 所示。该流程采用 SQC-6-2770 型环式强磁选机，磁场强度为 960kA/m，给矿粒度 $-74\mu m$ 的占 75% 左右。原矿含铁 33.4%，经该流程选别后，获得含铁 51.59%、回收率 75% ~ 80% 的铁精矿。

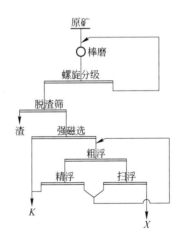

图 7-16　褐铁矿强磁-浮选选别流程

C　含钛铁矿石的磁选

我国河北承德地区、西昌地区等的铁矿石，均属钒、钛磁铁矿，矿石中含有铁、钛、钒、铬、镓、铜、钴、镍及铂族元素等十几种可供利用的有益元素。矿石中金属矿物以磁铁矿（地表已变成赤铁矿）、钛铁矿、钛铁晶石为主，脉石主要是拉长石、异剥辉石、角闪石等。矿石中的钛铁矿、磁铁矿、钛铁晶石共生紧密，有的呈固溶体存在。矿石具有致密状，致密-稀疏浸染状，以及条带状等结构。钛铁矿多在磁铁矿中呈格状浸染，粒度为 0.05 ~ 0.01mm，磁铁矿呈他形晶状，粒度为 0.5 ~ 2mm。图 7-17 是钛精矿生产流程。给矿为选铁磁尾，其含 TiO_2 为 7.7% 时，经该流程选别可获得含 TiO_2 37.4%、回收率 30% 左右的钛精矿。若要获得含 TiO_2 45% 以上的钛精矿，重选粗精矿需集中再精选，精选的方法是浮选脱硫再电选。

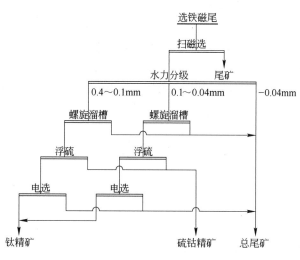

图 7-17　钛精矿选矿流程

7.3　锰矿石的磁选

*7.3.1　我国锰矿磁选的概况

我国锰矿资源丰富，蕴藏量居世界第五位，但是矿石类型繁多，90% 以上为贫锰矿。高磷、高铁、高硅构成锰矿的另一特点，据全国统计，有 46% 左右锰矿石中的磷是呈细小的磷灰石及胶磷矿存在。碳酸锰矿常与碳酸质黏土一起，粒度很细，均属难选矿石。铁在锰矿中，虽然不是有害杂质，但 Mn/Fe 质量比值大于 2.0~2.5 为好，高铁含量会影响锰铁合金的牌号，所以含铁高的矿石，也应除铁。

锰矿除少量用作化工原料外，主要用作各种锰钢原料。据生产统计，入炉锰矿品位提高 1%，每吨高炉锰铁可节约焦炭 50~60kg，电炉可节电能 100~150kW·h/t。因此，用选矿方法提高锰品位具有重要意义。

目前，锰矿选矿方法有重选（主要是跳汰选、摇床选）、重介质-强磁选、焙烧-强磁选、单一强磁选、浮选，以及包括几种方法的联合选矿法。

锰矿物属于弱磁性矿物，其比磁化率和脉石矿物的差别较大，因此锰矿石的强磁选占有重要地位。很早以前就采用干式强磁选机处理锰矿石，干式强磁选机的缺点是不能选别细粒嵌布的锰矿石。近年来，各种湿式强磁选机发展很快，并越来越广泛地用于选别 0.5~0mm 级别，乃至更细级别的矿石。因此，用磁选法处理锰矿石显示了广阔的前景。对组成比较简单，嵌布粒度粗的碳酸锰矿和氧化锰矿石，采用单一强磁选流程，并能获得较好的生产指标。选别碳酸锰矿石，磁选机的场强需在 480kA/m（6000Oe）以上，而选别氧化锰矿石，磁选机的场强则要求在 960kA/m（12000Oe）以上。

*7.3.2 几个生产实例

7.3.2.1 硬锰矿湿式强磁选

广西某锰矿属风化堆积型氧化锰矿床，主要锰矿物为硬锰矿和软锰矿，主要铁矿物为针铁矿，主要脉石矿物为矽质页岩。原矿含锰 15% ~ 20%。目前采用 CS-1 型湿式强磁选机单一磁选多年堆存的筛洗尾矿粉，磁选机分选间隙为 14mm，磁场强度为 1496kA/m（18700Oe），选别流程如图 7-18 所示。该流程处理的矿石含锰品位为 23.45%，粒度小于 5mm，经一次选别后，获得含锰品位为 27.91%、回收率达 93.97% 的锰精矿。

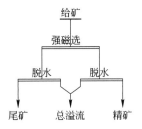

图 7-18 某锰矿湿式单一磁选流程

7.3.2.2 碳酸盐锰矿石的强磁选

我国碳酸盐锰矿占锰矿物总储量的 54%，平均品位仅为 20% 左右，且含磷、铁、硅等杂质均高，各类矿石共生紧密，嵌布粒度微细，部分胶结构造，选矿难度很大，

湖南某锰矿是一个大型变质浅海相沉积原生碳酸盐锰矿床，锰矿物有菱锰矿、钙菱锰矿、锰方解石等。脉石矿物有石英-玉髓、铁白云石、高岭土、碳质黏土类和黄铁矿等，采用 CS-1 型湿式强磁选机通过一粗、一精的磁选流程，如图 7-19 所示。当处理原矿含锰 20% 左右时，可获得含锰品位为 25%、回收率为 80% 左右的锰精矿。该矿曾采用 SHP 型强磁选机选别，也获得较好的效果。

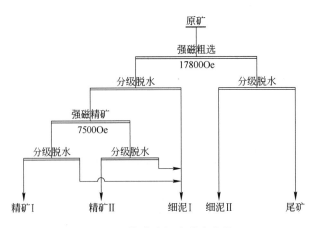

图 7-19 某碳酸锰矿磁选流程

贵州某锰矿也是一个大型的碳酸锰矿床，属贫锰、高铁、高硫、低磷类型。锰的主要矿物是菱锰矿，次为钙菱锰矿。铁矿物主要是黄铁矿；脉石矿物主要是叶绿泥石、伊利

石，嵌布粒度很细，又由于有 1/3 的铁以锰铁类质同象分布在碳酸盐矿物中，给铁分离带来了很大的困难。

该矿通过以强磁为主的磁选–浮选–重选联合流程，获得较好的效果，选别流程如图 7-20 所示。该流程药剂简单，仅用锰的捕收剂和抑制剂，而且减少了 Ⅲ 级锰精矿，流程结构也简单。采用阶段磨矿，优先浮锰矿石，使用新药剂，减少药剂用量，获得历年来最好的指标，见表 7-16。

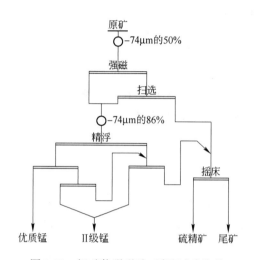

图 7-20 锰矿物强磁选–浮选试验流程

表 7-16 锰矿物强磁–浮选试验指标

原矿品位		优质锰精矿					二级锰精矿				
Mn/%	Fe/%	产率/%	品位/%		回收率/%	Mn/Fe 质量比	产率/%	品位/%		回收率/%	Mn/Fe
			Mn	Fe				Mn	Fe		
18.70	8.30	10.77	35.08	3.63	20.30	9.94	35.80	29.37	5.64	56.43	5.21

原矿品位		综合锰精矿					硫精矿		
Mn/%	Fe/%	产率/%	品位/%		回收率/%	Mn/Fe 质量比	产率/%	硫品位/%	回收率/%
			Mn	Fe					
18.70	8.30	46.57	30.69	5.11	76.73	6.01	7.21	37.86	81.00

*7.4 含稀有金属弱磁性矿石的磁选

强磁选广泛应用于有色和稀有金属矿石（脉钨矿、脉锡矿、砂锡矿和海滨砂矿等矿石），重选粗精矿的精选。

在这些矿石中一般都含有多种磁性矿物，如磁铁矿、赤铁矿、磁黄铁矿、钛铁矿、黑钨矿、钽铁矿和独居石等。这些金属矿物的密度一般比脉石矿物的密度大，通常采用重选法将它们富集，得到混合粗精矿。再根据其矿物成分、粒度组成和其他性质，可采用单一磁选或包括磁选与其他选矿方法（浮选、粒浮、电选和重选）的联合流程进行精选，以达到提高精矿质量和综合利用矿产资源的目的。

7.4.1　粗钨精矿的精选

　　无论是脉钨矿和脉锡矿的重选粗精矿或是砂锡矿的重选粗精矿，除含有黑钨矿和锡石外，还含有其他多种矿物。对脉矿粗精矿而言，尚含有磁铁矿、赤铁矿和多种硫化物，而砂矿粗精矿中还含有多种稀有金属矿物，如锆英石、金红石、独居石和褐钇铌矿等。因此，粗精矿的精选，一般采用包括磁选在内的较复杂的联合流程。在一般钨锡精选厂，其原料性质相差很大，根据其中锡和硫的含量不同，分为高锡钨精矿和高硫钨精矿；根据钨的品位，分为高品位钨精矿和低品位钨精矿。对于高品位钨精矿和高锡粗钨精矿，采用先磁选后重浮的流程，而对于低品位粗钨精矿和高硫粗钨精矿则采用先重浮后磁选的流程。某黑钨矿重选粗精矿的精选流程如图 7-21 所示。

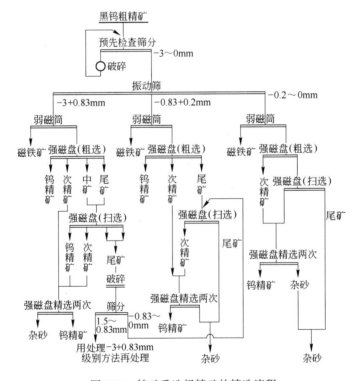

图 7-21　钨矿重选粗精矿的精选流程

　　首先将混合粗精矿用闭路流程破碎到 3mm 以下，然后通过振动筛分成三级；即 -3+0.83mm，-0.83+0.2mm，-0.2mm，分别进入干式盘式强磁选机分选。生产实践证明：分级选别比不分级选别效果好。

　　粗钨精矿中一般都含有一些磁铁矿，因此，物料给入强磁选机之前需用弱磁场磁选机分出磁铁矿，以保证磁选机正常工作。粗钨精矿中的杂质主要是白钨矿、锡石和其他硫化物，需送下步作业综合回收其中的有用成分。由流程图 7-21 看出，绝大部分合格黑钨精矿均由强磁选得出。黑钨粗精矿精选指标见表 7-17。

表 7-17　黑矿钨粗精矿的选矿指标　　　　　　　　（%）

矿石类型	原矿品位		精矿品位			尾矿品位		回收率
	WO₃	Sn	WO₃	Sn	S	WO₃	Sn	
高锡易选 1	59.19	±4.00	71.09	0.079	0.42	7.51	23.18	92.45
高锡易选 2	55.89	±7.00	71.39	0.094	0.23	11.99	31.63	89.03
低锡易选	56.67	±1.40	71.06	0.035	0.51	22.27	5.69	88.25
高硫难选	46.82	±0.10	68.83	0.054	1.10	13.70	1.58	75.40
高硫高锡难选	24.90	24.56	65.35	1.095	1.27	2.25	51.85	63.37
低硫低锡难选	68.27	0.15	71.27	0.022	0.39	19.88	1.18	85.13

该流程的特点是：（1）分级入选，便于调节各段磁选机的技术条件，如第一盘场强放低点，以便选出高质量的黑钨精矿，第二盘场强稍高点，除单体黑钨矿外，连生体也能被选出来为次精矿，次精矿分别进行再选。（2）粗粒矿物易选，细粒矿物难选，分选次数应多。（3）中矿和尾矿除含白钨与锡石外，还含有少量的其他硫化矿，需进一步综合回收。

7.4.2　含钽铌铁矿的磁选

含钽铌矿物的重选粗精矿组成是很复杂的，图 7-22 是一个风化壳钽铌铁矿床经重选的矿泥精矿的强磁选精选流程。在这些矿泥中有用矿物有钽铌铁矿、锆英石、富铪锆英石、铷云母，脉石矿物有石英、长石、云母、高岭土及黏土等。经双立环强磁选机三精二扫流程处理，可获得钽铌铁矿的精矿回收率达 90.72%。富铪锆英石、铷云母也富集在精矿中，达到综合回收的目的。

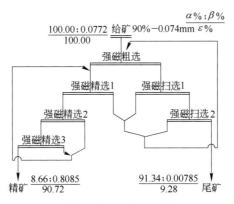

图 7-22　某厂钽铌粗精泥强磁精选流程

7.4.3　海滨砂矿粗精矿的磁选

海滨砂矿重选的粗精矿中主要回收的矿物为钛铁矿、独居石、金红石和锆英石等。在这些矿物中钛铁矿磁性最强，独居石次之，金红石和锆英石都是非磁性矿物，但金红石导电度比锆英石高得多，因此可采用磁选电选联合流程。

　　我国某矿以冲积砂矿为主的海滨砂矿，主要金属矿物有锆英石、金红石、钛铁矿、磁铁矿和赤铁矿等，脉石矿物以石英、长石、云母为主。该矿采用如图 7-23 所示的强磁-电选精选流程。因为在重选丢尾过程中已将磁铁矿除去，剩余矿物中钛铁矿磁性最强，在一粗一扫单盘强磁选机中选出；赤铁矿磁性比钛铁矿稍弱些，在一粗一扫双盘磁选机中选出。双盘磁选机的场强比单盘磁选机高。再采用一粗一扫电选将尾矿中的金红石和锆英石分离，但往往由于金红石表面污染程度较大，且常含有较多的锆英石包裹体和其他矿物，往往难得到合格的产品而作尾矿丢弃。

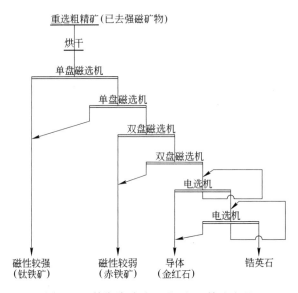

图 7-23　某海滨砂矿（磁-电）精选流程

7.5　非金属矿物的磁选

　　大多数非金属矿物本身是非磁性或弱磁性。但是在非金属矿石中常含有一些不同磁性的杂质，因此磁选也是非金属矿石选矿不可缺少的工艺之一。通常磁选可用于高岭土提纯，石棉矿石中丢弃废石，金刚石的粗选和石墨矿的回收等方面。

7.5.1　高岭土的磁选

　　在自然界中，高岭土分布是很广的，但是高质量有经济价值的高岭土资源却只占小部分。所有有经济价值的高岭土都被少量含铁矿物所污染，其含量在 0.5% ~3% 之间。污染高岭土的含铁矿物有铁氧化物、带铁锈的二氧化钛、菱铁矿、黄铁矿、金红石、云母和电气石等。因此，以往高岭土生产中磁选主要除去少量含铁杂质，这些杂质会影响高岭土的白度和制品的许多性能。

　　高岭土是一种天然的泥质矿石，它所含的上述杂质的粒度，也和高岭土一样微细。由于它们大多都是弱磁性的，常规磁选是难以分离的，然而高梯度（HGMS）磁选法是可行的。

高岭土精矿的白度主要取决于 Fe_2O_3 的含量，当 Fe_2O_3 含量为 0.5% 时，其白度不大于 80%，而 Fe_2O_3 含量为 2% 时，白度一般为 70%。Fe_2O_3 含量对高岭土制品的色彩也有很大的影响，例如 Fe_2O_3 含量为 0.8% 时，烧制品色彩呈白色；含 Fe_2O_3 为 1.3% 时，则近白色；含 Fe_2O_3 为 2.7% 时，呈浅黄色；含 Fe_2O_3 为 4.2% 时呈黄色，更大则呈浅红色、红色、暗红色。对制品的其他性能，如介电性、绝缘性、透明性、化学稳定性、热稳定性、比导电度、强度等也有很大影响。

我国苏州某瓷土公司对高岭土的除铁作了研究，目的是使含 Fe_2O_3 为 2.5% ~ 3.0% 的 4 号劣土变成含 Fe_2O_3 小于 1.2% 的优质瓷土；2 号瓷土变为含 Fe_2O_3 小于 1.0% 的优质瓷土。

该矿高岭土中的有害杂质，主要以褐铁矿形式存在，少量赤铁矿、微量黄铁矿和硅酸铁、菱铁矿等。褐铁矿呈细粒嵌布于高岭土集合体或石英的表面上，粒度大者为 0.025mm，小者为 0.005mm 以下，因而增加了选矿的难度。

对上述矿样曾做过常规的平环、双立环和 SQC 型几种不同结构的强磁选机试验，但结果都不够理想。之后采用 SQC 型用钢毛作介质效果较好，试验流程如图 7-24 所示。一粗一精的强磁选别试验结果是：4 号劣土，原矿含 Fe_2O_3 为 2.08% ~ 2.74%，获得精矿（非磁性产品）中含 Fe_2O_3 为 0.7% ~ 1.2%，除铁率达到 40% ~ 60%。2 号瓷土原矿含 Fe_2O_3 为 1.25%，经该流程选别后，非磁产品中含 Fe_2O_3 为 0.72% ~ 0.73%，除铁率达到了 52 ~ 53%。经检测前后这两种产品均达到优质标准。

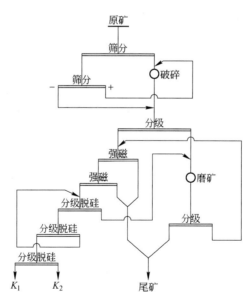

图 7-24　某矿瓷土除杂推荐流程

高梯度磁分离在高岭土行业中得到成功的应用。目前，美国、英国、德国，波兰、日本、捷克等国的高岭土行业都采用 HGMS 法精制高岭土。据资料统计，经 HGMS 法精制后的高岭土产品中 Fe_2O_3 含量从 2.3% 降至 0.7% ~ 0.5%，TiO_2 从 1.9% 降至 0.8% ~ 0.4%，K_2O 含量从 0.3% 降至 0.18%，并且有 90% 的硫被除掉，也就是说，微米或亚微米的黄铁矿几乎全被除掉。某单位用 2JG-200-440-2T 型半工业 HGMS 机（分离箱直径 200mm，高

440mm，背景场强 2T），对江苏某矿高岭土试验，取得很好的效果。

*7.5.2　石棉矿石的磁选

磁选在石棉选矿中，主要是用于初步富集，石棉选别一般分三段进行。第一阶段是富集丢弃部分脉石，第二阶段是粗选，即将石棉纤维与脉石分离，第三阶段是精选，即进一步除去粗精石棉中的砂粒、粉尘，并按纤维长短分级。

石棉矿石中的有用矿物是石棉，脉石矿物是蛇纹石、白云石等，它们都属弱磁性矿物，其比磁化系数一般在 $(50 \times 214) \times 10^{-8} m^3/kg$；但在超基性岩型石棉矿床中，一般伴生有磁铁矿，若磁铁矿分布在石棉矿石中，则石棉的磁性增大；若磁铁矿分布在脉石中，则脉石的磁性增大；这些因素都可以使得石棉与脉石之间磁性差异增大，就可以采用磁选来富集。若是白云岩类型的石棉，不含磁铁矿就不能采用磁选法来富集。

加拿大湖泊石棉公司黑湖石棉选矿厂，采用磁选选出脉石率达40%，这对减轻下一段设备的负荷，降低成本是有利的。

石棉矿石中的纤维含量，常与它的密度与磁性有关，一般密度小和磁性强者纤维含量高；磁性弱、密度大者不含或含量低。根据这一关系可采用磁选-重选联合流程来富集，这比单一磁选更为有利。图 7-25 和图 7-26 分别为单一磁选和磁-重联合生产流程。

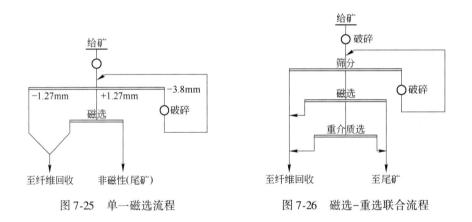

图 7-25　单一磁选流程　　　　　　图 7-26　磁选-重选联合流程

*7.5.3　石墨浮尾的磁选

石墨本身是非磁性矿物，用磁选回收其伴生矿物金红石、锆英石等。我国山东南墅石墨矿用浮选法选出石墨后，再用磁选回收金红石和锆英石，其选别流程如图 7-27 所示。该流程的给矿即是浮选石墨的尾矿，尾矿中含有金红石、锆英石、黄铁矿等。因它们的密度都比较大，故首先用重选法富集，但是黄铁矿与金红石磁性相近，可浮性较好，故先用浮选将黄铁矿选出来，再利用磁选选出磁性矿物，最后采用电选将金红石与锆英石分开。为确保金红石的质量，用焙烧法除去剩余的硫。该流程综合回收的指标：金红石精矿含 TiO_2 90%，锆英石含 ZrO_2 50%，黄铁矿含 S 32%。

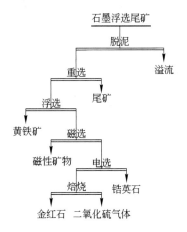

图 7-27 石墨浮尾综合回收流程

7.6 电选的实际应用

电选工艺一般是用于精选作业。入选物料多是经过重选或其他选矿方法而得到的粗精矿，经电选得出合格精矿，同时还兼顾共生矿物的综合回收。下面主要介绍有色、稀有和黑色金属矿的应用实践。

7.6.1 白钨–锡石分选流程

我国江西、湖南、广东等中南地区的大多数钨矿，多以黑钨矿为主，并含有锡石、白钨矿、黄铁矿、褐铁矿及少量辉钼矿、辉铋矿、黄铜矿、锆英石等多金属的共生矿，脉石矿物主要为石英、云母等。其分选工艺，多用重选法预先富集，得出混合精矿，再用强磁分出黑钨矿，其余部分为白钨锡石的混合矿。由于两者密度相近（白钨密度 5.9 ~ 6.2g/cm³，锡石 6.8 ~ 7.2g/cm³），又均无磁性，因此用重选和磁选法难以分开。过去长期采用粗粒浮选，细粒浮选，分选效果很差。但两者电性差异较大，白钨矿介电常数为 5 ~ 6，电阻大于 $10^{12}\Omega$，锡石介电常数为 24 ~ 27，电阻只有 $10^{9}\Omega$ 左右。采用电选法分选，既经济有效，且流程简单，也不会引起环境污染。因此中南地区很多精选厂，如赣州、韶关等精选厂，多用此法处理。

现以湖南某钨矿为例加以说明。该厂原先采用 $\phi 120mm \times 1500mm$ 电选机，其流程如图7-28 所示。

原料为重选后的混合粗精矿，经浮选脱除硫化矿后，烘干进行电选。电选时物料成分为：70%以上为白钨矿，锡石占 15% ~ 20%，赤铁矿和褐铁矿约占 5%，辉铋矿 2%，辉钼矿 1% 左右。此处尚有少量锆英石、黄铁矿、闪锌矿、萤石、黑钨矿、泡铋矿，由于经台浮脱硫，因此原料中所含硫、磷、砷、铜均不高。

流程考查表明，白钨回收率仅为 60% 左右，品位则高达 74.51%，但白钨精矿中含锡常大于 0.2% ~ 0.3%，很少低于 0.2%；锡石电选也无法得出精矿，必须经过二次磁选（选黑钨和其他磁性矿物）和再次电选，所得最终锡精矿的品位仅为 47.3%（Sn），回收

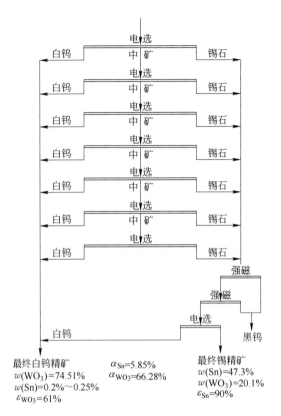

图 7-28　湖南某选矿厂白钨-锡石电选流程

率 90% 左右，但含 WO_3 大于 20%，属于不合格精矿。

对上述矿山的白钨和锡石，采用 DXJ 型 $\phi320mm \times 900mm$ 的高压电选机进行了大量试验，把小于 1mm 物料进行电选时，可使电选工艺流程大为简化，即需一次电选即可得到高质量的钨精矿，白钨精矿中 $w(WO_3) \geqslant 70\%$，回收率可达 90%～95%，含锡低于 0.2%。对 0.42～0.1mm 粒级，只经一次电选，白钨精矿 WO_3 含量为 70.4%，锡 0.14%～0.18%，ε_{WO_3} 为 96%，锡石回收率可达 96%～97%，锡石品位一次含量分选能达 40% 以上。如对精矿精选一次，品位可达到 50% 以上，回收率 96%。

广东某精选厂也采用上述 $\phi120mm \times 1500mm$ 双辊电选机，其原料来自各矿山的黑白钨粗精矿，同样预先筛分成各级，再用干式强磁选分出黑钨精矿，余为白钨、锡石、硫化矿、云母、磷灰石和石英等。粒浮脱除硫化矿，再用摇床富集白钨和锡石，所得精矿干燥后电选。不同处是将物料分成较窄的粒级：$-2+1.4mm$、$-1.4+0.83mm$、$-0.83+0.2mm$ 和 $-0.2mm$。各种粒级分别电选，所用电选工艺流程大体与湖南某矿相同（五次电选）、最终得到的白钨精矿含：WO_3 大于 65%，Sn 为 0.2%～0.3%，$\varepsilon_{WO_3} \geqslant 80\%$。

该厂采用 60kV 高压电选机代替 $\phi120mm \times 1500mm$ 双辊电选机分选物料，白钨精矿量比原来增加 20% 左右，锡精矿量增加 22%，锡回收率提高 9.55%，分选效果显著提高。

*7.6.2　钽铌矿的电选流程

自然界含钽铌的矿物很多，其中以含钽高的钽铌铁矿具有较大的工业意义。在含钽铌矿的矿物中只有钽铁矿、钽铌铁矿、重钽铁矿、锰钽铁矿、钛钽铁矿、钛铌钙铈矿和铌铁矿等导电性较好，可在电选中作为导体分出。而烧绿石、细晶石等则属不良导体，不能用电选分离。

我国钽铌矿的资源较多，分为晶花岗岩型原生矿床和伟晶花岗岩型风化砂矿床。其选矿工艺大都采用重选的摇床先富集成粗精矿，再用磁选和电选分离，以获得最终钽铌精矿。国内一般要求精矿中含 $(Ta, Nb)_2O_5$ 大于 40%，且含钽 (Ta_2O_5) 高于 20%。

在国内钽铌原生矿经重选后所得的粗精矿含 $(Ta, Nb)_2O_5$ 为 2%~4%，此外含有黄铁矿、电气石和泡铋矿等，大量的脉石矿物为石榴子石，其次为石英、长石和云母等。采用强磁分选效率不高，主要是石榴子石也属于弱磁性矿物，其磁性与钽铌矿相近，很难将它们分离。

图 7-29 所示为我国某钽铌矿的电选流程，原设计流程采用摇床粗选，精选得到粗精矿，粗精矿用单一磁选，效果不好。作业回收率只达 40%~50%，尾矿中含钽铌高达 3%~5%，而采用图 7-29 所示电选流程，并将入选物料烘干分级成 246μm、147μm、109μm、94μm（60目、100目、140目、160目）四级用该流程分别入电选。选别结果作业回收率比原来采用磁选提高 30%~40%，总回收率提高 15%~20%。精矿品位含 $(Ta, Nb)_2O_5$ 为 44.2%，尾矿品位降至 0.44%。

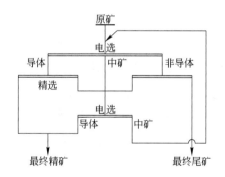

图 7-29　钽铌矿的电选流程

*7.6.3　钛铁矿和金红石的电选流程

目前已发现的钛矿物有 80 多种，但主要的钛资源是钛铁矿和金红石，钛铁矿占 85%~95%，金红石占 5%~15%。钛铁矿和金红石分原生矿、陆地砂矿和海滨砂矿。目前世界上大部分钛铁矿和金红石是从海滨砂矿中回收的，因为海滨砂矿最突出的特点是矿物都已单体解离，分选时不需破碎和磨矿，同时细粒级 -0.104mm（-150~200 目）含量极少，所以在经济效益上和工艺上有一定优越性。

我国钛资源相当丰富，原生钛矿储量很大，如四川西部攀西（攀枝花和西昌）地区和河北大庙等地。海滨砂矿也很多，在广东和广西沿海一带都有发现，现在都具有一定的采选规模。

钛的选矿工艺流程：由于原矿性质不同，工艺流程也不十分相同，通常对钛精矿的要

求是 TiO_2 含量大于48%。以下分别对原生钛铁矿和海滨砂矿的生产实例加以说明。

7.6.3.1　渡口某选厂的磁选尾矿的磁电选流程

渡口某选厂的磁选尾矿中的粗粒级钛铁矿，经螺旋选矿机组得到的粗钛精矿，再经浮选脱硫浮出硫钴精矿，浮选尾矿用圆筒型弱磁选机除去少量残余的钛铁矿，经脱水干燥后，用筛孔为0.9mm的振动筛除去过大颗粒，给入电选机分选，其流程如图7-30所示。

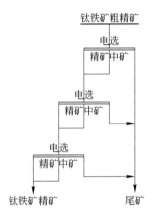

图7-30　某钛铁矿电选流程

电选前的钛铁矿粗精矿中的金属矿物主要为钛铁矿，另有少量金红石、黄铁矿、赤铁矿、磁铁矿、黄铜矿和白钛矿，主要脉石矿物为绿泥石、碳酸盐矿物、磷灰石、石英、斜长石、黝帘石、浅色闪石等。所用电选机为 YD-3 型，工作电压为 32～37kV，圆筒电极转速 90～116r/min，物料温度为 50～80℃，电选结果见表7-18。

表7-18　某钛铁矿粗精矿的电选结果　　　　　　　　（%）

产品名称	质量	品位 TiO_2	回收率 TiO_2
精矿	54.44	49.75	84.93
尾矿	45.56	10.54	15.07
给矿	100.00	31.88	100.00

7.6.3.2　海滨砂矿电选流程

广东某精选厂的主要原料为来自海南岛的重选粗精矿，其中含 TiO_2 为30%～38%，ZrO_2 为6%～7%，总稀土 TR_2O_3 为0.63%～0.7%，矿物组成为钛铁矿、金红石、锆英石、独居石、磷钇矿、磁铁矿、褐铁矿、白钛矿，并有少量锡石、黄金和钽铌矿。脉石矿物有石英、石榴子石、电气石、绿廉石、十字石和蓝晶石等，所用流程如图7-31所示。该厂原料来自各地，性质比较复杂，因此采用的流程也较复杂，其流程有很大的灵活性，随时可以应变。该厂采用 ϕ120mm×1500mm 双辊电选机（20kV），其分选指标如表7-19。

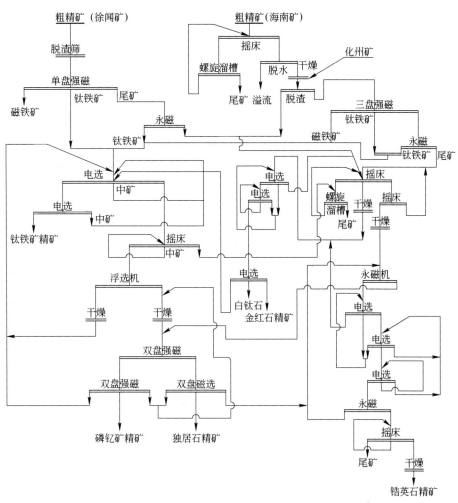

图 7-31 广东某精选厂的海滨砂矿电选流程

表 7-19 广东某精选厂的精选指标 （%）

产品名称	品位				回收率	备注
	TiO$_2$	ZrO$_2$	TR$_2$O$_3$	Y$_2$O$_3$		
钛铁矿	50				85	（1）金红石精矿是指金红石、板钛矿、锐钛矿、自钛石组成的高钛矿物；
金红石	85				65	
锆英石		60~65			82	
独居石			55		72	
磷钇矿				30	68	（2）原矿中TiO$_2$是指总含量
原矿	35	6.5	0.65	0.05	100	

───── **本 章 小 结** ─────

钢铁工业是国民经济的基础工业，铁矿石是钢铁工业的主要原料。因此，根据矿石性质（特别是可选性）的具体条件不同，对入选的铁矿石管理，首先必须明确对铁矿石的划分标准。

　　我国的铁矿资源丰富，总储量名列世界前茅。我国铁矿资源的特点是：矿石类型多、分布广、储量大，但贫矿多而富矿少。按原矿品位45%划分贫矿和富矿，贫矿约占86%，富矿约占14%。另外，弱磁性铁矿石多，而磁铁矿石少，特别是复合型铁矿石多，单一铁矿石少。根据上述的特点，我国有85%以上的铁矿石需要选矿处理后才能更好地利用，而且还要采用较复杂的选矿流程才能获得较高的选矿指标和有价成分的综合利用。根据地质成因及工业类型不同，我国铁矿资源主要可划分以下几大类型：（1）鞍山式铁矿床；（2）攀枝花式铁矿床；（3）白云鄂博式铁矿床；（4）大冶式铁矿床；（5）宣龙-宁乡式铁矿床；（6）镜铁山式铁矿床；（7）大宝山式铁矿床；（8）其他类型铁矿床。

　　磁化焙烧是利用一定条件在高温下将弱磁性矿物（赤铁矿、褐铁矿、菱铁矿和黄铁矿等）转变成强磁性矿物（如磁铁矿或γ-赤铁矿）的工艺过程。经过磁化焙烧工艺后的铁矿石，称为人工磁铁矿，用弱磁选机选别很有效。其特点是：选别流程简单，分选效果好。焙烧磁选法，在我国目前处理弱磁性贫铁矿石的工业生产中，占有一定的地位。我国在焙烧磁选实践中，对强化焙烧磁选工艺、焙烧设备的设计和改进、处理复杂铁矿石的磁化焙烧和粉矿石的焙烧工艺方面，做了很多试验研究工作，在技术上有独到的一面。

　　我国的磁化焙烧主要是还原焙烧，广泛采用的为鞍山式竖炉，本章重点介绍鞍山式竖炉，其他简略介绍。

　　另外，本章还对各种矿石的磁选、电选的工艺流程作了详细的介绍和实际应用结果的阐述。

复习思考题

7-1　铁矿石的划分标准有哪些？

7-2　我国重要铁矿床的工业类型都有哪些？

7-3　掌握铁矿石的一般工业要求。

7-4　磁化焙烧的主要目的是什么，经焙烧后还能附带获得哪些效果？

7-5　磁化焙烧分几种原理，分别适用于什么矿石？

7-6　影响磁化焙烧的因素有哪些？

7-7　焙烧矿的质量检查如何确定？

7-8　还原焙烧炉有哪几种，其构造如何？

7-9　锰矿物磁选有哪些特点？

7-10　磁选黑钨矿的分级与不分级有什么利弊？

7-11　高岭土是非磁性矿物，采用磁选的意义何在？

7-12　掌握赣山式磁铁矿、含钒钛磁铁矿、含铜磁铁矿以及含稀土元素磁铁矿的矿石性质，流程结构及其生产指标。

*8 磁电选实验操作技术

矿物磁性分析、矿物电性分析、磁选机磁场特性的测定等，对磁选厂、电选厂生产管理、试验研究和设计是至关重要的。它对改进生产流程，发挥磁、电选设备的工作效率，提高技术管理水平来说是关键的一环。对原矿的比磁化系数、各产物磁性成分含量、磁选设备的磁场特性、矿物电性以及这些设备在使用中的磁系或电场变化情况进行经常考察分析，做到心中有数，就会及时发现金属损失的原因，正确提出流程改进方案和设备维修措施。使企业经济活动，随时都会处于高效益状态下运转。

综上所述，本章内容在磁电选中是不可忽略的。下面对矿石磁性分析、磁场测定的方法、磁测量仪器及矿物电性分析等分别进行介绍。

8.1 矿物的磁性分析

矿物磁性分析的目的是确定矿石的比磁化系数（磁性率）和磁性成分的含量。通常在进行矿石可选性试验，对矿床进行工艺评价，选矿厂生产流程考察和产品分析等工作中，都要进行磁性分析。

矿物磁性分析主要包括矿物的比磁化系数测定和磁性成分含量分析两部分。

8.1.1 矿物比磁化系数测定

矿物比磁化系数的测定有三种方法，即：有质动力法、感应法和间接法。对测定矿物磁性来说，有质动力法装置简单，有足够的灵敏度，一般实验室采用磁力天平测定就能满足要求。所以本书仅介绍有质动力法，其他两种方法暂不讲述。有质动力法分古依（Gouy）法和法拉第（Faraday）法两种。

8.1.1.1 古依法测定矿物的比磁化系数

古依法测定矿物的比磁化系数是能直接测定强磁性和弱磁性矿物比磁化系数的一种方法。其测量装置如图 8-1 所示，主要由分析天平、薄壁玻璃管、多层螺线管、直流安培计、电阻器和开关等部分组成。

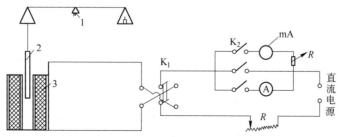

图 8-1 测定矿物比磁化系数的装置
1—分析天平；2—薄壁玻璃管；3—多层螺管线圈

其测量原理为：将一全长等截面的长试样悬挂在天平的一边秤盘上，将其一端置于场强均匀且较高的磁场区，另一端处于磁场强度较低的区域，则试样在其长度方向所受的磁力为：

$$f_磁 = \int_{H_2}^{H_1} K_0 dLSH \frac{dH}{dL} = \frac{K_0}{2}(H_1 - H_2)S \qquad (8\text{-}1)$$

式中　$f_磁$——试样所受磁力，dyn，$1dyn = 10^{-5}N$；

　　　K_0——试样的物体容积磁化系数；

H_1，H_2——试样两端最高和最低磁场强度，Oe，$1Oe \approx 7.9578 \times 10A/m$；

　　　S——试样的截面积，cm^2；

　　　dL——试样元长度，cm。

当试样足够长时，并且 $H_1 \gg H_2$ 时，式（8-1）可写为：

$$f_磁 = \frac{K_0}{2}H_1^2 S \qquad (8\text{-}2)$$

由于　$f_磁 = \Delta pg$

所以　　　　　　　　　　$$\Delta pg = \frac{K_0}{2}H_1^2 S \qquad (8\text{-}3)$$

式中　Δp——样品在磁场中的增量（与无磁场相比），g；

　　　g——重力加速度，$g = 980cm/s^2$。

已知：　　　　　　　　　$$K_0 = x_0 \delta = x_0 \frac{p}{LS}$$

代入式（8-3）得：

$$\Delta pg = \frac{1}{2} \cdot \frac{x_0 p}{LS} H_1^2 S$$

所以　　　　　　　　　　$$x_0 = \frac{2L\Delta pg}{pH_1^2} \qquad (8\text{-}4)$$

式中　x_0——试样的物质比磁化系数，cm^3/g；

　　　p——试样质量，g；

　　　L——试样长度，cm；

　　　δ——试样密度，g/cm^3。

如果试样的长度 L 很长（通常 $L = 30cm$），$S = \frac{\pi}{4}(0.6 - 0.8)^2 cm^2$，$m = \frac{L}{\sqrt{S}} \approx (106 \sim 60)$ 时：

$$x = x_0 = \frac{2L\Delta pg}{pH_1^2} \qquad (8\text{-}5)$$

式中　x——试样的物质比磁化系数，cm^3/g。

式（8-5）中 L、g 和 p 的值为已知数，试验时改变 H_1 的大小，用天平称出 Δp 的量，利用式（8-5）就可以计算出 x 的值，而且还能得出比磁化强度的数值。

$$J = xH_1 = \frac{2L\Delta pg}{pH_1} \qquad (8\text{-}6)$$

式中 J——矿物的比磁化强度，Gs/g。

测量时，试样下端常置于线圈轴线的中点。轴线中点的磁场强度 H 与线圈基本参数之间的关系可按式（8-7）确定：

$$H = \frac{2\pi nI}{10(R-r)}\left(L_1 L_n \frac{R+\sqrt{R^2+L_1^2}}{r+\sqrt{r^2+L_1^2}} + L_2 L_n \frac{R+\sqrt{R^2+L_2^2}}{r+\sqrt{r^2+L_2^2}} \right) \tag{8-7}$$

式中 H——多层螺线管内中心线上的磁场强度，Oe；

　　n——螺线管单位长度的匝数；

　　I——螺线管内的电流，A；

　　R——线圈外半径，cm；

　　r——线圈内半径，cm；

　　L_1——线圈内测点到线圈上端的距离，cm；

　　L_2——线圈内测点到线圈下端的距离，cm。

测点在线圈中心点时，用 $L_1 = L_2$ 代入，即为中心点的磁场强度。

测定前先称量试管的质量，然后将破碎到 0.1mm 的试样装入试管并慢慢压实，装到所要求的高度为止，再加塞称重。然后将带试样的玻璃管挂在天平的左秤盘下，使其下端接近螺线管的中心（不要碰到线圈）。接通直流电源，在不同电流下称量带试管的试样质量，每次测得的有关数据代入前述公式，即可求出矿物的比磁化系数和磁化强度，并绘出 $x = f(H)$ 和 $J = f(H)$ 曲线。

测定弱磁性矿物时，为了提高测量的精确度，要求采用高精密度的电流表和天平；并提高磁场强度，反复测量 3~4 次，取其平均值。

8.1.1.2 法拉第法测定矿物的比磁化系数

法拉第法一般用来测定弱磁性矿物的比磁化系数，和古依法的主要区别是样品体积小。因此，可以认为在样品所占空间内，磁场力是恒量。

法拉第法通常采用的测量装置有：普通天平（即磁力天平法）、魏斯天平、自动平衡天平、库利-琴奈汶扭秤、苏克史密斯环秤、切娃利尔-皮尔测量仪等。普通天平法即磁力天平法，由于设备结构简单，精密度虽不甚高（一般为 10^{-6} 数量级），但能满足要求，所以国内普遍采用。

A　磁力天平法

磁力天平法又称为比较法，其测定原理是在已知磁场力 $H\mathrm{grad}H$ 的不均匀磁场中测得矿物所受的磁力，并按式（8-8）求出矿物的比磁化系数。

$$x = \frac{f_{磁}}{H\mathrm{grad}H} \tag{8-8}$$

如果 $H\mathrm{grad}H$ 为未知，则可利用与已知比磁化系数的标准试样相比较的方法确定矿物的比磁化系数。在同一磁场中（$H\mathrm{grad}H$ 相同），分别测得标准试样和待测试样所受的比磁力。

$$f_{磁1} = x_1 H\mathrm{grad}H$$

$$f_{磁2} = x_2 H\mathrm{grad}H$$

式中 x_1——标准试样的比磁化系数；

x_2——待测试样的比磁化系数。

因

$$\frac{F_{磁1}}{F_{磁2}} = \frac{x_1 H \mathrm{grad} H}{x_2 H \mathrm{grad} H}$$

所以

$$x_1 = \frac{F_{磁2}}{F_{磁1}} x_1 \tag{8-9}$$

测定时，采用化学性质较稳定并已知比磁化系数的物质作标准试样。通常采用的几种标准物质及其比磁化系数值见表 8-1。

表 8-1   几种常用的标准物质及其比磁化系数

物质名称	比磁化系数
焦磷酸锰（$Mn_2P_2O_7$）	$146 \times 10^{-8} \mathrm{m^3/kg}$（$117 \times 10^{-6} \mathrm{cm^3/g}$）
氯化锰（$MnCl_2$）	$143.1 \times 10^{-8} \mathrm{m^3/kg}$（$115 \times 10^{-6} \mathrm{cm^3/g}$）
硫酸锰（$MnSO_4 \cdot 4H_2O$）	$81.5 \times 10^{-8} \mathrm{m^3/kg}$（$65.2 \times 10^{-6} \mathrm{cm^3/g}$）
纯水（三次蒸馏）	$-9 \times 10^{-8} \mathrm{m^3/kg}$（$0.72 \times 10^{-6} \mathrm{cm^3/g}$）

磁力天平测定装置如图 8-2 所示，因其磁系能在两极整个空间内产生相同的磁力，$H \mathrm{grad} H$ 较易精确测定，因而可用来作绝对测定。由于试样（弱磁性矿物）所受的磁力很小，所以一般采用分析天平。为了防止磁场对天平发生影响，采用磁屏把天平放在磁屏上面，只留一个小孔用来通过悬挂试样的细线。

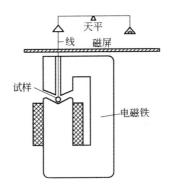

图 8-2   磁力天平测定装置示意图

测定时先将试样制成粉状，放入直径 1cm 的非磁性球形小瓶中（用玻璃或铜制成），再用非磁性材料的细线，把小球吊在天平的秤盘上，使之平衡。然后使电磁铁通入直流电，测定试样所受磁力大小，同样操作进行 4 ~ 5 次。再以同样步骤，测出标准试样所受的磁力。根据测定结果，按式（8-9）计算待测试样的比磁化系数。

此法的天平改为物理天平，也可用作测定强磁性矿物的比磁化系数，这是因为强磁性矿物所受的比磁力大。

B   扭力天平法

国产 WCF-2 型扭力天平，是一种用绝对法测定矿物比磁化系数的仪器，测量精度可达 $10^{-6} \sim 10^{-8}$ 数量级，为目前测定矿物比磁化系数的主要设备。它既可用于测定弱磁性矿物的比磁化系数，也可用于测定强磁性矿物的比磁化系数，其结构如图 8-3 所示。

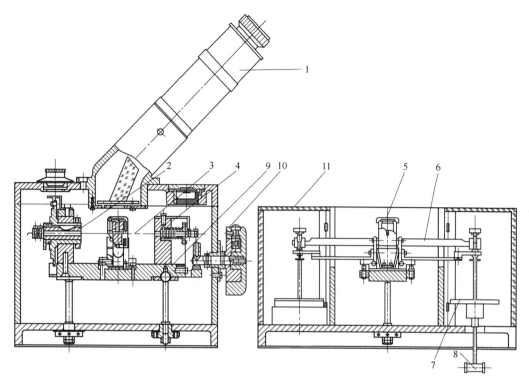

图 8-3 扭力天平结构

1—观测镜筒；2—扭鼓轮装置；3—金属扁丝；4—弹簧座；5—反光镜；6—天平；

7—砝码盘；8—样品盒；9—支座；10—旋钮；11—秤盘外罩

该仪器主要由天平、砝码盘、观测镜筒等部分组成。天平臂中点悬挂在与天平臂垂直的细金属扁丝上，臂中点有一圆形反光镜。当天平两臂平衡时，镜面是水平的。观测镜筒侧面有一进光小窗，可使外界光通过镜筒射至天平臂的反光镜上。由于光在镜筒内通过一画有三条刻线的透明板，所以可通过这三条刻线的反射像。在镜筒的圆镜上有标尺。当天平臂平衡时，三条刻线中，中间的一条和标尺中点的刻线重合。当天平摆动时，三条刻线的像便在标尺上移动。刻线在标尺上移动一格相当于天平臂偏 1′ 的角度。天平臂的哪一侧较重时，刻线即向哪一方向偏。每一格对应的质量可用小砝码校正。没有特殊要求时，每格调节到 0.1mg。为使天平量程大，2mg 以上数字由砝码读出。为了天平感量不随样品质量而变化，砝码和待测样品放在天平臂的同一侧。

其磁系采用等磁力磁极对。磁极断面为双曲线，并有三角形中性极，如图 8-4 所示。磁极间工作间隙对称面上，磁场力不随位置而变化，即 $HgradH$ 为常数，磁场力的方向是由中性极指向磁极之间的最小间隙。

测定时首先把扭力天平上所附圆水泡细调至水平，然后依被测样品的磁性强弱选择适当大小的样品桶（磁性弱的用大号样品桶，强的则用小号的）。将样品桶挂在右秤盘下，在右秤盘上加砝码，并调节扭鼓轮旋转，使中间刻线指零，达到平衡，记下此时砝码数值。再调节励磁电流，从 500mA 开始，每隔 500mA 测定一次空样品桶所受的磁力。样品桶内加欲测样品，称量样品的质量（也可用其他天平称出一定数量的样品，再装入样品桶

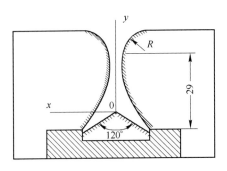

图 8-4　等磁力磁极对

内），调节扭鼓轮旋钮，使中间刻线指零后，调节励磁电流达到所需的数值称量样品所受的总磁力。

$$总磁力 = 砝码变化数 + 标尺读数 \times 0.1mg$$
$$样品所受磁力 f_磁 = 总磁力 - 空样品桶所受磁力$$

应该注意的是，测得的磁力单位为 mg，在计算比磁化系数时应换算为 N。

为使读数稳定和避免样品因受到水平方向的分力而被磁极吸引，样品数量应以使其受磁力不超过 1.96×10^{-3}N（相当于 200×10^{-6}kgf）为宜。

用该仪器测定比磁化系数的优点是：样品处于等磁场力区域内，由于样品所处位置变化引起的误差小；能反映出比磁化系数随外磁场的变化情况（对强磁性矿石而言）；可以测定不规则形状样品和不均匀样品的比磁化系数。

8.1.2　磁性矿物含量的分析

在选矿厂和实验室工作中，经常需要对矿石中磁性矿物的含量进行分析。通过这些分析，可以确定矿石的磁选指标，对矿床进行工艺评价，检查磁选机的工作情况。在磁选厂还需要对原矿和选矿产品进行磁性分析，以便查明尾矿中金属损失数量及损失的原因，改进工艺流程，提高选别指标。常用的矿石磁性分析设备，主要有以下几种。

8.1.2.1　磁选管

磁选管是用作湿式分析强磁性矿物含量的主要分析设备。其构造如图 8-5 所示，主要由 C 形电磁铁和在两磁极尖头之间做往复和扭转运动的玻璃管组成。在铁心两极头之间形成工作间隙，铁心极头为 90°的圆锥形。由非磁性材料做成的架子固定在电磁铁上，架子上装有使分选管做往复和扭转运动的传动机构，此机构包括电动机、减速器、蜗杆、曲柄连杆、分选管滑动架等。玻璃管被嵌在夹头里，而夹头则借助曲柄连杆和减速器的齿轮连接。玻璃管与水平成 40°~45°，管子上下移动行程 40~50mm。此外，它还能做一个不大的角度回转。

玻璃管上端是敞开的，下端是尖缩的，尖缩末端套有带夹具的胶皮管。夹具用作调节水的排出量。敞开端一侧有进水支管，支管上也套有带夹具的胶皮管。

工作时分选管内充满水，水面应高于激磁区 100~120mm，并保持水面稳定。接通直流电源，启动分选管，将试样从分选管敞口端均匀给入。磁性矿粒被吸附在磁极头附近的内壁上；非磁性部分，由于冲洗水和分选管的往复和扭转运动，由下端排出。在玻璃管往

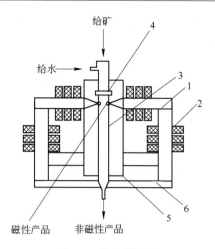

图 8-5 磁选管结构

1—C 形铁心；2—线暖；3—玻璃分选臂；4—筒环；5—非磁性材料支架；6—支座

复和回转运动中，连续冲洗 5~15min 之后，即可停止，关闭夹子；切断电流，排出磁性部分，分别将磁性产品和非磁性产品澄清、烘干和称重。计算样品中磁性产品的含量。

试样应根据矿物嵌布粒度磨细到 1mm 以下，每次试样质量一般为 5~10g（或者 10~20g）。视磁选管直径大小而定。

8.1.2.2 磁力分析仪

磁力分析仪是用湿式和干式分析物料中弱磁性矿物含量的仪器，其构造如图 8-6 所示。它主要由磁系、分选槽、分选槽横向和纵向坡度调节装置、蜗轮蜗杆传动装置等组成，整个分析仪用心轴支放在悬臂式的支架上。悬臂支架用心轴固定在机座上。转动手轮可以改变分选槽的纵向坡度，转动另一手轮，可以改变分选槽的横向坡度。分选槽分别为常振动器分选槽、快速分选槽、玻璃分选管。带振动器的分选槽和快速分选槽，此两种用于干式分离。前者分离纯度高，处理速度低；后者处理速度高，但分离纯度较低。湿式分离时，分选槽为一玻璃分选管。

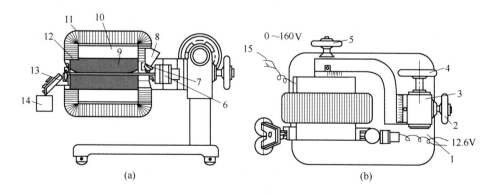

图 8-6 磁力分析仪

（a）平面图；（b）俯视图

1—12.6V 交流低压接线；2—二锁紧手轮；3—蜗轮蠕杆传动箱；4—大手轮；5—小手轮；6—振动器；7—给料座；
8—给料斗；9—分选槽；10—铁心；11—线圈；12—磁极；13—分流槽；14—盛样桶；15—激磁线圈接线

　　磁力分析仪磁系与扭力天平一样，采用等磁场力磁系，这样就保证了矿粒按磁性分选的精确性。因为比磁化系数相同的矿粒，不论它处于槽中任何位置时，它们所受的磁力相同。

　　应用带振动器的分选槽进行干式分选时，物料从漏斗中流入分选槽。分选槽置于磁极中，一端与振动器连接，使分选槽处于振动状态。物料在分选槽中受到的磁力是靠内侧弱，外侧强。磁性较强的矿粒受较强的磁力作用，克服重力分力流向分选槽外侧，从外测沟中流出。非磁性矿料，由于受重力作用而流向分选槽内侧，从内侧沟中流出。由于分选槽处于等磁力区内，使比磁化系数相同的各个矿粒朝着同一方向运动，保证了分离纯度。

　　操作时，首先接通励磁电流和电磁振动器的电源，用试样的副样找出适当的励磁电流、振动器的振动强度（即振动器电流强度）、分选槽的纵向和横向坡度等，使分选槽矿粒分带明显。然后切断电源，将分选槽、磁极、盛样桶等清扫干净。再接通电源将正式试样给入料斗中，进行分离，结束后将磁性和非磁性产品分别称重，计算出它们的质量分数。

　　应用快速分选槽干式分选时，将电磁铁整体部分转至适宜的倾斜角度或垂直方向，装上快速分选槽和分流槽后进行物料分离。

　　湿式分离时，电磁铁整体部分旋转至垂直位置，将玻璃分选管放到磁极空间间隙的等磁力区。然后将水量调节装置的螺旋拧紧。向分选管注水，直至水面升到漏斗底部为止。此时将试样和水混合后倒入给料斗内，调节磁极励磁电流到磁极间隙中见到有矿粉黏附于分选管壁为止。稍微打开水量调节装置的螺钉，使管内水滴至管下的容器内，待玻璃管内水流净后，再将螺钉旋至最松位置，另换一容器，切断电源，将磁性产品用水冲下。

　　WCF$_2$-72 型磁力分析仪的主要技术特性见表 8-2。

表 8-2　WCF$_2$-72 型分析仪的技术特性

给矿粒度/mm		分选灵敏度（可分选磁性比）		磁场强度/A·m^{-1}	允许工作条件	
干式	湿式	干式	湿式		温度/℃	湿度/%
0.6~0.035	0.03~0.005	>1.25	>20	8~1600	5~35	≤85

8.1.2.3　感应辊式磁力分离机

　　感应辊式磁力分离机主要由线圈 1，磁轭 2 和感应辊 3 组成，是用于干式分离弱磁性矿石的设备。感应辊的规格为 $\phi100mm\times80mm$，表面有许多沟槽，由单独的电动机带动。试料通过给料斗 5 及振动给料槽 4 进入感应辊与下磁极头之间的工作间隙中，如图 8-7 所示。当工作间隙为 1mm 时，设备所能达到的磁场强度最高为 736kA/m，并可通过改变激磁电流大小和利用手轮 7 改变工作间隙的大小来调节磁场强度。

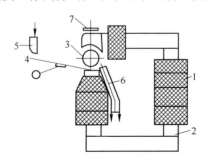

图 8-7　应辊式磁力分离机示意图

1—线圈；2—磁轭；3—感应辊；4—振动给料槽；5—给料斗；6—接料槽；7—手轮

试验时，首先利用副样初步确定适宜的激磁电流和工作间隙值，并调节接料槽6上的分离隔板的角度等，以达到较好的分离效果，然后再给入试样进行正式试验。该设备的处理能力为70kg/h。

8.2 磁选机磁场强度的测量

在磁选厂和磁选试验设计部门，经常需要对磁选设备的磁场特性进行测量，以便评价磁选设备的工作状况，因此，要掌握磁选机磁场的测量。其测量方法有冲击检流计法、磁通计法和高斯计法等多种，应用较多的是磁通计法和高斯计法，本书仅介绍这两种方法。

8.2.1 用磁通计测定磁场强度（磁通计法）

磁通计实际是一个具有可动线圈的电磁式电流计，当有电流通过时，磁通计的指针沿刻度盘摆动，刻度盘上分100小格，每格为$10^4 Mx$（$1 Mx \approx 10^{-5} Wb$）。下面介绍测定原理和过程。

8.2.1.1 测定原理

当探测线圈放入待测磁场时，若线圈所包围的磁场发生变化，则探测线圈内会有电流通过，把探测线圈和磁通计相连构成回路，此电流就会使磁通计指针偏转。其偏转角的大小与磁通量的变化率成正比：

$$N\Delta\phi = C\alpha$$

又因为

$$\Delta\phi = HS$$

所以

$$\Delta\phi = HS = \frac{C}{N}\alpha$$

$$H = \frac{C}{NS}\alpha \tag{8-10}$$

式中　H——磁场强度，Oe；

　　　α——磁通计指针偏转度，格；

　　　C——磁通计每格常数，Mx；

　　　S——探测线圈截面积，cm^2；

　　　N——探测线圈匝数。

式（8-10）中，C、N、S、α值均为已知，故磁场强度H可以求出。

磁场强度为向量，而且是不均匀的，所以在磁场中各点的磁场强度大小和方向也是不相同的，即使在同一点上，如果测量方法不同，所得结果也不一样。也就是说，磁场强度不是在磁场任何地方取任何方向就可以测出的，而必须在适当位置上；用探测线圈沿三个互相垂直的坐标轴测得的磁场强度分量，计算而得。如图8-8所示，如果一点三个互相垂直的坐标分别为H_x、H_y、H_z，则磁场强度为：

$$H = \sqrt{H_x^2 + H_y^2 + H_z^2} \tag{8-11}$$

如果待测点位于一个磁场分量为零的对称面上，这时磁场强度可由式（8-12）决定。

$$H = \sqrt{H_x^2 + H_y^2} \tag{8-12}$$

若待测点位于两个对称面的交线上，磁场强度 H 的两个分量为零，则磁场强度应为：

$$H = \sqrt{H_x^2} = H_x \tag{8-13}$$

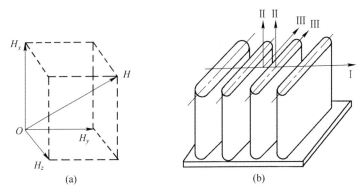

图 8-8　磁场强度矢量分解（a）及测线测点的选择（b）

所以测量开始之前，首先确定磁系的对称面，然后拟定测线和测点。如果测线与对称面重合，则可大量减少测点数目，简化测量工作。

由于磁场强度是向量，所以在任一测点上，探测线圈的平面，应当垂直于磁场强度各分量的方向，否则测定结果没有什么意义。

8.2.1.2　探测线圈的制作和校正

探测线圈是测量磁场强度的重要工具，它由非磁性材料的框架和嵌在框架的小槽内专门绕制的线圈及手柄所组成，如图 8-9 所示。

图 8-9　探测线圈示意图

线圈内径一般为 $1 \sim 2mm$，外径为 $10 \sim 12mm$，用直径为 $0.1 \sim 0.05mm$ 的漆包线制成，并以黏合剂固定在框架上。手柄上有两个接线柱，与磁通计连接。探测线圈回路电阻要求不大于 20Ω。

测定磁选机磁场时，探测线圈的外径一般为 $4 \sim 10mm$，厚度 $2 \sim 4mm$，匝数多达 $800 \sim 1400$ 匝。测定强磁选机的磁场时，线圈的外径和厚度都应小些，匝数也少得多（有的几十匝）。

制好的探测线圈，要对 NS 值进行精确校正，校正办法一般采用比较法。先将已知 NS 值的标准线圈放在恒定的均匀磁场中，确定磁通计的偏转角 α_1。

$$\alpha_1 = \frac{H_{标}(NS)_{标}}{C_{标}}$$

再把校正的探测线圈放在同一磁场中（条件都相同），此时磁通计偏转角 α_2 为：

$$\alpha_2 = \frac{H_{校}(NS)_{校}}{C_{校}}$$

由于
$$H_{标} = H_{校}$$

所以
$$(NS)_{校} = \frac{(NS)_{标}\ C_{校}\ \alpha_2}{C_{标}\ \alpha_1} \tag{8-14}$$

$C_{校}$和$C_{标}$可由专门的曲线查出。

8.2.1.3 磁通计测定磁选机磁场的方法

用磁通计测定磁选机磁场可按以下步骤进行：

（1）测定之前，把磁通计转换开关放在"调整"位置上，使指针指向零，然后拨开关到"测量"位置上。

（2）根据磁场强弱选择探测线圈，并把选好的探测线圈接于磁通计的两个端钮上。

（3）把探测线圈按规定要求放到测点上，迅速拿出来（电磁场，利用接通和断开电流的办法），使磁通发生变化，记录磁通的偏转角度。

（4）根据测量数据，按有关式求出各点的磁场强度，并绘出磁系的磁场强度分布曲线。

当利用磁通计测量磁选设备的工作磁通、漏磁通和磁导体不同段落的磁通时，其方法还是接通或断开通往磁选机磁系的电流，并按式（8-15）计算磁通：

$$\phi = \frac{C\alpha}{N} \times 10^5 \tag{8-15}$$

现以磁通计测定筒式弱磁选机的磁场强度为例，进一步说明磁场强度的测定方法。其测定目的，主要是了解磁选机磁场特性，与各主要部位的平均磁场强度。其测点分布如图8-10所示。测定方法和原则如下：

（1）在磁系上需测三个断面，一个在磁系正中，另两个分别在离磁系两端200mm处。

（2）在每个断面上的测点，沿磁极表面和磁极间隙分布。

（3）沿工作空间不同高度的各个测点，可以按照每隔10mm的距离来布置。

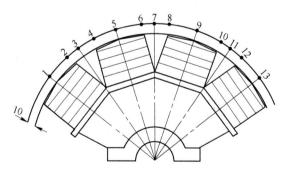

图8-10 筒式磁选机磁系的磁场强度测量位置图

8.2.2 用高斯计测定磁场强度（高斯计法）

国产 CT 型高斯计有多种型号，其原理完全相同（CT-1 型为磁通计）。高斯计的优点是使用简单、测量精度高、灵敏度大、量程大、不需计算，并能很快地得到磁场读数，因此是目前测量磁场最常用的仪器。

　　高斯计测定磁场强度的原理是基于霍尔效应（Hall erect）。所谓霍尔效应就是：当一半导体（锗片）通有电流 I，并在垂直于薄片平面方向加以外磁场 H，与电流和磁场方向垂直的另两端上将呈现有电势 V_H，这个效应称为霍尔效应。其电势称为霍尔电势，如图 8-11 所示。这一电势正比于电流 I 和外磁场 H，并与霍尔元件的材料和形状系数有关，即：

$$V_H = IH \frac{R_H}{d} f\left(\frac{l}{b}\right) \tag{8-16}$$

式中　　R_H——霍尔常数，与半导体材料有关；

　　　　d——霍尔元件厚度；

　　$f\left(\dfrac{l}{b}\right)$——霍尔元件形状系数。

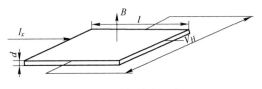

图 8-11　霍尔效应示意图

　　由于高斯计在设计时，半导体材料和几何尺寸已经选定，R_H、d、$f\left(\dfrac{l}{b}\right)$ 已定，电流 I 也已确定。所以霍尔电压 V_H 只与被测磁场 H 成正比。因此，可以用毫伏电表的刻度盘改标高斯值，用于测量磁场。

　　由于空气的导磁系数近似为 1，所以在空气中测得的高斯值是与磁场强度等值异单位的，因此不必换算。

　　高斯计的电源（即 I）可以是直流，也可以用交流。同样，被测磁场可以是恒定的，也可以是交变的；不仅可测磁场强度，也能辨别极性。CT₃ 型还能和示波器连接，能辨别磁场变化情况。磁选工作中多采用 CT₃ 型和 CT₅ 型高斯计。其使用方法，按仪器所带的说明书操作。

8.3　矿物的电性分析

　　矿物的电性质是电选的依据。如果两种矿物的电性质（即导电性的差别）不同，才有可能进行电选。所谓电性质主要是指矿物的介电常数、电导率及相对电阻、电热性、比导电度及整流性等。由于矿物的组分不同，其电性质也有别，即使同种矿物也常常出现成矿时条件不同及晶格缺陷等而表现出来的电性质也不同。但不管如何，各种矿物仍然存在着一定范围的数值，能够给以判定其可选性。此中最常用者以介电常数、相对电阻、比导电度及整流性最为普遍。

8.3.1　介电常数的测定

　　介电常数以符号 ε 表示，ε 愈大者表示矿物的导电性愈好，反之则导电性差。一般情况下，$\varepsilon > 12$ 者属于导体，能利用通常的高压电选分开，而低于此数值者则难以采用常规的电选法分选。当然大多数矿物主要属于半导体矿物。

介电常数不决定于电场强度的大小，而与所用的交流电的频率有关，还与温度有关。R. M. Fuoss 研究指出，极化物料在低频时介电常数大，高频时介电常数小。现在各种资料介绍的介电常数，都是在 50Hz 或 60Hz 条件下测定的。

介电常数的测量方法如图 8-12 所示，其中有两个面积为 A 的平行电容板，两极板之间的距离为 d，但 d 远比 A 为小。如图 8-12(a) 所示，即两极板之间为空气时以测定其电容，然后如图 8-12(b) 所示，两极板之间换以待测矿物，并充满整个空间以测出其电容。最后，两电容之比即为矿物的介电常数 ε。

$$\varepsilon = \frac{C}{C_0} \tag{8-17}$$

式中　C_0——两极板之间为真空或空气时的电容；

　　　C——两极板之间为待测定矿物时的电容。

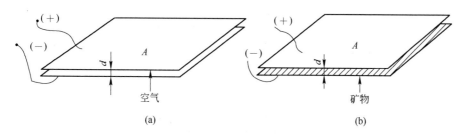

图 8-12　平板电容法测定介电常数 ε

(a) 两极板之间是空气；(b) 两极板之间是待测矿物

电容单位常以法拉或微法计，在 SI 单位制中，介电常数 ε 等于真空中介电常数 ε_0 与相对介电常数 ε_s 的乘积，即：

$$\varepsilon = \varepsilon_0 \times \varepsilon_s \tag{8-18}$$

其中，$\varepsilon_0 = 8.85 \times 10^{-12} c^{-1} m^{-1}$ 或 F/m。

各种矿物的介电常数可查阅表 5-1。如果两种矿物其介电常数均较大，且属于导体者，则视其相差的程度而定，如相差很悬殊，用常规电选，仍可利用其差别使之分开，当然比导体与非导体矿物的分选效果会差。如果两种矿物均属非导体时，常规电选则难以分开，但仍可利用其差别，用摩擦带电的方法，例如磷灰石与石英，仍可使之分开。

8.3.2　矿物的电阻的测定

通常电选中矿物的电阻是指当矿物粒度 $d = 1mm$ 时的电阻，即欧姆值。这可采用各种方法测定其电阻值，由于大多数矿物均为粒度比较小的矿粒，故只能测出颗粒状的电阻，而大块矿物则可做成一定形状的样品测出其电阻，这样测出的电阻比较准确，而粉末状者较难准确。可以通过查表 5-1 了解各种矿物的电阻，判定其是否能采用电选，即：

(1) 电阻小于 $10^6 \Omega$ 者，表明其导电性较好。

(2) 电阻大于 10^6 而小于 $10^7 \Omega$ 者，导电性中等。

(3) 电阻大于 $10^7 \Omega$ 者，其导电性很差，不能用常规电选分离。

前已提及，选矿中的大多数矿物，即使属于导电性较好的矿物，也还是属于半导体性质，至于导电性较差的矿物则更无疑义了。近几年的研究进一步表明，半导体的 N 型是电子导体占优势，而半导体的 P 型属于电子孔隙导体，少数属于 N 和 P 型导体。

国外一些学者研究，在一些物质如氧化锌（ZnO）中掺杂后，其电性质发生了明显的改变。氧化锌属 N 型半导体，而氧化镍（NiO）属于 P 型半导体。氧化锌有两个晶格缺陷，即锌离子空隙，具有单向正电荷；另一种近似补偿自由电子。研究者采取掺杂即注入氧化锂（Li_2O）的方法，使其电性质发生了显著的改变。表 8-3 为纯氧化锌注入了多种氧化物后，电导率（或导电率）的改变情况。

表 8-3　纯氧化锌掺杂后导电率的变化

物质名称	掺杂剂名称及数量	导电率 σ 的变化/S·cm^{-1}
ZnO	1(mol)% Li_2O	$8×10^{-7}$
纯 ZnO		$4×10^{-3}$
ZnO	1(mol)% Cr_2O_3	$2×10^{-2}$
ZnO	1(mol)% Al_2O_3	$9×10^{-1}$

显然，掺入了极微量的氧化锂后，导电率 σ 显著地降低；掺入 Cr_2O_3 及 Al_2O_3 后，导电率 σ 则显著地增加。

表 8-4 为纯氧化镍（NiO）掺入了 Cr_2O_3 和 Li_2O 后导电率 σ 的变化。

表 8-4　纯氧化镍掺杂 Cr_2O_3 及 Li_2O 后导电率的变化

物质名称	掺杂剂名称及数量	导电率 σ 的变化/S·cm^{-1}
NiO	1(mol)% Cr_2O_3	$1.6×10^{-8}$
纯 NiO		$4.0×10^{-3}$
NiO	1(mol)% Li_2O	4.0

上述研究是美国宾夕法尼亚大学 G. Simkovich 和 F. F. Aplan 研究提出的，即固体结构缺陷及晶格掺杂对电性质的影响，控制矿物的缺陷及掺入（Dopant）某些杂质，可以改变矿物的导电性质、溶解度及溶解性等。这给予人们一些新的启示，对一些难以分离的矿物有可能采用类似的方法。

必须指出，在实际中，常常由于在选矿过程中使矿物表面产生污染，由此而改变了矿物的电性质，给电选带来困难。本来属于非导体的矿物却变成了导体矿物。例如石英、石榴石、长石、锆英石等，因为表面黏附有铁质，分选时却成为导体，这在钽铌矿、白钨锡石的精选中常常会遇到这种现象。解决的办法是采用酸洗，清除表面杂质污染，能达到好的分选效果。

凡电阻小于 $10^6\Omega$ 的矿物，电子的流动（流入或流出）是很容易的，反之电阻大于 $10^7\Omega$ 者，电子不能在表面自由移动，这在电晕选矿机分选时表现最为显著。这也就是能使导体与非导体矿有效分选的依据，两者电阻值悬殊愈大，则愈易分选。

8.3.3　矿物的比导电度的测定

根据上述矿物电阻的大小，决定电子在其表面流动的难易程度。此外，根据实验还得出，电子流入或流出矿粒的难易，还与矿粒和电极间的接触界面电阻有关，而界面电阻又与矿粒和电极的接触面和点的电位差有关。电位差小，电子不能流入或流出导电性差的矿粒，只有在电位差很大时，电子才能流入或流出，即获得电子或损失电子而带负电或正电。在高压电场中非导体和导体矿粒在电场中表现出的运动轨迹也不相同。人们利用此种原理在电极上通以不同电压以测定各种矿物的偏离情况。

比导电度和整流性测定装置如图 8-13 所示。该装置为一接地金属圆筒，在其旁边安装一带高压电的金属圆管，且平行于鼓筒。欲测的矿粒给入鼓筒并进入电场后，当电极的电压升高到一定程度时，矿粒不按正常的切线方向落下，受到高压电极的感应而偏离正常的轨迹，加上离心力、重力分力的作用，比正常落下的轨迹更远。此时所加在电极上的电压即为最低电压，用此种方法测定各种矿物发生偏移的最低电压。习惯上常以石墨作为标准，这是因为其导电性好，所需的电压最低，只有 2800V。其他矿物所需的电压与之对比，即可求出另一种矿物的比导电度。如磁铁矿所需的电压为 7800V，则其比导电度为2.79，其余各种矿物则依此类推。

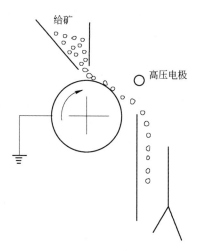

图 8-13 比导电度和整流性测定装置

表 5-2 所列各种矿物的比导电度为国外所测定，仅供参考。矿物的比导电度越大，该矿物所需的最低电压就越高。

必须说明的是，此种数据只是相对的，因测定时纯以静电场为条件，加之矿物的组分也不相同（因含杂质数量不一），但仍可作为分选时的参考。

8.3.4 矿物的整流性的测定

在实际测定矿物的比导电度时发现，有些矿物只有当高压电极带负电时才作为导体分出，而另一种矿物则只有高压电极带正电时才作为导体分出，这样在电选中提供了一个进一步使矿物分选的选择条件。例如，当偏转电极带负电时，石英属非导体，从鼓筒的后方排出；但当电极改为正电时，石英却成为导体从前方排出。显然，由于电极所带电的符号不同，同种矿粒成为导体或非导体有别，而不论电极带电符号如何，均能成为导体从鼓筒的前方分出，如磁铁矿、钛铁矿等，矿物所表现出的这种性质，称为整流性。由此规定：

（1）只获得负电的矿物称为负整流性，此时的电极应带正电，如石英、锆英石等。

（2）只获得正电的矿物称为正整流性，此时的电极应带负电，如方解石等。

（3）不论电极带正电或负电，矿粒均能获得电荷，此种性质称为全整流性，如磁铁矿、锡石等。

根据前述矿物介电常数的大小、电阻的大小，可以大致确定矿物用电选分离的可能性。根据矿粒的比导电度，可大致确定其分选电压，当然此种电压仍是最低电压；还可通过查表了解矿物的整流性，然后确定电极采用正电或负电。但在实际中往往都采用负电进行分选，而很少采用正电，因为采用正电时，对高压电源的绝缘程度要求更高，且并未带来更好的效果。

——————— 本 章 小 结 ———————

为了改进生产流程、发挥磁电选设备的工作效率、提高技术管理水平，就必须对原矿的比磁化系数、各产物磁性成分含量、磁选设备的磁场特性、矿物电性以及这些设备在使用中的磁系或电场变化情况进行经常考察分析，做到心中有数，就会及时发现金属损失的原因，正确提出流程改进方案和设备维修措施。如此，矿物磁性分析、矿物电性分析、磁选机磁场特性的测定等，对磁选厂、电选厂生产管理、试验研究和设计是至关重要的。

矿物磁性分析的目的是确定矿石的比磁化系数（磁性率）和磁性成分的含量。通常在进行矿石可选性试验，对矿床进行工艺评价，选矿厂生产流程考察和产品分析等工作中，都要进行磁性分析。矿物磁性分析主要包括矿物的比磁化系数测定和磁性成分含量分析两部分。

在选矿厂和实验室工作中，经常需要对矿石中磁性矿物的含量进行分析。通过这些分析，可以确定矿石的磁选指标，对矿床进行工艺评价，检查磁选机的工作情况。在磁选厂还需要对原矿和选矿产品进行磁性分析，以便查明尾矿中金属损失数量及损失的原因，改进工艺流程，提高选别指标。主要有以下几种方法：（1）磁选管；（2）磁力分析仪；（3）感应辊式磁力分离机。

在磁选厂和磁选试验设计部门，经常需要对磁选设备的磁场特性进行测量，以便评价磁选设备的工作状况，因此要掌握磁选机磁场的测量。其测量方法有冲击检流计法、磁通计法和高斯计法等多种，应用较多的是磁通计法和高斯计法。

矿物的电性质是电选的依据。如果两种矿物的电性质（即导电性的差别）不同，才有可能进行电选。所谓电性质主要是指矿物的介电常数、电导率及相对电阻、电热性、比导电度及整流性等。由于矿物的组分不同，其电性质也有别，即使同种矿物也常常出现成矿时条件不同及晶格缺陷等而表现出来的电性质也不同。但不管如何，各种矿物仍然存在着一定范围的数值，能够给以判定其可选性。其中最常用者以介电常数、相对电阻、比导电度及整流性最为普遍。所以了解其测定方法可以帮助我们掌握矿物的电性质，为矿物电选提供必要的依据。

复习思考题

8-1　矿物磁性分析的目的和意义是什么，主要包括哪些内容？

8-2　测定矿物比磁化系数常用的方法是哪些？说明其基本测定原理和操作步骤。

8-3　常用的磁场强度测定方法主要有哪些，其原理如何？

8-4　矿物的电性质包括哪些，测定方法主要有哪些？

参 考 文 献

[1] 徐正春. 磁电选矿 [M]. 北京：冶金工业出版社, 1980.

[2] 王常任. 磁电选矿 [M]. 北京：冶金工业出版社, 2005.

[3] 赵志英. 磁电选矿 [M]. 北京：冶金工业出版社, 1989.

[4] 邓海波, 胡岳华. 我国有色金属矿碎磨磁电技术进展 [J]. 国外金属矿选矿, 2001, 38 (3)：4.

[5] 苏成德, 李永聪. 选矿操作技术解疑 [M]. 石家庄：河北科学技术出版社, 1999.

[6] 蒋朝谰. 磁选理论工艺 [M]. 北京：冶金工业出版社, 1994.

[7] 孙仲元. 磁选理论 [M]. 长沙：中南工业大学出版社, 1987.

[8] 刘树贻. 磁电选矿学 [M]. 长沙：中南工业大学出版社, 1994.

[9] 于金吾, 李安. 现代矿山选矿新工艺、新技术、新设备与强制性标准规范全书 [M]. 北京：中国音像出版社, 2003.

[10] 王常任. 磁选设备磁系设计基础 [M]. 北京：冶金工业出版社, 1990.

[11] 张玉民, 戚伯云. 电磁学 [M]. 合肥：中国科学技术大学出版社, 1997.

[12] 刘成芳. 理论电磁学 [M]. 天津：天津科学技术出版社, 1995.

[13] 林德云, 李国安. 电磁理论基础 [M]. 北京：清华大学出版社, 1990.